よくわかる
物理化学

化学熱力学から統計熱力学へ

佐藤尚弘 [著]

講談社

基本定数

アボガドロ定数 (N_A) $= 6.022 \times 10^{23} \; \text{mol}^{-1}$

気体定数 (R) $= 8.314 \; \text{J K}^{-1} \text{mol}^{-1}$

ボルツマン定数 (k_B) $= 1.381 \times 10^{-23} \; \text{J K}^{-1}$

プランク定数 (h) $= 6.626 \times 10^{-34} \; \text{J s}$

電気素量 (e) $= 1.602 \times 10^{-19} \; \text{C}$

ファラデー定数 (FA) $= 9.649 \times 10^4 \; \text{C mol}^{-1}$

真空の誘電率 (ε_0) $= 8.854 \times 10^{-12} \; \text{C}^2 \text{J}^{-1} \text{m}^{-1}$

$1 \; \text{atm} = 1.013 \times 10^5 \; \text{Pa}$ ($1 \; \text{Pa} = 0.9872 \times 10^{-5} \; \text{atm}$)

$1 \; \text{cal} = 4.184 \; \text{J}$ ($1 \; \text{J} = 0.2390 \; \text{cal}$)

記号リスト

記号	意味	参照
a	活量	6 章
a	ファン・デル・ワールス状態方程式のパラメータ	10, 12 章
a	格子定数	11 章
B	正則溶液における相互作用パラメータ	式 (5.17)
b	結合長	10 章
b	ファン・デル・ワールス状態方程式のパラメータ	10, 12 章
b_2	2 体クラスター積分	
C	熱容量	
$\bar{C}$	モル熱容量	
C_P	定圧熱容量	
C_V	定積熱容量	
C_b	溶質の体積モル濃度	
c_b	溶質の質量濃度	
e	電気素量	
$\tilde{E}$	電場	
E_{el}	静電エネルギー	
E_i	状態 i でのエネルギー	
F	ヘルムホルツエネルギー	
f	活量係数	
$\bar{F}$	モルヘルムホルツエネルギー	
F_A	ファラデー定数	
f_G	相律における自由度	
G	ギブズエネルギー	
$\bar{G}$	モルギブズエネルギー	
g	重力加速度	
H	エンタルピー	
h	プランク定数	
I	慣性モーメント	
K	運動エネルギー	1 章
k	結合のバネ定数	
K	等温体積弾性率	
K_B	モル沸点上昇	
k_B	ボルツマン定数	
K_D	分配係数	
K_H	ヘンリー係数	
K_M	モル凝固点降下	
K_P	分圧で表した平衡定数	
K_w	水の電離定数	
K_x	モル分率で表した平衡定数	
L	位置エネルギー	1, 9 章

記号	意味	参照
L	立方体容器の一辺の長さ	
L	立方体結晶の一辺の長さ	11 章
l	原子核間の距離	10 章
M	モル質量（分子量）	
m	分子の質量	
m_1	原子の質量	
m_b	溶質の質量モル濃度	
n	物質量	
N	分子数	
N_A	アボガドロ定数	
P	圧力	
P_{vap}	蒸気圧	
$P(x)$	確率密度関数	
P^*	標準圧力	式 (8.11)
P_c	臨界圧力	
P_i	事象 i の絶対確率	
p_i	事象 i の相対確率	
q	熱量	
R	気体定数	
r	成分の数	5 章
r	分子間距離	
r_0	レナード・ジョーンズポテンシャルのパラメータ	式 (10.41)
r'_0	イオン間に働くポテンシャルエネルギーのパラメータ	式 (11.6)
r_1	最近接格子点間距離	
S	エントロピー	
T	絶対温度	
T'	摂氏温度	
T^*	標準温度	式 (8.11)
T_B	沸点	
T_c	臨界温度	
T_M	融点	
U	内部エネルギー	
$u(r)$	分子間ポテンシャルエネルギー	
u_0	レナード・ジョーンズポテンシャルのパラメータ	式 (10.41)
u'_0	イオン間に働くポテンシャルエネルギーのパラメータ	式 (11.6)
u_{ij}	成分 i, j のセグメント間相互作用ポテンシャル	12 章
v	速度	
V	体積	
$\bar{V}$	モル体積	
V_c	臨界体積	

w	仕事量	
W	質量	
w_b	溶質の重量分率（質量分率）	
W_N	凝集エネルギー	
x_i	成分 i のモル分率	

x, y, z	位置座標（x, y, z 座標成分）	
X_i	成分 i の分子のセグメント数	12 章
y_b	モル濃度に基づく活量係数	
z	最近接格子点数	
Z, Z_N	分配関数（状態和）	

α	電離度	8 章
α	マーデルング定数	11 章
γ	ひずみ	式 (11.13)
γ	$= C_\mathrm{P}/C_\mathrm{V}$	式 (2.23)
$\Delta_\mathrm{f}\bar{G}^*$	標準生成ギブズエネルギー	
$\Delta_\mathrm{r}\bar{G}^*$	標準反応ギブズエネルギー	
$\Delta_\mathrm{f}\bar{H}^*$	標準生成エンタルピー	
$\Delta_\mathrm{r}\bar{H}^*$	標準反応エンタルピー	
ΔH_melt	融解エンタルピー	
ΔH_vap	蒸発エンタルピー	
$\Delta_\mathrm{f}\bar{S}^*$	標準生成エントロピー	
$\Delta_\mathrm{r}\bar{S}^*$	標準反応エントロピー	
ΔS_melt	融解エントロピー	
ΔS_vap	蒸発エントロピー	
ε	誘電率	
ε_i	結合 i の結合エネルギー	
η	熱機関の効率	
θ	極座標における極角	

電離度 λ_i	気液平衡を特徴づける成分 i のパラメータ	式 (7.13)
μ	化学ポテンシャル	
μ	双極子モーメントの大きさ	10.3 節
μ^0	標準化学ポテンシャル	
$\mu^{0(\mathrm{C})}$	体積モル濃度基準の μ^0	
ν	振動数	式 (9.16)
ξ	反応進行度	
Π	浸透圧	7 章
σ	標準偏差	
σ	応力	式 (11.12)
ϕ	電位差	
ϕ	極座標における方位角	
ϕ^0	標準電極電位	
ϕ_b	溶質の体積分率	
χ	相互作用パラメータ	式 (12.38)
ω	回転角速度	
$[i]$	成分 i の体積モル濃度	
$\langle\cdots\rangle$	平均値	

上付き添え字		
(g)	気相の状態量	
(l)	液相の状態量	
(s)	固相の状態量	
(soln)	溶液相に関する状態量	
(solv)	溶媒相に関する状態量	
(α)	相 α の状態量	
°	純物質の状態量	

下付き添え字		
i	成分 i の物理量	
c	臨界点での状態量	
melt	融解に伴う変化量	
mix	混合に伴う変化量	
vap	蒸発に伴う変化量	
0	基準状態での物理量	

まえがき

　個人的な話で恐縮だが，筆者が高校生のときには「化学」があまり好きではなかった。高校の「化学」の教科書に，様々な物質の性質や化学変化についての記載はあるが，なぜそのような性質を呈し，変化が起こるのかが理解できなかったからである。だが，その不満は大学に入るとある程度解消された。大学の「化学」では，量子力学や熱力学や統計熱力学を学ぶが，それらが物質の性質や変化の理由を示してくれたからである。

　その後に，筆者が大学の教員となり，理学部化学科の１年生に熱力学を教える授業を担当したとき，受講生からこの授業は「化学」ではなく「物理」の授業だ，自分は「物理」ではなく「化学」を学びたくて大学に入学してきたのに，なぜ抽象的でわかりにくい熱力学などを学ばねばならないのか，という感想をもらったことがあった。高校の「化学」が面白くて大学の化学科に入学してきた学生さんにとっては，物質の性質や変化の理由づけよりも，より多くの化学現象を知りたかったのかもしれない。

　あるときに，化学系企業の研究を統括されていた方から，大学生の皆さんには是非熱力学をしっかり学んでもらいたいとのご希望を伺ったことがある。企業に入社してから新規の材料や製品の開発研究を行う際に，熱力学により起こりえないことのわかっていることには無駄な労力を払わない研究者になってもらいたいからとのことであった。新規の材料・製品の開発に関する問題を解決する手掛かりは，教科書や文献には記載されていないことが多い。そのようなときには，熱力学や統計熱力学・量子力学を頼りに研究を進める必要がある。化学者が熱力学を学ばねばならない一番の理由がここにあり，本書の目的もやはりここにある。

　本書では，理科系の学生さんが大学に入学してまず学ぶ「物理化学」の中の熱力学・統計熱力学を，できる限りわかりやすく解説していく。一般的な「物理化学」の教科書においては，新しい概念や物理量が天下り的に導入されることが多い。もちろん，それらの概念・物理量をいろいろな応用問題において使い込んでいくと，その便利さ・有用さが実感され，自然と身についていくものだが，初めて学ぶ際には，その新しさ故に，そのような概念・物理量の必要性がわからずに，困惑することが多いのではないかと思われる。本書では，新しい概念や物理量の導入理由を，できるだけわかりやすく解説する。

　また，大学に入って熱力学を初めて学ばれる学生さんにとって，熱力学は抽象的でわかりにくい。熱力学は，様々な化学・物理現象に適用できる一般的な学問であるが，その一般性のために抽象的でわかりにくい概念が使われている。しかしながら，その抽象的な概念は具体的な化学・物理現象に応用して初めて意味を持つ。そこで本書では，できるだけ多くの実例（特に高校の化学の教科書に記載されている例）を挙げ，それに熱力学を応用している。また熱力学は，化学・物理現象をあいまいさなく予言するために，数学的な表現が用いられている。さらに，統計熱力学は化学・物理現象を分子論に基づいて説明する学問であるが，物質は非常に多数の分子から構成されており，多数の分子の集団の振る舞いを記述するのに，やはり数学が利用されている。数学のあまり得意ではない学生さんには，数式を用いて進められる議論に置いていかれる印象があるかもしれない。そのような場合には，数式の途中経過は一応読み飛ばし，一連の議論の後に得られた最終的な数式を眺めてその（数学的ではなく）物理的意味を理解する，あるいはそ

の数式を具体的な実例に応用して数式が予言する内容を吟味していただきたい。本書では，一連の数式の途中経過をできるだけ省略せず丁寧に記述したので，かえって数式の量が増えてしまった。数学の得意でない学生さんは，一連の数式の最終結果に注目することをお勧めする。

　本書は，初等熱力学について述べた第1部と統計熱力学について記述した第2部から構成されている。第1部では，第1章から第4章までが純物質（1成分系）を，第5章から第8章までが多成分系を扱い，第4章の後半では具体的な純物質の相平衡現象に，第7章と第8章では具体的な多成分系の相平衡と化学平衡現象にそれぞれ熱力学を応用している。また，第2部では，単純な統計学を利用して，気体・固体・液体状態にある様々な分子の集合体を考察している。一般的な教科書では，古典力学（解析力学）と量子力学から出発して統計熱力学を体系的に説明しているものが多い。しかしながら，非常に多数の分子がかかわる古典力学・量子力学になじみのない化学系の学生さんの多くは，その出発点で挫折することが多いことを鑑みて，本書では統計熱力学の体系的な記述をあえて避けた。

　本書の第1部は，大阪大学の理学部1年生に提供していた熱力学の講義がベースとなっている。その講義は共通のテキストを使って複数の教員で担当していたが，本書の第1部を執筆する際に，その共通テキストを参考にさせていただいた。共通テキストの初版を書かれ，筆者の恩師でもある則末尚志先生に感謝いたしたい。また，本書の執筆を勧めていただいた講談社サイエンティフィクの五味研二氏，本書の編集に携わっていただいた同社大塚記央氏に感謝いたします。

2024年8月

佐藤　尚弘

目　次

第1部　熱力学

第1章　物質の状態と状態変化 15

1.1　はじめに－力学と熱力学
1.2　ボイル－シャルルの法則
1.3　系と状態量
1.4　状態変化

第2章　熱力学第一法則 21

2.1　はじめに
2.2　仕事量と熱量
2.3　熱容量
2.4　熱力学第一法則
2.5　エンタルピー
2.6　熱機関

第3章　熱力学第二法則 33

3.1　はじめに
3.2　熱力学第二法則
3.3　エントロピー
3.4　エントロピー増大則と不可逆過程
3.5　絶対エントロピー

第4章　熱力学的平衡の条件 41

4.1　はじめに
4.2　熱的および力学的平衡条件
4.3　等温・定圧過程とギブズエネルギー
4.4　等温・定積過程とヘルムホルツエネルギー
4.5　物質の三態

第5章　多成分系 51

5.1　はじめに
5.2　混合気体
5.3　混合エントロピー
5.4　溶液
5.5　理想溶液と正則溶液

第6章　化学ポテンシャル 57

6.1　はじめに
6.2　化学ポテンシャル
6.3　理想混合気体と理想溶液に対する化学ポテンシャル
6.4　非理想溶液に対する化学ポテンシャル

第7章　相平衡 63

7.1　はじめに
7.2　気液平衡
7.3　固液平衡
7.4　液液平衡
7.5　相律
7.6　相平衡の圧力依存性

第8章　化学平衡 79

8.1　はじめに
8.2　気相反応における化学平衡の法則
8.3　気相反応における平衡定数と標準反応ギブズエネルギー
8.4　平衡状態における反応進行度
8.5　気相反応における化学平衡の圧力・温度依存性
8.6　均一な溶液中での化学平衡
8.7　液相反応における平衡定数
8.8　pH滴定
8.9　不均一系での化学反応
8.10　化学電池

第2部　統計熱力学

第9章　統計熱力学とは 101

9.1　はじめに―原子論 vs. エネルギー論
9.2　統計熱力学の目的
9.3　統計学の基本
9.4　ある簡単な例―n-ブタンの内部回転状態
9.5　大気中の分子について
9.6　統計熱力学と計算機実験

第10章　気体 113

10.1　はじめに
10.2　二原子分子の理想気体
10.3　極性分子の気体
10.4　理想混合気体
10.5　気相中での化学平衡
10.6　分子間相互作用
10.7　非理想気体

第11章　固体（結晶） 129

11.1　はじめに
11.2　希ガス結晶
11.3　イオン結晶
11.4　弾性
11.5　古典的分配関数と結晶の熱膨張
11.6　格子振動と結晶の熱容量

第12章　液体 141

12.1　はじめに
12.2　液体状態について
12.3　ファン・デル・ワールスの状態方程式
12.4　溶液の統計熱力学―格子理論

付　録

付録 A　熱力学・統計熱力学の発展の歴史 151

付録 B　物質・分子の特性量 151

- 表 B.1　様々な物質の相転移の特性値
- 表 B.2　様々な物質の標準生成エンタルピー，絶対エントロピー，標準生成ギブズエネルギー
- 表 B.3　様々な気体の定圧モル熱容量の温度依存性
- 表 B.4　代表的な分子のレナード・ジョーンズポテンシャルのパラメータ
- 表 B.5　様々な物質のファン・デル・ワールス状態方程式パラメータ

物理量を表す記号と単位について

　本書では，物理量を表す記号，たとえば体積，圧力，温度などは，V, P, Tのように斜体（イタリック体）で表し，その物理量の単位は立体（ローマン体）で表すことにする。また，物理量を表す記号は，数値と単位の積で構成されていると思っていただきたい。たとえば，ある質量を $m = 2$ kg と書いたときには，m は 2 という数値と kg という単位の積であると見なす。物理量において，単位は非常に重要で，これを誤ると式から計算した物理量の数値の桁を間違えることになる。圧力は，慣例上気圧（atm）や N/m^2（= Pa）など様々な単位を用いて表されてややこしいが，圧力 P が数値と単位の積だと思えば，どんな単位を用いても，P を含む等式は成立する。また，式の両辺の単位は等しくないと等式は成立しない。圧力は，液柱の密度と高さおよび重力加速度の積から計算されるが，密度と高さと加速度の単位は，それぞれ kg/m^3, m, および kg・cm/s^2（= N/kg）であり，それらの積の単位は (kg/m^3)・m・(N/kg) = N/m^2 となり圧力の単位となっている。

　また，本文に現れるグラフ内の縦軸，横軸に現れる量を，たとえば P/Nm^{-2} で表すが，これは P が数値×単位となっていることより，P/Nm^{-2} は P の数値を表し，その数値がグラフ内の縦軸・横軸の数字であることを示している。

　単位は各自然現象を定量的に表現するために導入されたが，異なる自然現象ごと（および異なる国ごと）に異なる単位を用いていては混乱をきたす。そこで，国際単位系（SI）が定められ，すべての科学者はこの単位系を使うことが推奨されている。この SI では，長さの単位として m（メートル），質量の単位として kg，時間の単位として s（秒）を使うことになっている。したがって，力の単位は N（ニュートン）= kg・m/s^2，圧力の単位は Pa（パスカル）= N/m^2 で，上で出てきた L = 10^{-3} m^3, 1 atm = 0.101×10^6 Pa である。この SI を使うと，気体定数 R は以下で与えられる。

$$R = 8.31 \text{ J/(mol・K)}$$

ただし，J（ジュール）= N・m は SI で表したエネルギーの単位である。

第 **1** 部

熱力学

第 1 章　物質の状態と状態変化

1.1　はじめに—力学と熱力学

　ある物質の状態変化が自然に起こるか否かを予言することが，熱力学の最も重要な目的である．温度の異なる二つの物質を接触させると，最終的に二つの物質の温度は等しくなる．体温と等しい温度になっているボールペンが，握っている間に急に熱くなったり冷たくなったりしないことは，これまでの経験からわかっている．物質の温度がどのように変化し，あるいは変化しないかは，第 3 章で述べるように熱力学第二法則から予言される．

　熱力学は，巻末の付録 A で述べているように，19 世紀に入ってから主として物理学者の手により確立した学問である．「熱力学」という名前からもわかるように，熱力学はすでに確立していた「古典力学」を手本にして作り上げられた．そこでまず，力学と熱力学の関連性について述べる．

　たとえば，ボールを頭上に投げ上げたとしよう（図 1.1）．ニュートンの運動方程式を使えば，投げ上げたボールがその後にどのような変化をするかを予言できる．運動エネルギー K と位置エネルギー L を用いれば，運動方程式を解かなくても，ボールの運動を説明できる．投げ上げた直後にボールが持っている K が，その後 L に変換され，ボールが頂点に達したときには K はすべて L に変換され，その後には L が再び K に変換され，投げ上げたときと同じ速度（逆向きに）で落ちてくる．K と L の和は，常に一定となり，力学におけるエネルギー保存則が成立する．このエネルギー保存則に違反するようなボールの運動は，自然界では起こらない．

　ボールを投げ上げた直後の状態を状態 0，頂点に達したときの状態を状態 1，そして元の高さに戻ってきたときの状態を状態 2 としよう．ボールの状態は，その速度と高さで規定される．状態 0 における速度を v，高さを 0 とすると，頂点に達した状態 1 と元の高さに戻った状態 2 におけるボールの状態（速度と高さ）は，エネルギー保存則により予言できる．

　しかしながら，ボールを投げ上げたときに，周りに空気が存在するならば，投げ上げたボールと空気との間には摩擦が生じ，厳密には K と L の和は一定にはならない．この摩擦が関与する現象を取り扱うには，空気の状態を規定する必要があるが，もちろん空気の状態はボールのように速度と高さでは表せない．空気という物質の状態を記述するには，熱力学が必要になる．エネルギー保存則も，空気との摩擦を考慮に入れて拡張する必要がある．

　以上のように，物質の状態を規定するには，ボールの速度と高さに変わる何らかの物理量が必要になり，状態変化を予言するには運動エネルギーと位置エネルギーに代わる何らかの物理量が必要になる．どんな物理量を用いればよいのか？

　熱力学の議論をスタートさせる本章では，物質の状態を規定する物理量である基本的な状態量（体積，圧力，温度）について説明したのちに，物質の状態を変化させたときにそれらの状

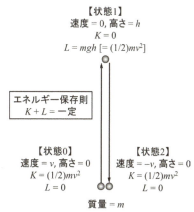

図 1.1　投げ上げたボールの状態変化

態量がどのように変化するかを考察する。話が少し形式的になるが、熱力学をスタートさせる準備段階としてお読みいただきたい。

1.2 ボイル–シャルルの法則

熱力学のルーツは、古典力学を確立させたニュートンと同時代に生きたボイルおよびそのボイルよりも 100 年以上後にシャルル（およびゲイ・リュサック）が行った次に述べる気体の実験である。ボイルは、図 1.2(a) に示すような、片方が閉じた J 字管に予め加圧用の液体を入れておき、そこに右側の開放した管からチューブを挿入して、左側の閉じた管に（加圧用液体より低密度の気体あるいは液体の）試料を注入する。J 字管の内径を $2a$、試料の高さを h とすると、試料の**体積**（volume）V は次式から求められる。

$$V = \pi a^2 h \tag{1.1}$$

また、加圧用液体の左右のメニスカスの高さの差を H、加圧用液体の密度を ρ、および重力加速度を g とすると、試料の**圧力**（pressure）P は次の式から求められる。

$$P = \rho g H + 1 \text{ atm} \tag{1.2}$$

$H = 0$ cm のときには、試料には 1 気圧（atm）の圧力が掛かっていることに注意されたい。

図 1.2(b) には、液体温度計を模式的に示す。高温にすると温度計内の液体が熱膨張してそのメニスカスの高さが増加する。1 atm 下で水と共存している純水に温度計を浸け、そのときのメニスカスの高さ位置の目盛を 0、沸騰している純水に温度計を浸けたときのメニスカス高さ位置の目盛を 100 とし、0 と 100 の間を 100 等分して目盛を刻むと、摂氏温度 T'（単位：℃）が測れ、温度計として利用できる。この温度計を、図 1.2(c) に示す液体を満たした恒温槽に浸ける。恒温槽には、ヒーター（電熱線）と撹拌棒も備えられ、常に一定の温度になるように、電熱線に流れる電流を調整する。この恒温槽に J 字管を浸し、試料の温度をある温度 T' に保つ。

たとえば、1 mol の窒素 N_2 あるいは二酸化炭素 CO_2 の気体試料を J 字管に詰め、温度を 25℃に保った状態で加圧用液体の量を増やして P を変えながら V と $1/P$ の関係を求めると、図 1.3(a) のようなグラフが得られる。どちらの気体とも、データ点は原点を通る直線によく従っており、V と P とは逆比例の関係にある。この関係をボイルの法則と呼ぶ。また、気体の圧力を 1 atm に固定し、恒温槽の温度を変化させ、気体の体積を測定すると、図 1.3(b) のようなグラフが得られる。両気体のデータ点とも直線に従い、その直線の傾きは 0.082 L/℃（L はリットル）、x 切片は -273.15℃である。すなわち、V の温度依存性は次の式で表される。

$$V = (0.0821 \text{ L/°C})(T' + 273.15\text{°C}) \tag{1.3}$$

(a)
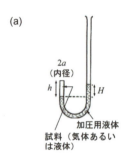

(b)
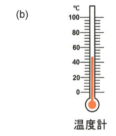

(c)
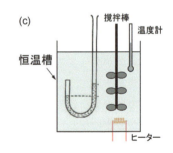

(d)
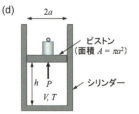

図 1.2 状態方程式を求めるための実験装置

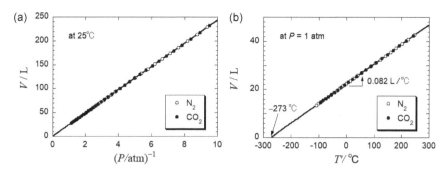

図 1.3 気体 N₂ および CO₂ の体積の圧力依存性と温度依存性

この V の温度についての線形関係をシャルルの法則と呼ぶ。ここで，

$$T \equiv T' + 273.15°\text{C} \tag{1.4}$$

と定義すれば，圧力一定の条件下では V は T に比例することになる。この T を**絶対温度**（absolute temperature）と呼ぶ。摂氏温度 T' が水の融点と沸点によって定義されたのに対して，絶対温度 T は気体の体積の温度依存性により定義された温度である。この T の単位を K（ケルビン）で表す[注1]。

さらに，N₂ や CO₂ などの気体は，圧力と温度を一定に保ちながらその**物質量**（amount of substance）n を 2 倍にすると体積 V も 2 倍になる。すなわち，V は n に比例する。以上の気体に関する V, P, T, および n の間の関係は，次式で表現できる。

$$PV = nRT \tag{1.5}$$

ここで，R は**気体定数**（gas constant）と呼ばれ，次の値を有する[注2]。

$$R = 0.0821 \frac{\text{atm} \cdot \text{L}}{\text{mol} \cdot \text{K}} = 8.31 \times 10^3 \frac{\text{Pa} \cdot \text{L}}{\text{mol} \cdot \text{K}} = 8.31 \frac{\text{Pa} \cdot \text{m}^3}{\text{mol} \cdot \text{K}} \tag{1.6}$$

上式(1.5)が気体の種類ごとにどれくらい正確かを確かめるために，図 1.2(a) に示した実験装置を用いて，6 種類の気体について温度を 25°C に保った状態で圧力を変化させ V の変化を精密に調べると図 1.4(a) のグラフが得られる[注3]。N₂ では P を 0 atm から 10 atm まで増加させても PV/nRT はほとんど 1 で，式(1.5)がよく成立しているが，O₂，CH₄，CO₂ の順に P の増加に伴いより顕著に減少している。また逆に，H₂ と He は P の増加に伴い PV/nRT は増加している。ただし，CO₂ を除き，グラフに示した圧力範囲において式(1.5)からのずれは 0.5% 未満で，この式(1.5)がよい近似で成立しているといえる。

また，圧力を 1 atm に固定して，広い温度範囲にわたって V を測定すると，図 1.4(b) が得られる[注3]。温度が -200°C 以下の低温で，H₂ と He が 0.1% を超える逸脱が見られるが，それ以上の温度ではいずれの気体も式(1.5)によく従っている。なお，たとえば N₂ は -196°C において，CO₂ では -76°C において液化する。

以上より，多くの気体に対して式(1.5)がよく成立しているが，高圧・低温ではわずかながら気体の個

[注1] より厳密な絶対温度の定義は，トムソン（ケルビン卿）によりカルノーサイクルを利用して行われた（第 3 章の **2.6** 節を参照）。
[注2] 現在の高校の化学では，R の単位として Pa·L/(mol·K) が用いられている。これは，体積の単位として，小学校のときより日常生活になじみのある L が用いられてきた名残と思われるが，大学に入ると国際的に認められている国際基本単位系（SI 単位系）が推奨している Pa·m³/(mol·K) が用いられるようになるので，注意されたい。
[注3] 第 10 章の 10.7 節では，図 1.4 に示された各気体の非理想性が統計熱力学を用いて再現されている。

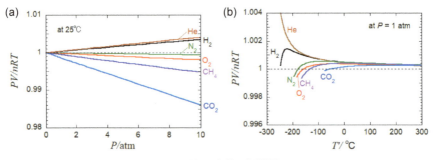

図 1.4　種々の気体の非理想性

性が現れている。温度・圧力にかかわらずに式(1.5)が成立する仮想的な気体を**理想気体**（ideal gas）と定義する。理想気体は多くの気体の振る舞いをよく表しており，理論的な取り扱いが最も容易な気体なので，以下の考察においてしばしば出てくる。

以下では，簡単のために気体の V と P の関係を測定する容器として J 字管ではなく，図 1.2(d) に示すような底面積が A のピストン付きシリンダーを考える。ただし，ピストンとシリンダーの接触部分に摩擦は働かないが，その接触部分から気体が漏れないような完全な気密性が保たれていると仮定する（現実には，そのような容器を作成するのは難しいが）。ピストン部分に質量が m のおもりを置くことにより P を変化させる（$P = mg/A$）。ピストンの高さ位置を h とすると，気体の体積 V は Ah で与えられる（気体の自重により，重力下での気体の圧力はシリンダーの底に近いほど高くなるが，以下ではこの自重による圧力増加は無視する）。

1.3　系と状態量

熱力学では，上述の気体のように考察の対象となる物質を**系**（system）と呼び，容器およびその外側を**外界**（surroundings）と呼ぶ。議論を厳密にするために，系と外界は厳密に区別する（我々観測者は外界に属す）。上で述べた V, P, T はその系の状態を特徴づける物理量で，一般に**状態量**（state property）と呼ばれる。力学において物体の状態が位置と速度により記述されるのに対応して，熱力学では物質の状態は状態量で表される。

系の P がピストンに印加する圧力（外圧）と釣り合い，系の T が恒温槽の温度と等しくなった状態では，系の V は一義的に決まる。あるいは，系の V と T を固定すると，系の P が一義的に決まる。式(1.5)のように，系の状態量 V, P, T の間に成立する関係式を，一般に**状態方程式**（equation of state）と呼ぶ。液体や固体の場合の状態方程式は理想気体に対する式(1.5)のように簡単な式では表せないが，やはり P と T を与えれば V が（あるいは V と T を与えれば P が）一義的に決まる。すなわち，（1成分の均一な）系の状態は二つの状態量により決定される。難しい言い方をすれば，1成分・均一系の**自由度**（degree of freedom）は 2 である。自由度とは，系の状態を一義的に決めるのに必要な状態量の数（あるいは，観測者が自由に変えうる状態量の数）のことである。

容器内に閉じ込められた均一系では，系の物質量 n の値は固定されている。式(1.5)の状態方程式にはこの n が含まれているが，通常は n を状態量には含めない（自由度の計算に入れない）。任意の均一な物質において（液体や固体でも），P と T が一定の条件下では V は n に比例する（1 L の水に 1 L の水を加えると 2 L になる）。以下の章において，物質量に比例する物理量を物質量で割った量をその物質量のモル量と称し（たとえば V/n はモル体積と呼ばれる），熱力学の議論にしばしば登場する。

物質は，純物質と混合物に大別される。純物質とは，1種類の化学種のみを含む系であり，混合物の系には複数種類の化学種が含まれる。後者に比べて前者の方が，熱力学の考察が単純である。以下において，熱力学の基本を説明するにあたり，まず第2章から第4章までは，単純な純物質の系（多くの場合，1成分の理想気体）を例として選んで議論を進め，第5章から第8章において，化学者にはより興味のある混合物に対して熱力学的な考察を行う。ただし，第2章から第4章で説明する熱力学の基本原理については，もちろん混合物の系に対しても適用できる。

1.4 状態変化

図 1.5(a) に示すように，気体の容器に載せるおもりの重量を急に増やすと，気体にかかる圧力（外圧）が増加し，それが気体内に伝わり系の圧力 P も増加する。その結果，気体は圧縮され，その体積 V が減少する。また，図 1.5(b) に示すように，気体の容器を温度（外温）が T_1 の恒温槽から T_2 ($>T_1$) の恒温槽に急に移動させると，新しい恒温槽から気体容器に熱が流入して，気体の温度 T が上昇して V が増加する（熱膨張する）。図 1.3 と 1.4 に示した実験結果は，そのように外圧や外温を変化させながら，気体の状態量である V を測定して得られたものである。

しかしながら，そのような気体の状態を変化させる実験をより詳細に眺めると，次のような状況を経ていることがわかる。まず圧力変化では，おもりの重量を増やした直後に容器のピストンが下がり気体が圧

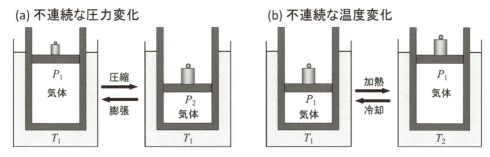

図 1.5　気体の不連続な状態変化

縮されていく。ピストンが移動しているときには，ピストンに近い上部の気体の方が先に圧縮されると考えられる。時間が経過するとピストンの位置は最終位置に達して気体の P も V も最終値に達する。また温度変化においては，より高温の新しい恒温槽に接している気体容器の内壁に近い気体にまず熱が伝わり，その気体の温度が T_1 から上がる。その後に，熱は容器の中央方向の気体にも伝わり，最終的に気体全体が新しい恒温槽と同じ温度 T_2 になる。すなわち，ピストンの移動中や気体の加熱途中においては，気体の P や T は場所によって異なり，不均一な状態となっている。

このように，状態変化の途中の不均一な系の状態は，一つの P や T では表せず，あえてこの不均一状態を記述しようとするならば，P や T を場所の関数として表さなければならない。しかしながら，状態変化をさせてから十分な時間待てば，系は均一になり，一つの P や T で表せるようになる。

熱力学では，状態変化させてから十分時間が経過したのちの最終的な均一状態を**熱平衡状態**（thermally equilibrium state）と呼び，たとえば状態方程式(1.5)はこの熱平衡状態においてのみ適用できる。熱平衡状態に達するまでの**非平衡状態**（non-equilibrium state）を考察対象とする熱力学を非平衡の熱力学というが，本書では取り扱わない。力学では，運動方程式を用いて物体の位置や速度の時間経過を議論できたのに対し，本書で扱う初等熱力学では，物質の状態変化を時間の関数としては取り扱わない。

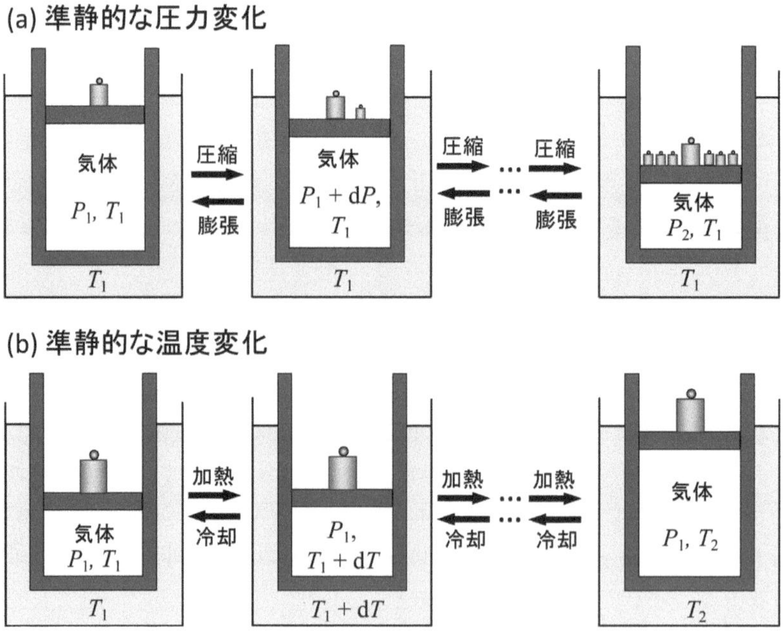

(a) 準静的な圧力変化

気体 P_1, T_1 　圧縮 / 膨張 　気体 $P_1 + \mathrm{d}P, T_1$ 　圧縮 … 圧縮 / 膨張 … 膨張 　気体 P_2, T_1

(b) 準静的な温度変化

気体 P_1, T_1 　加熱 / 冷却 　$P_1, T_1 + \mathrm{d}T$ 　加熱 … 加熱 / 冷却 … 冷却 　気体 P_1, T_2

図 1.6 　準静的過程

　物質の状態を変化させると（上述の温度変化や圧力変化），必ず非平衡状態を経由してから最終の熱平衡状態に達するが，状態変化の途中に現れる非平衡状態を初等熱力学で取り扱えないのははなはだ不便である。以下では，物質の様々な状態変化前後の熱平衡状態間の関係を考察するが，そのような場合には，熱力学では図 1.6 に示すような**準静的過程**（quasistatic process）と呼ばれる仮想的な状態変化を想定する。すなわち，圧力変化の場合は，気体容器のピストンに無限に軽いおもりを載せて状態変化前の圧力 P_1 から $\mathrm{d}P$ だけ加圧して十分な時間待つ。次にさらに無限に軽いおもりを載せてやはり十分な時間待つ。この無限小の加圧操作を無限に繰り返して，最終の圧力 P_2 に変化させる。また，温度変化の場合にも，気体容器を状態変化前の温度 T_1 の恒温槽から無限小の温度差 $\mathrm{d}T$ だけ高温の恒温槽に移動させて十分な時間待つ。次に，さらに無限小の温度差 $\mathrm{d}T$ だけ高温の恒温槽に移動させて十分な時間待つ。この無限小の昇温操作を無限に繰り返して，最終の温度 T_2 に変化させる。こうすると，時間は無限にかかるが，状態変化の途中で，気体は常に熱平衡状態を経由しながら，有限の圧力差や温度差の状態変化を起こせる。このような準静的過程を想定すれば，有限な状態変化途中でもボイル-シャルルの法則が常に使えて便利である（あくまでも頭の中でのみ考える仮想的な過程なので，有限の状態変化には無限の時間を要するという問題には留意しない）。

　図 1.5 に示したように，外圧や外温を不連続に変化させた場合でも，十分時間が経過すれば，最終の熱平衡状態に達し，その最終平衡状態は準静的過程で連続的に変化させた場合の最終平衡状態と等しい。圧縮過程の最終状態の圧力と温度は P_2 と T_1，加熱過程では P_1 と T_2 であり，最終状態での体積はボイル-シャルルの法則に従う。すなわち，状態変化前後の熱平衡状態に関しては，状態変化の経路（不連続変化か連続変化か）には依存しない。言い換えると，不連続な状態変化前後の熱平衡状態での状態量の変化量は，変化の前後の熱平衡状態が同じならば，準静的過程を想定して計算した状態量の変化量と同一であると考えてよい。

　以上が，熱力学を議論するための準備段階であった。次章以降では，熱力学の具体的中身を述べていく。

20 　第 1 章　物質の状態と状態変化

第2章　熱力学第一法則

2.1　はじめに

前章で述べたように，投げ上げたボールの運動に対して，空気との摩擦熱を考慮に入れると，力学的エネルギー保存則は成立しない。投げ上げたボールが元の高さに戻ってきたときの運動エネルギーは，投げ上げた直後の運動エネルギーよりもわずかながら減少している。これは，ボールが空気との間に働く摩擦熱が，力学的エネルギーと等価で相互に変換しうるもので，摩擦熱と力学的エネルギーとの総和に対して保存則が成立するとの考えを想起させる[注]。

しかしながら，歴史的には，この熱と力学的エネルギー（仕事）の等価性を最初に主張したマイヤーの考えは，発表当時なかなか認められなかった。読者の中にも，熱と力学的エネルギーが同じものと言われると，なにか違和感をもつ方がおられるかもしれない（熱と運動エネルギーあるいは位置のエネルギーとはどこかが違うような…；そのような読者は，鋭い科学的センスを持っていると自信をお持ちいただきたい）。「違和感」はあるものの，とりあえずそれに目をつぶって，熱と力学的エネルギーを同種の物理量（一般的なエネルギー）と考えることが熱力学の出発点である。

熱力学第一法則は，任意の物質の任意の状態変化を議論の対象にできるように，非常に一般的なことばで定義されている。しかしながら，議論が一般的すぎると理解しづらい。本章では，物質としては理想気体を想定し，いくつかの具体的な状態変化を考察する。読者の方々も，具体的な実験を頭に描きながら読み進めていただければ，理解しやすいのではないかと思われる。ただし，理想気体はあくまでも一例であり，本章の議論は，理想気体以外の一般的な物質（液体や固体を含む）にも拡張できることに，ご留意いただきたい。

2.2　仕事量と熱量

まず，基本的な状態変化として，図 2.1 に模式的に示す4種類の状態変化（過程）を想定しよう。

(i) 定積過程（isochoric process）：図 2.1(a) に示すように，系の V を一定の条件下で系の T を変化させる過程。1成分の系の熱力学的自由度は2なので，V が一定の条件下では，自由度が1に減り，T を変化させると P は状態方程式に従って自動的に決まる。

(ii) 定圧過程（isobaric process）：図 2.1(b) に示すように，系の P を一定の条件下で系の T を変化させる過程。P が一定の条件下で T を変化させると，V は状態方程式に従って自動的に決まる。

(iii) 等温過程（isothermal process）：図 2.1(c) に示すように，系の T を一定に保ちながら，ピストンに載せたおもりの重さを変化させ系の P を変化させる過程。T が一定の条件下で P を変化させると，V は状態方程式に従って自動的に決まる。

(iv) 断熱過程（adiabatic process）：図 2.1(d) に示すように，外界との間の熱のやり取りが遮断された

[注] 人の腕でボールを投げ上げるとき，ボールの運動エネルギーは人の腕によって行った仕事により生み出されると考える。すなわち，力学的エネルギーは，仕事により生み出されるといえる。そのため，以下で述べられる「熱力学第一法則」は，熱と（力学的エネルギーの源としての）仕事の間に成立する関係として与えられる。

第 1 部　熱力学　21

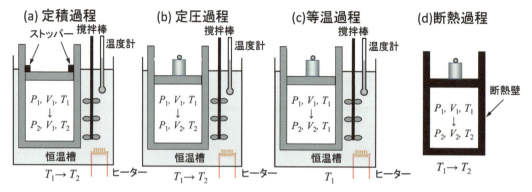

図 2.1　様々な状態変化を起こさせるための実験装置

断熱壁で作られた容器に試料を入れて，V および P を変化させる過程。上の (i)〜(iii) の 3 過程は，状態方程式に含まれる三つの状態量 V, P, T のうちの一つを一定にしたときの状態変化であったが，この断熱過程では三つの状態量ともが同時に変化するため，熱力学的な取り扱いが上の 3 過程よりも複雑になる。断熱下で P を変化させたときに，V と T が同時にどのように変化するかについては後ほど考察する。

まず，図 2.1(b) に示す定圧条件下での準静的過程を考える（図 1.6(b) 参照）。準静的過程の各段階において，系の圧力が P のときに冷却によりピストンの高さが dh だけ変化すると（下向きに移動したときに dh の符号を正とする），断面積が A のピストンにかかる力は AP で与えられるので，ピストンは系に

$$dw = PA \cdot dh = -PdV \tag{2.1}$$

だけ微小量の仕事 dw(＝力×変位) をすることになる。ただし，ピストンが dh だけ下がると，系の体積は Adh だけ減少することに留意されたい（体積は減少するので，上式の右辺には－の符号をつけてある）。系の体積が V_1 から V_2 まで有限の変化をする準静的過程では，上式を積分して，外界が系に加える仕事量 w は次式で与えられる。

$$w = -\int_{V_1}^{V_2} PdV \tag{2.2}$$

上式より，定圧過程では

$$w = -P(V_2 - V_1) \quad (定圧過程) \tag{2.3}$$

と書ける。

また，図 2.1(c) に示す等温過程では，理想気体の場合，状態方程式(1.5) を使い

$$w = -\int_{V_1}^{V_2} \frac{nRT}{V} dV = -nRT \ln\left(\frac{V_2}{V_1}\right) = nRT \ln\left(\frac{V_1}{V_2}\right) \quad (理想気体の等温過程) \tag{2.4}$$

と書ける（本テキストでは，自然対数を $\log_e$ ではなく ln で表す）。式(2.4) は理想気体にのみ適用できるが，式(2.2) と (2.3) は任意の系に適用できる。式(2.2) において，積分は準静的過程の経路に沿って行う必要がある。図 1.5(a) に示した不連続な状態変化では，体積変化の途中の不均一な状態では P が定義できないために，式(2.2) の積分が行えない。

次に，図 2.1(a) に示す定積条件下での準静的過程を考える。準静的過程の各段階で，系の温度を微小量 dT だけ増加させるのに必要な外界から系に加える微小熱量を dq とする。このとき，系の温度を単位

温度上げるのに必要な熱量を**熱容量**（heat capacity）として定義し，Cで表す．すなわち，

$$C = \frac{\mathrm{d}q}{\mathrm{d}T} \to \mathrm{d}q = C\mathrm{d}T \tag{2.5}$$

すると，系の温度を有限のT_1からT_2まで変化させる準静的過程では，外界が系に加える熱量qは次式で与えられる．

$$q = \int_{T_1}^{T_2} C\mathrm{d}T \tag{2.6}$$

ここで，Cは一般にはTの関数である．不連続な温度変化では，温度変化の途中の不均一な状態ではTが定義できないために，式(2.6)の積分は準静的過程の経路に沿って行う必要がある．

仕事量wと熱量qは，外界から系に加えられるエネルギー量で，それら自身は状態量ではない．また，wとqは状態変化前後の状態が与えられても一義的に定まらず，状態変化の経路に依存する[注]．これは，状態量であるP, V, Tの変化量が，状態変化前後の状態を与えれば一義的に定まることと対照的である．以下では，様々な状態量の変化量とwとqの間の関係式が登場するが，この違いについては，常に注意を払っておく必要がある．

熱容量Cは，実測可能な重要な物理量である．具体的には，図 2.1(a)におけるヒーターにある微小時間$\mathrm{d}t$の間，電流Iを流して恒温槽と系を加熱すると，系（および恒温槽）の温度が上昇する．このときの恒温槽に加えた熱量は，ジュールの法則（熱量＝ヒーターの抵抗$\times I^2 \mathrm{d}t$）から計算される．この加熱によって，系の温度が$\mathrm{d}T$だけ上昇したとする．いま，ピストン付きシリンダー容器に試料を入れたときと入れないときで同じ温度変化をさせるためには，試料を入れたときの方がより多くの熱を加えなければならない．この過剰な熱量が温度変化を伴う系に加えられた熱量$\mathrm{d}q$である．このように実験から決められた$\mathrm{d}q$と$\mathrm{d}T$の比から熱容量Cが決定される．以上の実験を，様々な温度で行うと，Cの温度依存性が求められる．また，図 2.1(b)に描いた装置を用いて，圧力が一定の条件下で同様な加熱実験を行っても熱容量を求めることができる．次に，種々の気体についての定積条件下と定圧条件下での熱容量の実験結果について紹介する．

2.3 熱容量

図 2.1(a)と(b)に示した装置を用い，体積一定および圧力一定の条件下で測定した熱容量を，それぞれ定積熱容量C_Vと定圧熱容量C_Pと呼ぶ．系の物質量を2倍にすると同じ温度上昇させるのに2倍の熱量が必要になるので，熱容量は系の物質量に比例する．1 mol当たりの熱容量をモル熱容量と呼び，$\bar{C}$で表す．

図 2.2には，1気圧の下での種々の気体

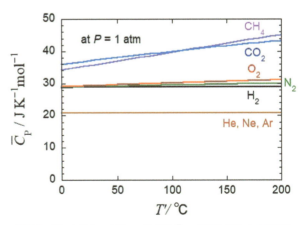

図 2.2　様々な気体の定圧モル熱容量$\bar{C}_P$の温度依存性（1気圧下）

[注] たとえば，定積加熱過程［$(V_1, T_1) \to (V_1, T_2)$］の後に等温圧縮過程［$(V_1, T_2) \to (V_2, T_2)$］を行ったときと，等温圧縮過程［$(V_1, T_1) \to (V_2, T_1)$］の後に定積加熱過程［$(V_2, T_1) \to (V_2, T_2)$］を行ったときでは，組み合わせた過程の最初と最後の状態［$(V_1, T_1) \to (V_2, T_2)$］は同じでも，系に加えた合計の$q$と合計の$w$の値はそれぞれ異なる（式(2.4)と(2.6)あるいは(2.8)を用いて確かめていただきたい：第3章の式(3.3)を参照）．

に対する定圧モル熱容量 $\bar{C}_P$ の温度依存性を示す[注1]。希ガス（He, Ne, Ar 等），すなわち単原子分子気体の $\bar{C}_P$ は，いずれも温度には依存せずに 20.8 J K^{-1}mol^{-1}，H$_2$, N$_2$, O$_2$ などの二原子分子気体のそれは，いずれもわずかに温度に依存して約 29 J K^{-1}mol^{-1}，そして多原子分子気体（CO$_2$ と CH$_4$）の $\bar{C}_P$ は，二原子分子気体のそれよりさらに大きく，温度依存性も強くなっている。いずれの気体においても，$\bar{C}_P$ に圧力依存性は見られなかった。また，実測の $\bar{C}_P$ と $\bar{C}_V$ の差を**表 2.1** に掲げるが，こちらは単原子分子気体，多原子分子気体のいずれも約 8.3 J K^{-1}mol^{-1} の値をとっている（加えて，$\bar{C}_V$ には体積依存性が見られなかった）。これをマイヤーの関係という。**図 2.1(b)** に示した装置を用いた定圧下での測定では，気体が熱膨張して外界に仕事をしている。$\bar{C}_P$ が $\bar{C}_V$ より大きいのは，系に加えた熱の一部が外界に対して行った仕事に使われたためと考えることができる。

表 2.1 様々な気体の室温における $(\bar{C}_P - \bar{C}_V)/\mathrm{J}\ \mathrm{K}^{-1}\mathrm{mol}^{-1}$ の値

H$_2$	H$_e$	N$_2$	O$_2$	CH$_4$	CO$_2$
8.33	8.33	8.33	8.37	8.41	8.54

試料が気体の場合には，体積一定の条件下で熱容量測定を行うことは難しくないが，試料が液体や固体の場合には熱膨張を防ぐために非常な高圧を試料に印加しなければならず，特殊な容器が必要である。これに対して，**図 2.1(b)** の装置を用いて定圧条件下での C_P の測定は実験的に容易であり，C_V より C_P の測定結果の方が圧倒的に多く報告されている（多くの場合，C_V は理論式を用いて C_P の実測値を変換して求められている）。

2.4 熱力学第一法則

表 2.1 の実験結果は，熱とは何かという問いに対して，熱が仕事に変換されるということは，熱がエネルギーの一形態であるというアイデアを想起させる。この考えを最初に提唱したのはマイヤーだといわれている（1842 年）。ただし，当時は熱が「熱素」という元素の一種であるという考えが主流で[注2]，物質保存則から，熱量は物質と同様に保存されると考えられており（熱量保存則），多くの科学者は熱が仕事に変換されるというマイヤーの説を受け入れなかった。一方，ジュールは電流とジュール熱に関するジュールの法則を発見し，熱と仕事（および電気）のエネルギーが相互に変換できるという考えに基づき，様々な方法により熱量 q がどれくらいの仕事量 w に変わるか（熱の仕事当量）の測定を行った（1843〜1845 年）。そのような努力の結果，それまで信じられてきたような熱は「熱素」という物質の一種ではなく，力学における仕事や運動エネルギー，電気力学における電気エネルギーと同じエネルギーの一種であり，各種のエネルギー間は相互変換が可能であるという説が受け入れられるようになった（巻末の付録 A を参照）。以下では，簡単のために系と外部との間のエネルギーのやり取りは熱と仕事でのみ行われるとする。

熱がエネルギーの一形態ならば，系に加えられた熱で仕事に変換されなかった残り（すなわち，定積過程で理想気体に加えた熱）は，系内のエネルギーとして蓄えられているはずである。また，理想気体を圧縮して外界から系に加えられた仕事もエネルギーの一種であり，系内のエネルギーとして蓄えられる。この加熱や圧縮により系に加えられ，系内に蓄えられたエネルギーを**内部エネルギー**（internal energy）U

[注1] 様々な純成分 i の定圧モル熱容量 $\bar{C}_{P,i}$ の温度依存性は，次の経験式で表される。
$\bar{C}_{P,i} = a_i + b_i T + c_i/T^2$
ただし，a_i, b_i, c_i は物質固有の定数で，様々な気体に対する定数値が付録の**表 B.3** に掲載されている。また，第 10 章の **10.2** 節では，**図 2.2** に示された二原子分子気体の $\bar{C}_P$ が統計熱力学を用いて再現されている。
[注2] 近代化学の父と称されるラボアジェが 1789 年に出版した「化学原論」中の元素表には，「熱素（calorique）」が元素の一つとして載せられている。

24 第 2 章 熱力学第一法則

と呼ぶことにする。力学で現れるエネルギー保存則を，この内部エネルギーを考慮に入れて拡張すると，系の内部エネルギーの変化量 ΔU は，系に加えられた q と w の和に等しいという熱力学におけるエネルギー保存則が得られる。

$$\Delta U = q + w \tag{2.7}$$

これを**熱力学第一法則**（first law of thermodynamics）と呼ぶ。内部エネルギーは，前章で出てきた P や V や T と同様に，系の状態を表す状態量と見なす。特に，U は系を構成している分子に関するエネルギーの総和で，各系の U を詳細に調べることにより構成分子に関する情報が得られる（詳細については，第2部の統計熱力学のところで説明される）。

以下では，系と外界との間の熱と仕事のやり取りによる系の状態変化を議論する。観測者は，外界から系に熱や仕事を加えたり，系から熱や仕事を受け取ったりして系の状態を変化させることができる。したがって，外界から系に加えた熱量や仕事量を正の値と定め，逆に系が外界に加えた熱量や仕事量は負の値と定める（あくまでも，系を主体として議論する）。以下では，この熱量や仕事量の符号が重要なので注意されたい。

前章で述べたように，力学的エネルギー保存則を利用すると，投げ上げたボールの運動状態を予言できたように，熱力学第一法則を利用して，物質の状態変化を予言できる（たとえば，上で出てきた表2.1に示したような理想気体の $\bar{C}_P$ と $\bar{C}_V$ の関係など）。その際，各状態変化に伴う内部エネルギーの変化量 ΔU を正しく見積もる必要がある。内部エネルギーは状態量の一つであるが，P，V，T などのように目で見えたり肌で感じたりできる量ではないので，式を通じて見積もらざるを得ない。

たとえば，図 2.1(a) に示した装置を用いて系の温度を T_1 から T_2 に昇温させる加熱実験を行ったときの ΔU は，式(2.2) より体積一定の条件下では $w = 0$ なので，式(2.7) より次のように表される。

$$\Delta U = q = \int_{T_1}^{T_2} C_V \mathrm{d}T \tag{2.8}$$

この式を微分形で表すと，次のようになる。

$$\left(\frac{\partial U}{\partial T} \right)_V = C_V \tag{2.9}$$

式(2.9) に現れた偏微分について，以下の点が注意される。1.3節で述べたように，状態方程式(1.5) が成立する理想気体の自由度は2で，二つの状態量を指定すれば系の状態は一義的に決まる。状態方程式(1.5) を一般化すると，系の圧力 P は V と T の2変数関数で表されることになり，状態量である U もやはり，たとえば V と T の2変数関数と見なされる。式(2.9) の偏微分は，その2変数関数 $U(V, T)$ を V 一定の条件下 T で偏微分することを意味する。熱力学では，偏微分するときに一定値に保つ変数を下付きの添え字で表す（たとえば，式(2.9) 左辺の下付きの V）。熱力学的議論において，たとえば U を V と T の2変数関数ではなく，P と T の2変数関数と見なすこともあるので，色々な状態変化を考えるときには，ある状態量が何を変数としているかをよく理解しておく必要がある（数学では，変数は初めから与えられているが）。

図 2.2 において，He, Ne, Ar 等の単原子分子気体の $\bar{C}_P$ は，P，V，T いずれにも依存せずに，$(5/2)R$（$= 20.8$ J K^{-1}mol^{-1}）に等しかった。また，表 2.1 において，$\bar{C}_P - \bar{C}_V$ は R に等しいので，単原子分子気体の $\bar{C}_V$ は，P，V，T に依存せずに，

$$\bar{C}_V = \frac{3}{2}R \quad \text{（単原子分子気体）} \tag{2.10}$$

で与えられる。これを式(2.8) に代入すると，$\Delta U = (3/2)nR(T_2 - T_1)$ と書け，$T_1 = 0$ K のときの内部エネルギーを基準値0に選ぶと，任意の温度 T において

$$U \equiv U(0\,\mathrm{K}) + \Delta U = \Delta U = \frac{3}{2}nRT \quad \text{（理想単原子分子気体）} \tag{2.11}$$

と書ける（力学で学ぶように，エネルギーの絶対値を決めるための基準値は任意に選ぶことができる）。状態方程式が式(1.5) で与えられ，内部エネルギーが式(2.11) で与えられる気体が理想単原子分子気体である。式(2.11) は，任意の P と V において成立するので，理想単原子分子気体の U は温度だけに依存し，P あるいは V には依存しない物理量である。後述の第 10 章の 10.2 節で述べるように，この式(2.11) は統計熱力学を用いて導出される。

次に，図 2.1(b) に示した装置の容器内に理想単原子分子気体を封入し，圧力一定の条件下，系の温度を T_1 から T_2 に昇温させる加熱実験を行ったときの ΔU は，式(2.11) より次式で与えられる。

$$\Delta U = \frac{3}{2}nR(T_2 - T_1) \quad \text{（理想単原子分子気体）} \tag{2.12}$$

また，式(1.5) より体積は，$V_1 = nRT_1/P_1$ から $V_2 = nRT_2/P_1$ に変化するので，外界が系に次の仕事（負の値）を行う。

$$w = -P_1(V_2 - V_1) = -nR(T_2 - T_1) \tag{2.13}$$

したがって，熱力学第一法則である式(2.7) を用いると，この定圧過程においては，外界から系に次で与えられる熱量 q が加えられる。

$$q = \Delta U - w = \frac{5}{2}nR(T_2 - T_1) \quad \text{（理想単原子分子気体）} \tag{2.14}$$

すなわち，理想単原子分子気体の定圧モル熱容量 $\bar{C}_\mathrm{P}$ は $(5/2)R$ となり，式(2.10) と組み合わせると，表 2.1 の実験結果（$\bar{C}_\mathrm{P} - \bar{C}_\mathrm{V} = R$）と一致する。

さらに，図 2.1(c) に示した装置の容器内に理想単原子分子気体を封入し，温度一定の条件下，系の圧力を P_1 から P_2 に加圧したとき，体積は $V_1 = nRT_1/P_1$ から $V_2 = nRT_1/P_2$ に変化するので，外界が系にする仕事量 w は式(2.4) を用いて

$$w = nRT_1 \ln\left(\frac{V_1}{V_2}\right) = nRT_1 \ln\left(\frac{P_2}{P_1}\right) \tag{2.15}$$

で与えられる。等温過程では，式(2.12) より $\Delta U = 0$ なので，このとき外界から系に加えられる熱量 q（負の値）は，熱力学第一法則を用いて次式から計算される。

$$q = \Delta U - w = -nRT_1 \ln\left(\frac{P_2}{P_1}\right) \tag{2.16}$$

すなわち，加圧によって系になされた仕事により増加した内部エネルギーを熱のかたちで外界に放出することにより系の内部エネルギー（すなわち温度）を一定に保っている。

最後に，ピストン付きシリンダー容器を断熱材で作り，その中に理想単原子分子気体を入れ，ピストンに載せるおもりを少しずつ軽くして V を増加させる準静的な断熱膨張過程（図 2.1(d)）について考察する。理想気体の体積が V_1 から V_2 に増加すると，圧力は P_1 から P_2 に減少し，膨張に伴って系が外界に仕事をするが，断熱過程では外界から熱の流入はないので，内部エネルギーの減少とともに，温度も変化して T_1 から T_2 に減少し，三つの状態量がともに変化する。準静的過程の各段階で，体積が微小量 $\mathrm{d}V$ だけ増加すると，系が外界に $P\mathrm{d}V$，すなわち外界が系に $\mathrm{d}w = -P\mathrm{d}V = -(nRT/V)\mathrm{d}V$ だけ仕事をする。ただし，各段階で $\mathrm{d}q = 0$ であり，その間の内部エネルギー変化 $\mathrm{d}U$ は次で与えられる。

$$\mathrm{d}U = -\frac{nRT}{V}\mathrm{d}V \tag{2.17}$$

式(2.11) より，この内部エネルギー変化は次の温度変化 $\mathrm{d}T$ をもたらす。

26　第 2 章　熱力学第一法則

$$dU = \frac{3}{2}nRdT \quad \text{(理想単原子分子気体)} \tag{2.18}$$

式(2.17) と (2.18) を組み合わせると

$$\frac{3}{2}\frac{dT}{T} = -\frac{dV}{V} \tag{2.18}$$

なる微分方程式が得られ，状態 1 (T_1, V_1) から状態 2 (T_2, V_2) への有限な変化にわたって両辺を積分すると

$$\frac{3}{2}\ln\frac{T_2}{T_1} = -\ln\frac{V_2}{V_1} \tag{2.19}$$

あるいは

$$V_1 T_1^{3/2} = V_2 T_2^{3/2} \quad \text{または} \quad VT^{3/2} = \text{一定} \tag{2.20}$$

を得る．さらに，式(2.20) において T を PV/nR で置き換えると，次式が得られる．

$$P_1 V_1^{5/3} = P_2 V_2^{5/3} \quad \text{または} \quad PV^{5/3} = \text{一定} \tag{2.21}$$

式(2.12) を利用すると，断熱過程における内部エネルギー変化は次式で与えられる．

$$\Delta U = \frac{3}{2}nRT_1\left[\left(\frac{V_1}{V_2}\right)^{2/3} - 1\right] \tag{2.21}$$

二原子以上の多原子分子の場合には，図 2.2 に示すように C_P（および C_V）は温度に多少依存するが，温度範囲が十分狭く，C_V の温度依存性が無視できるならば，式(2.18) の代わりに次式が成立し

$$dU = C_V dT \tag{2.22}$$

式(2.21) の代わりに，次式が得られる．

$$P_1 V_1^\gamma = P_2 V_2^\gamma \quad \text{または} \quad PV^\gamma = \text{一定} \quad (\gamma \equiv \bar{C}_P/\bar{C}_V) \tag{2.23}$$

理想気体の状態方程式(1.5) より，温度が一定の条件下では

$$P_1 V_1 = P_2 V_2 \quad \text{または} \quad PV = \text{一定} \tag{2.24}$$

と書け，断熱条件下での式(2.23) と対比される．1 mol の窒素 N_2 の場合について，式(2.23) と (2.24) を比較すると，図 2.3 のようになる．P-V 図中に描いた等温膨張と断熱膨張の線を，それぞれ等温線と断熱線と呼ぶ．断熱線の方が等温線よりも変化が急である（$\gamma > 1$）．圧力が 150 気圧から 50 気圧に低下したとき，断熱膨張では気体の温度が 298 K から 218 K に下がる．膨張によって気体が外界に仕事をして消費したエネルギーは，等温過程では（温度を一定に保つように）外界から熱エネルギーとして系に供給されるのに対し，断熱過程で

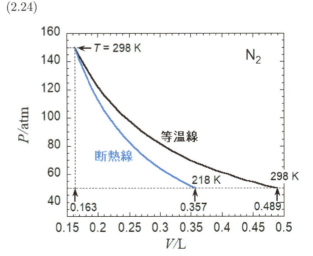

図 2.3　1 mol の窒素 N_2 ガス（$\gamma = 1.40$ の理想気体）についての等温線と断熱線

は熱エネルギーの供給がないためである。その結果，気体の体積も等温膨張のときより小さくなる。

2.5 エンタルピー

上述のように，熱容量 C は実測可能な重要な物理量であり，式(2.8) より内部エネルギーは実測の C_V を温度で積分することによって計算できる。しかしながら，固体や液体の試料では熱膨張のために体積一定の条件下での熱測定が困難なために，実測される熱容量は主に C_P である。そこで，式(2.8) に倣って，C_P を温度で積分することによって計算される物理量 H を新たに定義して，**エンタルピー**（enthalpy）と呼ぶことにする。

$$\Delta H = \int_{T_1}^{T_2} C_P \mathrm{d}T = q \quad (定圧過程) \tag{2.25}$$

式(2.9) に対応させて，次の微分式が成立する。

$$\left(\frac{\partial H}{\partial T}\right)_P = C_P \tag{2.26}$$

内部エネルギー U が一般には V と T の関数と見なせるのに対し，エンタルピー H は P と T の関数と見なす。

式(2.25) からは，T_1 から T_2 に温度変化させたときのエンタルピーの変化量が計算できるが，その絶対値を決めることはできない（それは，U についても同じ）。力学においても，たとえば図1.1 に示したボールの位置エネルギー E の絶対値は決められず，地面を基準として，そこからの高さ h を使って E の相対値が計算できるのみである。地球を周回する人工衛星では，地球の重心を位置エネルギー E の基準とすべきだし，地球の公転を議論するときには太陽の重心を位置エネルギー E の基準に選ぶべきである。化学熱力学では相分離や化学反応などの状態変化を取り扱うので，各状態変化前後のエンタルピーの差が議論の対象となり，状態変化の前あるいは後のエンタルピーの絶対値が問題となることはない。

熱力学第一法則（式(2.7)）と式(2.3) を利用すると，圧力一定の条件下では，$q = \Delta U + P\Delta V$ と書け，熱容量の定義より式(2.25) の右辺の積分は定圧過程における q に等しいので，エンタルピー H は次式によっても定義できる。

$$H = U + PV \tag{2.27}$$

定積過程では U，定圧過程では H を用いて熱力学的議論が行われる。上述のように，化学実験は圧力一定の条件下（通常 1 気圧）で行われることが多いので，H を用いた議論が主流となる。これに対して第 2 部で説明する統計熱力学を用いた分子論的な議論では，U がより基本的な量となる。

2.6 熱機関

歴史的には，熱力学と産業革命とは密接に関係している。産業革命当時は，蒸気機関の利用が盛んに行われた。蒸気機関は石炭や薪などを燃やして，その熱エネルギーを動力（仕事）に変える機械であり，熱と仕事の関係を扱う熱力学が，蒸気機関（より一般に熱機関）の基礎理論としての役割を演じ，一方蒸気機関の改良の努力は熱力学の確立に寄与した。蒸気機関の改良を目指した技術者は，少ない石炭・薪の量で効率的に動力を得ることが目標であり，その努力が以下で述べるカルノーサイクルの研究を生み出し，次章で述べる熱力学第二法則に到達した。

図2.1(b)～(d) に示したような気体が入ったピストン付きシリンダーを単純な蒸気機関と見なそう。

蒸気機関が連続的に力学エネルギーを生み出すには，一連の状態変化の過程の後に系が元の状態に戻る必要がある。このように元の状態に戻る一連の過程を一般に**循環過程**（**サイクル**：cycle）と呼ぶ。1サイクルの循環過程の後に，同じ循環過程を繰り返せば，連続的に熱エネルギーから力学エネルギーを生み出せる。

1サイクル後に系は元の状態に戻るので，1回の循環過程における ΔU はゼロである。したがって，熱力学第一法則（式(2.7)）は $-w = q$ と書け，1サイクルの間に系から取り出せる仕事量の正味の量 $-w$ は加えた熱エネルギーの正味の量 q に等しく，熱を加えずに動力を生み出せないことを，第一法則は予言している。熱エネルギーを利用せずに力学エネルギーを生み出すような熱機関を第一種永久機関と呼ぶが，第一種永久機関の製作は果たせぬ夢で，無駄な努力をすべきではないことを，熱力学第一法則は教えてくれている。

カルノーは，以下に述べる(a)等温膨張，(b)断熱膨張，(c)等温圧縮，(d)断熱圧縮という4ステップからなる準静的な循環過程（カルノーサイクル）を利用して，熱機関がどれくらいの効率で熱エネルギーを力学エネルギーに変換できるのかを考察した[注]。彼の考察は，次章で述べる熱力学第二法則の確立に重要な貢献をした。彼は，コレラで若くして亡くなり，また彼のカルノーサイクルに関する論文は熱機関の

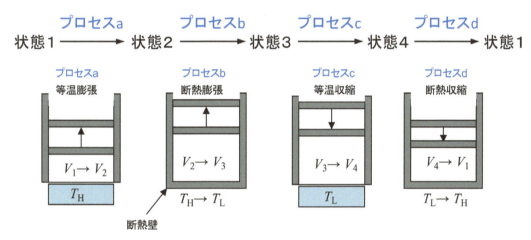

図 2.4　カルノーサイクルの4段階の状態変化

効率という工学目的の論文と見なされ，その熱力学における重要性は死後かなり経ってから再認識された。

カルノーサイクルは，ピストン付きシリンダー容器内に入っている1 molの理想気体に対して，図 2.4 に模式的に示す4段階のプロセスの状態変化を経て元の状態に戻る準静的な循環過程である．

これまでは，等温過程を考えるときには，恒温槽を描いてきたが，図 2.4 では，熱のやり取りをする外界の**熱源**（系に熱を供給あるいは系

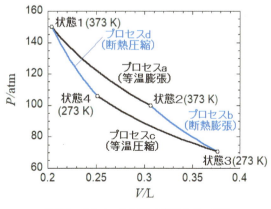

図 2.5　カルノーサイクルに対する P-V 図

[注] 準静的過程には無限の時間を要するので，カルノーサイクルは実用的な熱機関ではない。カルノーは，熱機関の効率の基礎的原理を理解するために，カルノーサイクルの考察を行った。

から熱を放出する源：heat reservoir）を四角い青色のブロックで表す。図中の T_H と T_L は，それぞれ高温熱源と低温熱源の絶対温度を表し，V_i は状態 i（$i = 1 \sim 4$）における系の体積を表す。

2.4 節の式(2.23) と (2.24) を利用すると，カルノーサイクルに対する P-V 図は図 2.5 のようになる。ただし，理想単原子分子気体を想定し（$\gamma \equiv \bar{C}_P / \bar{C}_V = 5/3$），$T_H = 373$ K（100℃），$T_L = 273$ K（0℃），$P_1 = 150$ atm，$P_2 = 100$ atm とした。断熱過程であるプロセス b とプロセス d においては，式(2.20) より $V_2 T_H^{3/2} = V_3 T_L^{3/2}$ および $V_4 T_L^{3/2} = V_1 T_H^{3/2}$ であるから，次の関係が得られる[注]。

$$V_2/V_1 = V_3/V_4, \quad \text{あるいは} \quad P_1/P_2 = P_4/P_3 \tag{2.28}$$

また，断熱過程であるプロセス d の終状態における系の体積は，式(2.20) より

$$\begin{aligned}
V_4 (T_L/T_H)^{3/2} &= V_3 (P_3/P_4)(T_L/T_H)^{3/2} = V_2 (T_H/T_L)^{3/2} (P_3/P_4)(T_L/T_H)^{3/2} \\
&= V_1 (P_1/P_2)(T_H/T_L)^{3/2} (P_3/P_4)(T_L/T_H)^{3/2} = V_1
\end{aligned} \tag{2.29}$$

となり，4 段階のプロセスが循環過程であることがわかる（プロセス d の終状態は，系の温度がプロセス a の開始状態と同じ T_H になるまで圧縮する）。

2.4 節の等温・断熱過程の結果を用いると，各プロセスにおける ΔU_α, w_α, q_α（$\alpha = $ a, b, c, d）は次のように求まる（等温・断熱収縮は，等温・断熱膨張の逆過程である）。

プロセス a（等温膨張）：$\Delta U_a = 0$, $w_a = RT_H \ln (V_1/V_2)$, $q_a = -RT_H \ln (V_1/V_2) = RT_H \ln (V_2/V_1)$
プロセス b（断熱膨張）：$\Delta U_b = C_V(T_L - T_H)$, $w_b = C_V(T_L - T_H)$, $q_b = 0$
プロセス c（等温圧縮）：$\Delta U_c = 0$, $w_c = RT_L \ln (V_3/V_4)$, $q_c = -RT_L \ln (V_3/V_4) = RT_L \ln (V_4/V_3)$
プロセス d（断熱圧縮）：$\Delta U_d = C_V(T_H - T_L)$, $w_d = C_V(T_H - T_L)$, $q_d = 0$

1 サイクルにおいて外界が系にした仕事の合計 w は，次式で与えられる。

$$w = w_a + w_b + w_c + w_d = RT_H \ln (V_1/V_2) + RT_L \ln (V_3/V_4) \tag{2.30}$$

式(2.28) を用いると

$$w = R(T_H - T_L) \ln (V_1/V_2) \tag{2.31}$$

また，1 サイクルにおいて外界が系に加えた熱量の合計 q は，次式で与えられる。

$$q = q_a + q_b + q_c + q_d = -R(T_H - T_L) \ln (V_1/V_2) \tag{2.32}$$

よって，1 サイクルの間の内部エネルギー変化は，熱力学第一法則（式(2.7)）より

$$\Delta U (= \Delta U_a + \Delta U_b + \Delta U_c + \Delta U_d) = q + w = 0 \tag{2.33}$$

この式から，上の 4 段階のプロセスが循環過程であることが確かめられる。

式(2.30) と (2.32) の結果をまとめると，次のようにいえる。1 サイクルの間に $q_a = RT_H \ln (V_2/V_1)$ の熱を高温熱源からもらい，その一部 $-q_c = RT_L \ln (V_2/V_1)$ を低温熱源に捨てる。こうして最初の状態に戻る過程で系が外界に $-w = R(T_H - T_L) \ln (V_2/V_1)$ の仕事をする。明らかに，$T_H = T_L$ なら仕事量はゼロであり，熱機関として有効であるためには $T_H > T_L$ でなければならない。

[注] 等温過程であるプロセス a とプロセス b においては，$P_1 V_1 = P_2 V_2$ および $P_3 V_3 = P_4 V_4$ より，式(2.28) の第一式から第二式が得られる。

30 　第 2 章　熱力学第一法則

熱機関の**効率**（efficiency）η は，外界から得た熱量の何割が仕事に変換されたかにより定義される。カルノーサイクルの場合，高温熱源から与えられた熱の一部は低温熱源に捨てているので，その分が損失となり，η は

$$\eta = \frac{-w}{q_{\mathrm{a}}} = \frac{R(T_{\mathrm{H}} - T_{\mathrm{L}})\ln(V_2/V_1)}{R T_{\mathrm{H}} \ln(V_2/V_1)} = \frac{T_{\mathrm{H}} - T_{\mathrm{L}}}{T_{\mathrm{H}}} \tag{2.34}$$

で与えられる[注]。例として，400 K の水蒸気を発生するボイラー（高温熱源）と 300K の冷却水（低温熱源）を用いる蒸気機関の効率を上式から求めてみると，η は 0.25 に過ぎず，熱を 100% 仕事に変えることはできない。

　カルノーサイクルは，たくさん考えられる準静的サイクルの一例である．当然もっと効率のよいサイクルはないのだろうかという疑問が生じる．次章で述べるように，実はこの疑問が熱力学第二法則を生み出すことになる。

　なお，カルノーサイクルは準静的な循環過程なので，まったく逆向きの過程も実行できるはずである．すなわち，図 2.4 においてプロセス d, c, b, a の順に行い，各プロセスでの温度や体積の変化を逆にする．するとこの逆サイクルでは，外界から仕事 w をされることにより，低温熱源から高温熱源に熱エネルギー $q_{\mathrm{a}} + q_{\mathrm{c}} = R(T_{\mathrm{H}} - T_{\mathrm{L}}) \ln (V_2/V_1)$ を移すことが可能である。換言すれば，高温部をますます温め，低温部をますます冷やすことを可能にするサイクルが存在する。前者の目的で設計された機械を熱ポンプ，後者のための機械を冷却機という。冷却機の代表は，電気冷蔵庫や冷房機である。

[注] トムソンは，式 (2.34) で与えられる効率の式中に現れる温度から絶対温度を定義した。絶対温度の単位は，彼（ケルビン卿）の名にちなんで命名された。

第3章　熱力学第二法則

3.1　はじめに

前章では，熱力学第一法則とカルノーサイクルについて述べた。前者の熱力学第一法則は，熱が力学的仕事と同じエネルギーの一形態であることを宣言している。したがって，熱エネルギーを100％力学的仕事に変換することを否定していない。これに対して，カルノーサイクルの効率は，式(2.34)で与えられるように，実現可能な条件（すなわち，高温熱源の温度 $T_H < \infty$，低温熱源の温度 $T_L > 0$ K）であれば，熱エネルギーを100％力学的仕事に変換できないことを示している。熱力学の確立に貢献したトムソン（ケルビン卿）は，この矛盾に悩んでいたが，クラウジウスは両者が矛盾するものではなく，自然は熱力学第一法則とともに以下で説明する熱力学第二法則にも従っていると考えた。このように，熱力学第一法則と第二法則を統合することにより，熱力学の基礎が完成した。

しかしながら，エネルギーとしての熱と仕事が完全には等価でないことを定量的に表すためにクラウジウスが導入した「エントロピー」という物理量は，それまでの物理学では登場することのなかった全く新しいものであった。本書は，新しく導入される物理量を天下り的ではなく，その導入理由をわかりやすく解説することを特徴とするが，この「エントロピー」だけは天下り的に導入せざるを得なかった。すなわち，以下で出てくる式(3.4)は，なにがしかの物理的理由に基づいて導出されたというよりも，クラウジウスの直観により導入されたと言わざるを得ない。したがって，「エントロピー」の物理的意味を理解していただくのは容易ではない。天下り的に定義された式(3.4)を様々な状態変化に適用して，その有用性を実感していただく以外に，物理的意義を理解していただく方法はないように思う。

3.2　熱力学第二法則

まず，図3.1に示すように，可動式の仕切りによって α 部分と β 部分に分けられた系の定積断熱過程を考えよう。最初，α 部分にも β 部分にも圧力 P_1 の 1 mol の理想単原子分子気体が入っていて，α 部分の温度を $T_1^{(\alpha)}$，β 部分の温度を $T_1^{(\beta)}$ とする（$T_1^{(\alpha)} > T_1^{(\beta)}$）。仕切り板が熱を通すならば，高温側から低温側に熱が移動し，最終状態では同じ温度 T_2，同じ体積 V_2 になるはずである（それに対応して，各部分の体積も変化するが，圧力は状態変化前後で一定であることが示せる）。

この状態変化が定積断熱過程であり，外界とは熱も仕事のやり取りも行われないので，熱力学第一法則

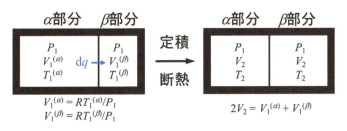

図 3.1　温度の不均一な系における定積断熱過程

（式(2.7)）より状態変化前後で $\Delta U = 0$ であり，理想単原子分子気体に対する式(2.11)を使うと次の関係が得られる．

$$T_2 = \frac{1}{2}\bigl(T_1^{(\alpha)} + T_1^{(\beta)}\bigr) \tag{3.1}$$

すなわち，この状態変化後の系の温度は状態変化前の温度の算術平均（相加平均）と等しい．よく知られているように，熱は温度の高い物質から温度の低い物質に流れ，温度の等しい物質は熱的平衡にあり，両者間で正味の熱の移動は起こらない．これより，上の定積断熱過程の逆過程は自然には起こらないと考えられる．

クラウジウスは，図3.1の逆過程を少し言い換えて，**熱力学第二法則** (second law of thermodynamics) を次のように表現した．

「低温熱源から高温熱源に熱エネルギーを移動させる以外に，外界に何の変化も残さないような熱機関は存在しない」

これに対して，トムソンが提案した熱力学第二法則の表現は次のようである．

「ある一定の温度にある熱源から熱を取り出して，そのすべてを仕事に変換するような熱機関は存在しない」

これら両表現が同等であることは，以下のように示せる．まず図3.2に示すように，カルノーサイクルとクラウジウスが存在を否定した仮想的な熱機関の組み合わせを考える．カルノーサイクルは高温熱源から q_H の熱を受け取り，低温熱源に $-q_L$ の熱を捨て，外界に $-w$ の仕事をする．これに対して，クラウジウスがその存在を否定した仮想サイクルにより低温熱源から q_H の熱を受け取り，高温熱源に $-q_H$ の熱を捨てる（外界に仕事はしない）．

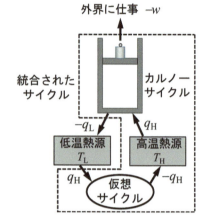

図3.2　カルノーサイクルとクラウジウスが存在を否定した仮想サイクルの組合せ（点線で囲まれた部分が統合されたサイクル）

いま，カルノーサイクルと仮想サイクルと高温熱源を統合して一つのサイクルと見なすと（図3.2中の点線で囲まれた部分），この統合サイクルは外界（低温熱源）から $q_H - q_L$ の熱を受け取り，外界に $-w$ の仕事をしている．熱力学第一法則（式(2.7)）より，統合サイクルの1サイクル後の内部エネルギー変化は

$$\Delta U = q_H - q_L + w = 0 \tag{3.2}$$

すなわち，外界（温度が一定の低温熱源）から受け取った熱量 $q_H - q_L$ をすべてを $-w$ の仕事に変換している．これは，トムソンの熱力学第二法則が否定している熱機関である．よって，クラウジウスとトムソンの熱力学第二法則は同等のことをいっている．

効率が100%の熱機関を第二種永久機関と称するが，図3.2の統合された熱機関がまさにその第二種永久機関となっている．熱力学第二法則は，この第二種永久機関の存在を否定している．

3.3　エントロピー

熱力学第一法則は，第一種永久機関の存在を否定する法則であるのに対し，熱力学第二法則は，第二種永久機関の存在を否定する法則である．ただし，熱力学第一法則を用いたより定量的な議論を行うために，内部エネルギーという状態量を新たに定義し，式(2.7)によって熱力学第一法則を数式で表した．同様に，熱力学第二法則を用いたより定量的な議論を行うために，新たな状態量を導入しよう．

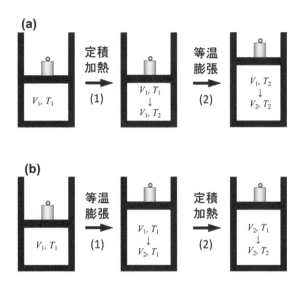

図 3.3 定積加熱と等温膨張を組み合わせた状態変化

　その準備として，まず容器内に理想単原子分子気体 1 mol を入れ，図 3.3 に示す定積加熱と等温膨張を組み合わせた準静的状態変化を考える。ただし，状態変化の順番を，(a) では定積加熱の後に等温膨張，(b) では等温膨張の後に定積加熱を行う。最初と最後の状態は，いずれも同じ (V_1, T_1) から (V_2, T_2) への変化である。

　組み合わせた状態変化 a と b での系に加える仕事量と熱量の合計は，

$$w_a = nRT_2 \ln(V_1/V_2), \quad q_a = C_V(T_2 - T_1) - nRT_2 \ln(V_1/V_2)$$
$$w_b = nRT_1 \ln(V_1/V_2), \quad q_b = -nRT_1 \ln(V_1/V_2) + C_V(T_2 - T_1)$$
(3.3)

となり，状態変化の最初と最後の状態は等しいが，状態変化の順番を入れ替えると，w と q は異なる。すなわち，仕事量と熱量は状態量ではなく，状態変化の経路に依存する。

　いま，温度が T の系に微小量の熱量 $\mathrm{d}q$ を加えたときに

$$\mathrm{d}S = \frac{\mathrm{d}q}{T} \tag{3.4}$$

なる新しい物理量 S を定義しよう。すると，組み合わせた状態変化 a と b での S の変化量は

$$\Delta S_a = \int_{T_1}^{T_2} \frac{C_V}{T} \mathrm{d}T - \frac{nRT_2 \ln(V_1/V_2)}{T_2} = C_V \ln(T_2/T_1) - nR \ln(V_1/V_2)$$
$$\Delta S_b = -\frac{nRT_1 \ln(V_1/V_2)}{T_1} + \int_{T_1}^{T_2} \frac{C_V}{T} \mathrm{d}T = -nR \ln(V_1/V_2) + C_V \ln(T_2/T_1)$$
(3.5)

となり，最初と最後の状態が等しい二つの状態変化で ΔS は等しくなる。したがって，物理量 S は状態量となりうる。この新しく定義された状態量を**エントロピー** (entropy) と呼び，式(3.4)がその定義式となる。

　カルノーサイクルにおけるエントロピーの変化量 ΔS を計算してみよう。各プロセスにおける q の値を使って，ΔS は次のようになる。

プロセス a（等温膨張）：$q_a = RT_H \ln(V_2/V_1) \rightarrow \Delta S_a = q_a/T_H = R \ln(V_2/V_1)$

プロセス b（断熱膨張）：$q_b = 0 \to \Delta S_b = 0$

プロセス c（等温圧縮）：$q_c = RT_L \ln (V_4/V_3) \to \Delta S_c = q_c/T_L = R\ln (V_4/V_3)$

プロセス d（断熱圧縮）：$q_d = 0 \to \Delta S_d = 0$

よって，カルノーサイクルの 1 サイクルのおける合計のエントロピー変化は

$$\Delta S = \Delta S_a + \Delta S_c = R\big[\ln(V_2/V_1) + \ln(V_4/V_3)\big] \tag{3.6}$$

となり，式(2.28) より $V_2/V_1 = V_3/V_4 = (V_4/V_3)^{-1}$ の関係が成立するので，1 サイクルで元の状態に戻ると，上式は

$$\Delta S = R\big[\ln(V_2/V_1) + \ln(V_2/V_1)^{-1}\big] = 0 \tag{3.7}$$

となり，エントロピーが状態量であることを保証している。

3.4　エントロピー増大則と不可逆過程

図 3.1 に示した定積断熱過程に話を戻し，この過程におけるエントロピー変化を計算しよう。ただし，次の点に注意する必要がある。（透熱性の）仕切り板に重ねて断熱板を設置しておけば，この状態変化の前の状態は熱平衡状態であるが，断熱板を取り除くと，途端に系は非平衡状態になり，仕切り板を通じてより高温の α 部分から β 部分に熱が流れる。この熱の流れが生じているときには，$\alpha \cdot \beta$ 部分ともに温度が不均一で，エントロピーを式(3.4) から計算しようにも，どの T を使えばよいかがわからない。エントロピー計算を行うときには，系は常に熱平衡状態，すなわち準静的過程に沿って式(3.4) を積分しなければならない（あえて述べなかったが，前章での ΔU すなわち w と q の計算も準静的過程に沿って行っていた）。

エントロピーが状態量であることを思い出そう。すなわち，状態変化の前後の熱平衡状態が指定されていれば，ΔS は状態変化の経路には依存しないので，式(3.4) の積分は，指定された状態変化前後の熱平衡状態を結ぶ準静的過程に沿って行えばよい。図 3.1 の状態変化は α 部分が定圧冷却過程，β 部分は定圧加熱過程であり，準静的過程を考えると，それぞれの部分のエントロピー変化 $\Delta S^{(\alpha)}$ と $\Delta S^{(\beta)}$ は，次のようにして計算できる。

$$\Delta S^{(\alpha)} = \int_{T_1^{(\alpha)}}^{T_2} \frac{\bar{C}_P}{T}\,\mathrm{d}T = \bar{C}_P \ln\!\left(\frac{T_2}{T_1^{(\alpha)}}\right), \ \ \Delta S^{(\beta)} = \int_{T_1^{(\beta)}}^{T_2} \frac{\bar{C}_P}{T}\,\mathrm{d}T = \bar{C}_P \ln\!\left(\frac{T_2}{T_1^{(\beta)}}\right) \tag{3.8}$$

よって，系全体のエントロピー変化 ΔS は次の式で与えられる。

$$\Delta S = \Delta S^{(\alpha)} + \Delta S^{(\beta)} = \bar{C}_P \ln\!\left(\frac{T_2^{\,2}}{T_1^{(\alpha)}T_1^{(\beta)}}\right) \tag{3.9}$$

式(3.1) を利用すれば，次の不等式が成立する。

$$\Delta S = 2\bar{C}_P \ln\!\left[\frac{\frac{1}{2}\big(T_1^{(\alpha)} + T_1^{(\beta)}\big)}{\sqrt{T_1^{(\alpha)}T_1^{(\beta)}}}\right] > 0 \tag{3.10}$$

ただし，相加・相乗平均の関係を利用した。

3.2 項で述べたように，図 3.1 に示した定積断熱過程の逆過程は自然には起こらないというのが，クラ

ウジウスの熱力学第二法則であった．したがって，熱力学第二法則は，次のように言い換えることができる：断熱過程においては，エントロピーが増大する状態変化は自然に起こるが，その逆過程は自然には起こらない（図 3.1 の状態変化は，図 2.1(d) のような，圧力は一定だが体積は一定ではない断熱容器を用いても同じ結果になるので，体積一定の条件は外してもよい）．この法則を，エントロピー増大則と呼ぶ．熱力学第二法則の定量的な表現方法の一つである．ただし，この法則は断熱過程にのみ適用できることに留意されたい．

図 3.1 の状態変化のように，ある方向には自然に起こるが，外界に何の影響も及ぼさずに（正味の w と q がゼロの条件下で）元の状態には戻せない過程を**不可逆過程**（irreversible process）という．図 1.6 に示した準静的過程では，順過程で系に加えた w や q と同量を外界に戻すことにより逆過程が起こるので（微小量のおもりを減らしていったり，温度差が無限小のより低温の恒温槽に系を移していったりする），準静的過程は可逆過程である．よって，カルノーサイクルは可逆過程であり，逆の循環過程は実行可能である．他方，図 1.5(b) に示した不連続な温度変化は，図 3.1 の α 部分を熱源（恒温槽），β 部分を系と見なすと，不可逆過程であることがわかる．

もう一つ，不可逆過程の例を示そう．図 3.4 に示すように，仕切りによって α 部分と β 部分に分けられた系で，α 部分にも β 部分にも温度 T_1 の 1 mol の理想単原子分子気体が入っているとする．最初，α 部分の圧力を $P_1^{(\alpha)}$，β 部分の圧力を $P_1^{(\beta)}$ とする（$P_1^{(\alpha)} < P_1^{(\beta)}$）．仕切り板のストッパーを外すと，高圧側から低圧側に仕切り板が移動し，最終状態では同じ圧力 P_2 になるはずである．それに対応して，各部分の体積も変化するが，温度は状態変化前後で一定であることが示せる．この変化は，力学から自明であるが，エントロピー増大則に基づいて考えてみよう．

この状態変化は，α 部分に関しては等温圧縮過程，β 部分については等温膨張過程であり，それらの準静的過程を想定して各部分のエントロピー変化を計算すると[注]，

$$\Delta S^{(\alpha)} = R \ln\left(\frac{V_2}{V_1^{(\alpha)}}\right), \ \Delta S^{(\beta)} = R \ln\left(\frac{V_2}{V_1^{(\beta)}}\right) \tag{3.11}$$

系全体のエントロピー変化は

$$\Delta S = \Delta S^{(\alpha)} + \Delta S^{(\beta)} = R \ln\left(\frac{V_2^2}{V_1^{(\alpha)} V_1^{(\beta)}}\right) = 2R \ln\left[\frac{\frac{1}{2}\left(V_1^{(\alpha)} + V_1^{(\beta)}\right)}{\sqrt{V_1^{(\alpha)} V_1^{(\beta)}}}\right] > 0 \tag{3.12}$$

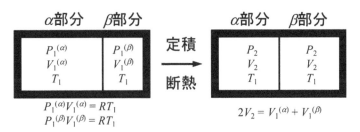

図 3.4 圧力の不均一な系における定積断熱過程

[注] 1 モルの理想気体を等温圧縮過程で体積を $V_1^{(\alpha)}$ から V_2 に圧縮させると，外界から系に
$$w = -RT_1 \ln\left(V_2 / V_1^{(\alpha)}\right)$$
だけの仕事をする（式 (2.4) 参照）．熱力学第一法則より，この過程で系の温度が変化しないようにするには，外界から系に $q = -w$ だけ，すなわち系から外界に
$$-q = w = -RT_1 \ln\left(V_2 / V_1^{(\alpha)}\right)$$
だけの熱を放出しなければならない．したがって，この等温圧縮過程での α 部分のエントロピー変化は，式 (3.11) の第一式で与えられる（第二式についても同様）．

第 1 部 熱力学 | 37

となる（ただし，系全体としては定積過程なので，$V_1^{(\alpha)} + V_1^{(\beta)} = 2V_2$ なる関係を用いた）。式(3.12)より，この状態変化において系全体のエントロピーは増大する。つまり，エントロピー増大則より不可逆過程であり，逆過程は自然には起こらない。図1.5(a)に示した不連続な圧力変化は，図3.4のα部分を系，β部分を外界と見なすと，やはり不可逆過程であることがわかる。また，α部分に気体を入れず真空とし，仕切り板に小さい穴をあけると，β部分の気体は $V_1^{(\beta)}$ から $2V_2$ に膨張する。このとき外界からは仕事も熱のやり取りも行われておらず，これを自由膨張と呼ぶ。自由膨張も不可逆過程である。

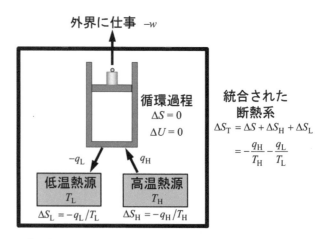

図 3.5　循環過程により熱を仕事に変換する熱機関と熱源の統合系

図3.1や図3.4の不可逆過程の例は，エントロピー増大則を使うまでもなく，不可逆過程であることは自明であった。しかしながら，以下の章で紹介するように，自明でない不可逆過程についてもエントロピー増大則（熱力学第二法則）はその不可逆性を判定してくれ，その有効性が明らかとなる。

最後に，エントロピー増大則を利用して，熱を仕事に変換する不可逆な熱機関について考察する。理由は後で説明するが，この熱機関には少なくとも2種類の温度の異なる熱源が必要である。いま，系とこれら2種類の熱源を統合した断熱系を考える（図3.5参照）。系は，循環過程を1サイクル行うごとに，温度 T_H の高温熱源から熱量 q_H を供給され，T_L の低温熱源に熱量 $-q_L$ を放出し，外界に仕事 $-w$ を行う（外界が系に仕事 w を行う）とする。系は1サイクル終了後に元の状態に戻るので，$\Delta U = w + q_H + q_L = 0$，かつ $\Delta S = 0$ である。1サイクル終了後の高温・低温熱源のそれぞれのエントロピー変化 ΔS_H と ΔS_L は

$$\Delta S_H = \frac{-q_H}{T_H}, \ \Delta S_L = \frac{-q_L}{T_L} \tag{3.13}$$

で与えられる（いま，高温・低温熱源を系，循環過程をしている系を外界と見なしている：ΔS_H と ΔS_L を循環過程している系の状態量と思ってはいけない）。

循環過程をしている系と高温熱源と低温熱源を統合した断熱系の総エントロピー変化 ΔS_T は

$$\Delta S_T = \Delta S + \Delta S_H + \Delta S_L = -\frac{q_H}{T_H} - \frac{q_L}{T_L} \tag{3.14}$$

であり，これが不可逆過程ならば，エントロピー増大則より $\Delta S_T > 0$ となる。よって，式(3.14)より

$$-q_L > \frac{T_L}{T_H} q_H \tag{3.15}$$

となる（$-q_L$ は系が低温熱源に捨てる熱量を表す）。この式と上の第一法則の結果（$\Delta U = 0$）より，次の不等式が成立する。

$$-w = q_H - (-q_L) < q_H - \frac{T_L}{T_H} q_H = \frac{T_H - T_L}{T_H} q_H \tag{3.16}$$

熱機関の効率 η は，高温熱源より得た熱 q_H をいかに効率的に仕事（$-w$）に変えるかを表し，次の不等式が成立する。

$$\eta \equiv \frac{-w}{q_\mathrm{H}} < \frac{T_\mathrm{H} - T_\mathrm{L}}{T_\mathrm{H}} \qquad (3.17)$$

すなわち，熱機関の効率は高温・低温熱源の温度で決まり，両温度が有限の場合には，η は必ず 1 より小さい（カルノーサイクルのような可逆サイクルの場合には，式(2.34) に示すように等式が成立する）。熱力学第二法則により，熱エネルギーを 100% 仕事に変換する第二種永久機関も実現不可能である。なお，熱源が 1 種類しかない場合，すなわち $T_\mathrm{H} = T_\mathrm{L}$ の場合，$\eta = 0$ となり，系は熱をまったく仕事に変えられない（系が低温熱源に熱を捨てなければ，$\Delta S_\mathrm{T} = \Delta S - q_\mathrm{H}/T_\mathrm{H} > 0$，すなわち $\Delta S > 0$ となり循環過程にならない）。

3.5 絶対エントロピー

エントロピーの微小変化 dS は，式(3.4) によって定義された。よって，定積過程で温度を T_1 から T_2 まで変化させたときのエントロピーの変化量 ΔS は次式より計算される。

$$\Delta S = \int_{T_1}^{T_2} \frac{C_\mathrm{V}}{T} dT \qquad (3.18)$$

この式からは，エントロピーの変化量のみが計算され，エントロピーの絶対値 S は決まらない。しかしながら，これまでに行われた多くの物質に対する熱容量の実験から，任意の物質の温度 0 K におけるエントロピーの絶対値 S はゼロとしてよいことが示された。すなわち，式(3.18) において $T_1 = 0$ K とすれば，任意の温度での絶対量 S を決めることができる。本章の最後に，これについて説明しよう。

一般に，任意の純物質および化合物は，温度が 0 K に近づくと結晶状態が熱力学的に安定な状態となる[注]。図3.6 には，金属結晶である金 Au と銅 Cu，および希ガス結晶であるアルゴン Ar の低温領域における定積モル熱容量 $\bar{C}_\mathrm{V}$ の温度依存性の実験結果を示す（結晶の $\bar{C}_\mathrm{V}$ の計算方法については，第 11 章の 11.6 節の 138 ページの脚注を参照されたい）。いずれの結晶においても，$\bar{C}_\mathrm{V}/T$ 対 T^2 のプロットは低温領域においてよく直線に従っている。すなわち，次の実験式がよく成り立っている。

$$\frac{\bar{C}_\mathrm{V}}{T} = \alpha_2 T^2 + \alpha_0 \qquad (3.19)$$

ここで，α_2 と α_0 は結晶の種類ごとに決まっている定数で（圧力にはわずかに依存する），特に Ar の結晶では $\alpha_0 = 0$ である。金属結晶の定数 α_0 の項は，結晶中の自由電子の熱容量への寄与を表しているが，Ar の結晶には自由電子は存在しないので $\alpha_0 = 0$ となっている。二原子以上の多原子分子の結晶の場合には，分子の回転や分子内振動が熱容量に寄与する可能性があるが，第 10 章で述べるように，回転や分子内振動は，量子効果により，十分低温では $\bar{C}_\mathrm{V}$ には寄与しない。すなわち，多原子分子の結晶についても，十分低温では式(3.19) が成立すると考えられる。

実験式(3.19) を式(3.18) に代入して，温度を 0 K

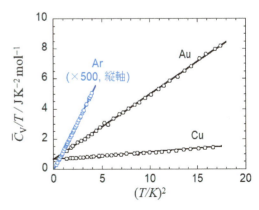

図 3.6 低温領域における金 Au，銅 Cu，アルゴン Ar の定積モル熱容量の温度依存性

[注] 液体を低温に急激に冷却すると，規則的な結晶構造をとらずに非晶質（ガラス状）の不規則な構造をとり続けることがある。ただし，この状態は熱力学的に真の安定状態ではなく，本書の議論の対象外となる。

から T まで積分を実行すると，次の式が得られる．

$$\Delta S = S(T) - S_0 = \int_0^T (\alpha_2 T^2 + \alpha_0) dT = \frac{\alpha_2}{3} T^3 + \alpha_0 T \to S(T) = S_0 + \frac{\alpha_2}{3} T^3 + \alpha_0 T \quad (3.20)$$

ここで，S_0 は 0 K におけるエントロピーの基準値を表す．この式より，実験式(3.19)が成り立つ結晶については，常に $S(0\,\mathrm{K}) = S_0$ となり，結晶の種類にも圧力にも依存せずに 0 K でのエントロピーの絶対値は一定値となる．そこで，$S_0 = 0$ と選んでエントロピーの絶対値を定義する．すなわち，任意の物質の熱力学的な安定状態におけるエントロピーの絶対量は，0 K では，任意の圧力でゼロになる．これを**熱力学第三法則**（third law of thermodynamics）と呼ぶ．熱力学第一法則・第二法則とは役割がずいぶん違うが，第 8 章で議論する化学反応の平衡論において重要な役割を演じる．

1 気圧の定圧下，任意の温度でのモルエントロピーの絶対値 $\bar{S}$ は，1 気圧における定圧モル熱容量 $\bar{C}_\mathrm{P}$ が温度の関数として実験的に得られていれば，熱力学第三法則を利用して，

$$\bar{S} = \int_{0\,\mathrm{K}}^T \frac{\bar{C}_\mathrm{P}(T)}{T} dT \quad (3.21)$$

より求められる．ただし，途中の温度で固液転移や気液転移が起これば，転移のエントロピーを上式の右辺に加えておく必要がある．たとえば，ベンゼンの $\bar{C}_\mathrm{P}$ の温度依存性を図 3.7 に示す．ベンゼンの融点 T_M は 279 K（5.5℃），沸点 T_B は 353 K（80℃）であり，それらの温度で $\bar{C}_\mathrm{P}$ は発散する．融点での融解モルエンタルピー $\Delta \bar{H}_\mathrm{melt}$ と沸点での蒸発モルエンタルピー $\Delta \bar{H}_\mathrm{vap}$ は別途熱測定により求められ，融解モルエントロピー $\Delta \bar{S}_\mathrm{melt}$ と蒸発モルエントロピー $\Delta \bar{S}_\mathrm{vap}$ は次式より計算される．

$$\Delta \bar{S}_\mathrm{melt} = \frac{\Delta \bar{H}_\mathrm{melt}}{T_\mathrm{M}}, \ \Delta \bar{S}_\mathrm{vap} = \frac{\Delta \bar{H}_\mathrm{vap}}{T_\mathrm{B}} \quad (3.22)$$

よって，式(3.21)は $\bar{C}_\mathrm{P}$ の発散点を除いて積分し，$\Delta \bar{S}_\mathrm{melt}$ と $\Delta \bar{S}_\mathrm{vap}$ を加えると，任意の温度 T での $\bar{S}$ が見積もられる．

エントロピーの絶対値が定められるというのは，前章で述べたエンタルピー H（および内部エネルギー U）が，ある状態変化前後の差しか議論できないのと対照的である．エントロピーの絶対値については，異なる物質間で直接的な比較を行うことができる．

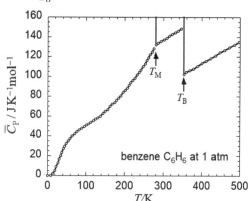

図 3.7　ベンゼンの定圧モル熱容量の温度依存性

第4章 熱力学的平衡の条件

4.1 はじめに

　前章で述べたように，図 3.1 と図 3.4 に示した温度と圧力の均一化は不可逆過程で，逆過程である温度と圧力の不均一化は自然には起こらない。そして，これらの断熱条件下での不可逆性はエントロピー増大則により予言できた。この世の中には様々な不可逆過程が存在し，どちらの方向に状態変化が進み，どの状態で状態変化が終了して熱平衡状態に達するかを予言することは非常に重要である。化学熱力学の主な目的は，その予言にある。

　前章で紹介した「エントロピー増大則」は，系と外界との間に熱のやり取りがない断熱過程にのみ適用される。しかしながら，化学実験の多くは，第2章の図 2.1 に示したような実験装置を用いて，たとえば外界の温度と圧力あるいは外界の温度と系の体積を一定にした条件下で行われる（図 4.2(a) および図 4.3(a) を参照）。このような条件下での状態変化（等温・定圧過程あるいは等温・定積過程）に対して，熱力学第二法則はどのように定量的に表現すればよいのであろうか？本章では，これら等温・定圧過程と等温・定積過程に対する熱力学第二法則の定量的な表現を与える。そして，その応用の一つとして，純物質における相平衡の条件について述べる。

4.2 熱的および力学的平衡条件

　まず，前章で出てきた温度と圧力が不均一な系における定積断熱過程を再び考える（図 4.1）。前章では，α 部分と β 部分の温度と圧力が等しくなった状態が最終平衡状態であることを前提条件として議論したが，ここでは，逆にエントロピー増大則を前提として，最終平衡状態の条件を導出しよう。

　図 4.1(a) において，温度が $T_1^{(\alpha)}$ の α 部分から $T_1^{(\beta)}$ の β 部分に微小の熱量 $\mathrm{d}q$ が仮想的に流れたとしよう。このときのエントロピー変化は

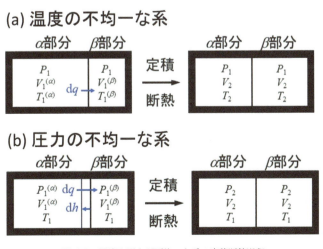

図 4.1　温度と圧力が不均一な系の定積断熱過程

$$dS = \frac{-dq}{T_1^{(\alpha)}} + \frac{dq}{T_1^{(\beta)}} = dq\left(\frac{1}{T_1^{(\beta)}} - \frac{1}{T_1^{(\alpha)}}\right) \tag{4.1}$$

もし，$T_1^{(\alpha)} > T_1^{(\beta)}$ ならば，$dq > 0$ すなわち α 部分から β 部分に熱が流れると $dS > 0$ となり，エントロピーが増大するので，そのような熱の流れが自然に起こる。逆に，$T_1^{(\alpha)} < T_1^{(\beta)}$ ならば，$dq < 0$ すなわち β 部分から α 部分に熱が流れると $dS > 0$ となり，そのような熱の流れが自然に起こる。系が熱平衡状態で α 部分と β 部分の間に熱の流れが起こらないためには，$T_1^{(\alpha)} = T_1^{(\beta)}$ という条件が必要である。

また，図 4.1(b) において，圧力が $P_1^{(\alpha)}$ の α 部分と $P_1^{(\beta)}$ の β 部分を隔てている仕切り板の位置が左側にわずかに移動し，α 部分は微小量 dV だけ体積減少，β 部分は dV だけ体積増加したとしよう。このとき，α 部分は $P_1^{(\alpha)}dV$ の仕事をされ，β 部分は $P_1^{(\beta)}dV$ のだけ仕事をする。定積断熱過程では，系全体では内部エネルギー変化 $dU = 0$ なので，体積変化にともない以下の dq の熱の流れも生じる。

$$dU = \left(P_1^{(\alpha)} - P_1^{(\beta)}\right)dV + \Delta q = 0 \rightarrow dq = \left(P_1^{(\beta)} - P_1^{(\alpha)}\right)dV \tag{4.2}$$

エントロピー増大則より，もし $P_1^{(\alpha)} < P_1^{(\beta)}$ ならば，$dS\ (= dq/T_1) > 0$，すなわち仕切り板の左側への移動が自然に起こり，$P_1^{(\alpha)} > P_1^{(\beta)}$ ならば，$dS\ (= dq/T_1) < 0$，すなわち仕切り板の右側への移動（左側への移動の逆過程）が自然に起こる。系が熱平衡状態で α 部分と β 部分の間で仕事をしないためには，$P_1^{(\alpha)} = P_1^{(\beta)}$ という条件が必要である。

4.3 等温・定圧過程とギブズエネルギー

前章のエントロピー増大則は，断熱条件下で成立する。図 4.2(a) の装置を用いて容易に化学実験が行える等温・定圧過程の場合にも，このエントロピー増大則を適用するにはどうしたらよいだろうか。図 4.2(b) に示すように，系と熱のやり取りをする熱源を統合した新たな系を考えれば，新たな統合系は断熱系であり，エントロピー増大則が適用できる。

混乱を避けるために，いま考察の対象となっている等温・定圧過程に伴う元々の系のエントロピーの微小変化を dS，熱源に関するエントロピー微小変化を dS_{HR}，そして両方をあわせた統合系のエントロピー微小変化を dS_T と記す（図 4.2(b) 参照）。明らかに，$dS_T = dS + dS_{HR}$ が成立する。元々の系は熱源から dq なる微小の熱を受け取ったとしよう。このとき，元々の系も熱源も，温度は一定の T であり，第3章の式(3.4)より $dS_{HR} = -dq/T$ が得られる（熱源は $-dq$ の熱を供給されると考える）。さらに，等温過

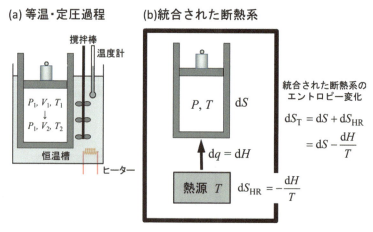

図 4.2　等温・定圧過程を行っている系と熱源とを統合した系

程では，$\mathrm{d}q$ は元々の系のエンタルピー変化 $\mathrm{d}H$ に等しい（第 2 章の式(2.25) より，$\mathrm{d}H = C_\mathrm{p}\mathrm{d}T = \mathrm{d}q$）。したがって，

$$\mathrm{d}S_\mathrm{T} = \mathrm{d}S - \mathrm{d}H/T \tag{4.3}$$

元々の系が不可逆な等温・定圧過程によって状態変化を起こしたとすると，統合された系は不可逆な断熱過程を経由した状態変化を起こしたことになるので，この過程において，$\mathrm{d}S_\mathrm{T}$ は正でなければならない。すなわち，等温・定圧過程で状態変化を起こしている元々の系は，式(4.3) より $\mathrm{d}S - \mathrm{d}H/T > 0$ を満たす必要がある。この判定条件を，より簡便な形にするために，元々の系に対して**ギブズエネルギー**（Gibbs energy）と呼ばれる新たな状態量 G を導入する。その定義は，次式で与えられる。

$$G = H - TS \tag{4.4}$$

一定温度でのそれの微小変化量は

$$\mathrm{d}G = \mathrm{d}H - T\mathrm{d}S \tag{4.5}$$

に等しいので，この式を式(4.3) に代入すると，$\mathrm{d}S_\mathrm{T} = -\mathrm{d}G/T$ が得られる。すなわち，元々の系の不可逆な等温・定圧過程は，$\mathrm{d}G$ が減少する方向に進行する[注]。断熱過程での $\mathrm{d}S$ と等温・定圧過程での $\mathrm{d}G$ の判定条件が逆符号であることに注意されたい：歴史的な経緯で逆符号になったが，逆符号に物理的な意味はない。

次章の準備として，G についてもう少し調べてみよう。まず，式(2.7) の微分形 $\mathrm{d}U = \mathrm{d}q + \mathrm{d}w$ に式(3.4) と (2.1) を代入すると次式が得られる。

$$\mathrm{d}U = T\mathrm{d}S - P\mathrm{d}V \tag{4.6}$$

これは，熱力学第一法則と第二法則を組み合わせた式である。また，式(2.27) を全微分すると，$\mathrm{d}H = \mathrm{d}U + P\mathrm{d}V + V\mathrm{d}P$ が得られ，式(4.4) を全微分すると，$\mathrm{d}G = \mathrm{d}H - T\mathrm{d}S - S\mathrm{d}T$ となる。これらの式と，式(4.6) を組み合わせると

$$\mathrm{d}G = V\mathrm{d}P - S\mathrm{d}T \tag{4.7}$$

なる全微分式が得られる。すなわち，異なる圧力と温度におけるギブズエネルギーは次の関係式で結び付けられる。

$$G(P + \mathrm{d}P, T + \mathrm{d}T) = G(P,T) + V\mathrm{d}P - S\mathrm{d}T \tag{4.8}$$

この関係式は，たとえば 4.5 節で述べる物質の相変化の圧力・温度依存性を議論する際に利用される。さらに，式(4.4) と (4.7) を組み合わせると，

$$H = G + TS = G - T\left(\frac{\partial G}{\partial T}\right)_P = -T^2\left[\frac{\partial}{\partial T}\left(\frac{G}{T}\right)\right]_P \tag{4.9}$$

なる関係式が得られる。これを**ギブズ−ヘルムホルツの式**と呼び，物質の相変化や化学変化の温度依存性の議論に用いられる。

また，G は明らかに系を構成している物質量 n に比例する（H と S が n に比例するので）。したがっ

[注] 断熱過程ではなく，等温・定圧過程の場合，$\Delta H = 0$ である必要はないので，$\Delta G = \Delta H - T\Delta S < 0$ なる条件が成立するために，$\Delta S > 0$ である必要は必ずしもない（$\Delta H < T\Delta S$ であればよい）。したがって，等温・定圧条件下での不可逆過程では，必ずしもエントロピー増大則は成立しない。

て，1 mol 当たりのギブズエネルギー

$$\bar{G} \equiv G/n \tag{4.10}$$

が n に依存しない状態量となる。この $\bar{G}$ を**モルギブズエネルギー**と呼ぶ。理想気体の場合，温度一定で圧力が P_1 から P_2 に変化するとき，式(4.8) と $PV = nRT$（式(1.5)）よりモルギブズエネルギーは次のように変化する。

$$\bar{G}(P_2, T) = \bar{G}(P_1, T) + \int_{P_1}^{P_2} V dP = \bar{G}(P_1, T) + RT \ln(P_2/P_1) \tag{4.11}$$

実験の行いやすい基準状態（標準状態）として，1気圧・25℃を選び，単体や化合物の標準状態におけるモルギブズエネルギーの値が膨大な実験より決定されている。

4.4 等温・定積過程とヘルムホルツエネルギー

次に同様にして，等温・定積過程におけるエントロピー増大則の拡張を行おう。図4.3 に示すように，考察の対象となる系が等温・定積過程を起こすとすると（ピストンがストッパーで固定されている），状態変化に伴って，熱源とやり取りをする微小の熱量は（エンタルピー変化 dH ではなく）内部エネルギー変化 dU に等しく，統合された系のエントロピー変化 dS_T は，式(4.3) の代わりに

$$dS_T = dS - dU/T \tag{4.12}$$

で表される。したがって，エントロピー増大則は次式で定義される**ヘルムホルツエネルギー**（Helmholtz energy）F を使って表すのが便利である。

$$F = U - TS \tag{4.13}$$

等温・定積過程での F の微小変化量は

$$dF = dU - TdS \tag{4.14}$$

に等しいので，式(4.12) より $dS_T = -dF/T$ が得られ，元々の系の不可逆な等温・定積過程は，dF が減少する方向に進行する。また，第2章の式(2.27) を式(4.4) に代入すると，

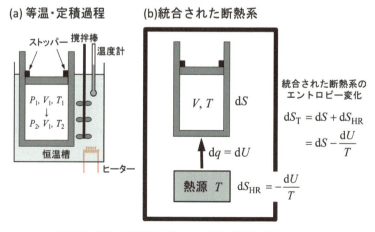

図4.3 等温・定積過程を行っている系と熱源とを統合した系

$$G = U + PV - TS = F + PV \tag{4.15}$$

が得られ，G と F が関係づけられる。

熱力学第一法則と第二法則を組み合わせた式(4.6) と式(4.13) を全微分して得られる $dF = dU - TdS - SdT$ から次式が得られる。

$$dF = -PdV - SdT \tag{4.16}$$

すなわち，異なる体積と温度におけるヘルムホルツエネルギーは次の関係式で結び付けられる。

$$F(V+dV, T+dT) = F(V,T) - PdV - SdT \tag{4.17}$$

理想気体の場合，温度一定で体積が V_1 から V_2 に変化するとき，F は次のように変化する（式(2.4) 参照）。

$$F(V_2, T) = F(V_1, T) - \int_{V_1}^{V_2} PdV = F(V_1, T) - nRT\ln(V_2/V_1) \tag{4.18}$$

また，F は明らかに系を構成している物質量 n に比例する（U と S が n に比例するので）。したがって，1 mol 当たりのヘルムホルツエネルギー

$$\bar{F} \equiv G/n \tag{4.19}$$

が n に依存しない状態量となる。この $\bar{F}$ をモルヘルムホルツエネルギーと呼ぶ。

ヘルムホルツエネルギーは，気体の等温・定積過程を扱う場合，ギブズエネルギーに代わる役割を演じるが，本書の第1部では以降，温度と圧力を独立変数とする過程に限定して議論を進めるので，ヘルムホルツエネルギーは今後登場しない。ただし，統計力学を扱う第2部では，ヘルムホルツエネルギーがより重要な役割を演じる。

4.5　物質の三態

水を1気圧の下で加熱すると，100℃で沸騰して水蒸気になり，冷却していくと0℃で氷が形成され始める。このように温度（あるいは圧力）を変化させると液相，気相，固相が現れる現象を相転移 (phase transition) と呼ぶ。水は，相転移の起こる最も身近な物質であるが，水以外の物質でも一般に相転移現象が観測される。熱力学を用いてこの相転移現象を考察しよう。

圧力を1気圧に固定しながら液体の水を加熱していく。図 4.4(a) に模式的に示すように，温度が沸点 $T_B = 373$ K（= 100℃）に達すると，それ以上温度が上がらなくなり，水が蒸発して水蒸気になっていく。さらに加熱を続けると，最終的にすべての液体の水は水蒸気に変わり，その後に水蒸気の温度は T_B より上昇する。液体の水が100℃に達してから，100℃のまますべて水蒸気に変わるまでに系に加えた熱量を蒸発熱あるいは蒸発エンタルピー (enthalpy of vaporization) と呼び，ΔH_{vap} で表す。また，エントロピーの定義式（第3章の式(3.4)）を使い，蒸発エントロピー (entropy of vaporization) ΔS_{vap} を次式より計算する。

$$\Delta S_{vap} = \frac{\Delta H_{vap}}{T_B} \tag{4.20}$$

図 4.4(b) に模式的に示すように，融点 $T_M = 273$ K（= 0℃）において固体の氷を加熱していき，氷がすべて液体の水に変わる融解現象においても，同様にして融解エンタルピー（融解熱：enthalpy of

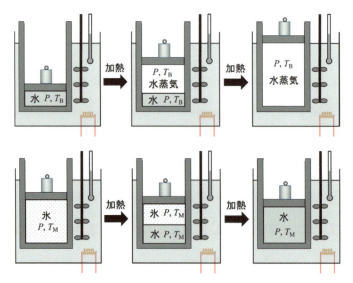

図 4.4 水の沸騰過程 (a) と氷の融解過程 (b)

melting) ΔH_{melt} が定義でき，**融解エントロピー** (entropy of melting) ΔS_{melt} は次式より計算できる．

$$\Delta S_{\text{melt}} = \frac{\Delta H_{\text{melt}}}{T_M} \quad (4.21)$$

このように定義した転移エンタルピーと転移エントロピーは，転移温度とともに，個々の相転移を特徴づける物理量で，以下に述べるように，相転移現象を議論する上で重要な役割を演じる．付録の**表 B.1** に，いくつかの物質の転移温度，転移エンタルピー，および転移エントロピーのデータを掲載する．

上述のように，1 気圧下，100°Cでは液体の水と気体の水蒸気が，0°Cでは固体の氷と液体の水が共存する．このように複数の相が共存する状態を**相平衡** (phase equilibrium) 状態という．相平衡が

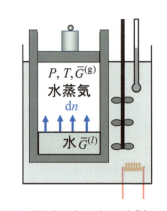

図 4.5 等温定圧下での水から水蒸気への状態変化

起こる熱力学的な条件を探ってみよう．図 4.5 に模式的に示すように，水と水蒸気が共存しているある平衡状態から微小の物質量 dn の水が水蒸気に変わったとする．水と水蒸気のモルギブズエネルギーを，それぞれ $\bar{G}^{(l)}$ と $\bar{G}^{(g)}$ で表すと，この状態変化に伴い，系全体のモルギブズエネルギーの変化は次式で与えられる．

$$d\bar{G} = \bar{G}^{(g)}dn - \bar{G}^{(l)}dn = \left(\bar{G}^{(g)} - \bar{G}^{(l)}\right)dn \quad (4.22)$$

もし，$\bar{G}^{(g)} < \bar{G}^{(l)}$ ならば，$d\bar{G} < 0$ となり，この状態変化は自発的に起こることになり，水と水蒸気が量を変えることなく共存する相平衡が崩れることになる．また，$\bar{G}^{(g)} > \bar{G}^{(l)}$ ならば，逆過程（微小量の水蒸気が水に変わる：$dn < 0$）が $d\bar{G} < 0$ となり，やはり相平衡の条件が崩れる．したがって，熱力学的に安定な相平衡が実現するためには

$$\bar{G}^{(g)} = \bar{G}^{(l)} \quad \text{（気液平衡状態）} \quad (4.23)$$

が成立していなくてはいけない．水と水蒸気が共存する場合，1 気圧，100°Cにおいて，上式が成立している．各相のモルギブズエネルギーは，式(4.4) に従い，エンタルピー項とエントロピー項に分離される

が，$\bar{H}^{(g)}$ と $\bar{H}^{(l)}$ の差は，上述の蒸発エンタルピーのモル量 $\Delta \bar{H}_{\text{vap}}$ に等しく，$\bar{S}^{(g)}$ と $\bar{S}^{(l)}$ の差は，上述の蒸発エントロピーのモル量 $\Delta \bar{S}_{\text{vap}}$ に等しい。したがって，式(4.23) の相平衡の条件は

$$\bar{G}^{(g)} - \bar{G}^{(l)} = \Delta \bar{H}_{\text{vap}} - T_{\text{B}} \Delta \bar{S}_{\text{vap}} = 0 \qquad (4.24)$$

と書ける。言い換えると，相平衡はエンタルピー項とエントロピー項の釣り合いによって実現している。水蒸気相の方が液相の水よりエンタルピーが大きく高エネルギー状態であるが，エントロピーも大きいので，共存できるのである。また，$T > T_{\text{B}}$ では式(4.24) のエントロピー項が優勢になり，水蒸気相がより安定に（$\bar{G}^{(g)} < \bar{G}^{(l)}$），逆に $T < T_{\text{B}}$ では式(4.24) のエンタルピー項が優勢になり，液体の水の相が熱力学的により安定となり（$\bar{G}^{(g)} > \bar{G}^{(l)}$），相平衡は実現しない。

他方，1気圧下で0℃では固体の氷と液体の水が共存するが，その固液平衡の条件は，次式で与えられる。

$$\bar{G}^{(s)} = \bar{G}^{(l)}, \quad \bar{G}^{(s)} - \bar{G}^{(l)} = \Delta \bar{H}_{\text{melt}} - T_{\text{M}} \Delta \bar{S}_{\text{melt}} = 0 \quad \text{（固液平衡）} \qquad (4.25)$$

ただし，$\bar{G}^{(s)}$ は氷のモルギブズエネルギーである。液相の水の方が固相の氷よりエンタルピーが大きく高エネルギー状態であるが（$\Delta \bar{H}_{\text{melt}} > 0$），エントロピーも大きく（$\Delta \bar{S}_{\text{melt}} > 0$），氷と水は融点 $T_{\text{M}}(= \Delta \bar{H}_{\text{melt}}/\Delta \bar{S}_{\text{melt}} > 0)$ において共存する（式(4.25) が成立する）。

1成分系では，圧力 P と温度 T を指定すると，どの相が熱力学的に安定かが決まる。1成分系の状態を表す P と T を，それぞれ縦軸と横軸にとったグラフ中に，その1成分系の熱力学的に安定な相状態を示した図を**相図**（phase diagram）あるいは状態図と呼ぶ。図4.6 には，水の相図を示す。図中の黒の実線が液体の水と気体の水蒸気の相境界を表し，青の実線が固体の氷と液体の水の相境界を表す。たとえば，1気圧（$= 1.01 \times 10^5$ Pa）での融点と沸点は，図中の丸印で示すように0℃と100℃であり，$T < 0$℃では氷（固相），0℃ $< T <$ 100℃では水（液相），そして $T >$ 100℃では水蒸気（気相）が熱力学的に安定な相である。また，図中の青と黒の実線で示した相境界線

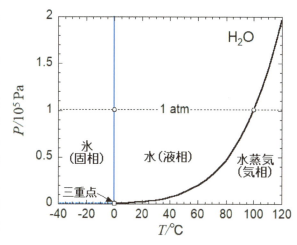

図4.6 　水 H_2O の相図

上では，それぞれ氷と水，および水と水蒸気の2相が共存する。さらに，図中の四角で示す点は，氷と水と水蒸気の3相が共存する**三重点**（triple point; $T = 0.01$℃, $P = 0.0061 \times 10^5$ Pa）である。三重点よりも低温・低圧側には，氷の相と水蒸気の相との間の境界線が存在し（図4.6 中の横軸にほとんど重なっている青の点線），この境界線上では氷と水蒸気の2相が共存する。

いま，圧力を dP，温度を dT だけ変化させると，水と水蒸気のモルギブズエネルギーは，式(4.7) より次のように変化する。

$$d\bar{G}^{(g)} = \bar{V}^{(g)} dP - \bar{S}^{(g)} dT, \quad d\bar{G}^{(l)} = \bar{V}^{(l)} dP - \bar{S}^{(l)} dT \qquad (4.26)$$

ここで，$\bar{V}^{(g)}$ と $\bar{V}^{(l)}$ はそれぞれ水蒸気と液体の水のモル体積，$\bar{S}^{(g)}$ と $\bar{S}^{(l)}$ はそれぞれ水蒸気と液体の水のモルエントロピーを表す。したがって，圧力を dP だけ変化させたときに沸騰が起こる，すなわち水相と水蒸気相が相平衡を維持するためには，式(4.23) の相平衡条件を満たし続けなければならない。そのため

には，式(4.26) で与えられる $\mathrm{d}\bar{G}^{(\mathrm{g})} = \mathrm{d}\bar{G}^{(l)}$ が成立する必要があり，圧力変化に伴って沸点 T_B は次式に従って変化する[注]。

$$\frac{\mathrm{d}T_\mathrm{B}}{\mathrm{d}P} = \frac{\bar{V}^{(\mathrm{g})} - \bar{V}^{(l)}}{\Delta\bar{S}_\mathrm{vap}} = \frac{\left(\bar{V}^{(\mathrm{g})} - \bar{V}^{(l)}\right)T_\mathrm{B}}{\Delta\bar{H}_\mathrm{vap}} \tag{4.27}$$

$\bar{V}^{(\mathrm{g})}$ に理想気体の状態方程式(1.5) を利用し，$\bar{V}^{(l)}$ を $\bar{V}^{(\mathrm{g})}$ に対して無視すると，式(4.27) は

$$\frac{\Delta\bar{H}_\mathrm{vap}}{R\,T_\mathrm{B}{}^2}\,\mathrm{d}T_\mathrm{B} = \frac{1}{P}\,\mathrm{d}P \tag{4.28}$$

と書き換えられる。さらに，水の蒸発熱が温度・圧力に依存せずに一定（$= 40.7$ kJ/mol）と仮定すると，上式を積分して次式を得る。

$$P = P_0 \exp\left[-\frac{\Delta\bar{H}_\mathrm{vap}}{R}\left(\frac{1}{T_\mathrm{B}} - \frac{1}{T_{\mathrm{B},0}}\right)\right] \tag{4.29}$$

ただし，P_0 と $T_{\mathrm{B},0}$ は基準状態での圧力と沸点である。式(4.29) に，$P_0 = 1.01 \times 10^5$ Pa，$T_{\mathrm{B},0} = 373$ K，$\Delta\bar{H}_\mathrm{vap} = 40.7$ kJ/mol を代入すると（付録の表 B.1 参照），図 4.6 の黒の実線をよく再現する理論曲線（気液共存線）が得られる。富士山頂ではご飯がうまく炊けないのは，富士山頂での P は約 0.63×10^5 Pa で，水を加熱すると 100℃よりも低い 88℃で沸騰し，コメが十分柔らかくならないためである。

　液体の蒸気圧とは，その液体と相平衡にある同成分の気体の圧力で，式(4.29) すなわち図 4.6 の黒の実線は，液体である水の蒸気圧の温度依存性を表している。そのため，図 4.6 の黒の実線は蒸気圧曲線とも呼ばれる。

　また，同様にして，水の融点 T_M の圧力依存性の式は，式(4.27) に対応して

$$\frac{\mathrm{d}T_\mathrm{M}}{\mathrm{d}P} = \frac{\left(\bar{V}^{(l)} - \bar{V}^{(\mathrm{s})}\right)T_\mathrm{M}}{\Delta\bar{H}_\mathrm{melt}} \tag{4.30}$$

で与えられる[注]。式中の $\bar{V}^{(\mathrm{s})}$ は氷のモル体積を表す。いま，$\bar{V}^{(\mathrm{s})}$，$\bar{V}^{(l)}$，$\Delta\bar{H}_\mathrm{melt}$ の温度・圧力依存性を無視して式(4.30) を積分すると

$$P = P_0 + \frac{\Delta\bar{H}_\mathrm{melt}}{\bar{V}^{(l)} - \bar{V}^{(\mathrm{s})}}\ln\left(\frac{T_\mathrm{M}}{T_{\mathrm{M},0}}\right) \tag{4.31}$$

が得られ，$P_0 = 1.01 \times 10^5$ Pa，$T_{\mathrm{M},0} = 273$ K，$\bar{V}^{(l)} = 18.0$ cm³/mol，$\bar{V}^{(\mathrm{s})} = 19.6$ cm³/mol，$\Delta\bar{H}_\mathrm{melt} = 6.01$ cm³/mol を式(4.31) に代入すると，図 4.6 の青の実線をよく再現する固液共存線が得られる。図 4.6 ではわかりにくいが，青の実線は負の勾配を持っており，式(4.31) の右辺の $\ln\left(T_\mathrm{M}/T_{\mathrm{M},0}\right)$ の項の係数が負になっていること，すなわち $\bar{V}^{(l)} < \bar{V}^{(\mathrm{s})}$ であることに対応している。

　三重点では，水蒸気と水と氷の 3 相が共存しており，

$$\bar{G}^{(\mathrm{g})} = \bar{G}^{(l)} = \bar{G}^{(\mathrm{s})} \quad \text{（3 相平衡状態）} \tag{4.32}$$

が成立している。この式より，式(4.29) と (4.31) を組み合わせた

[注] 式 (4.27) と (4.30) は，クラウジウス–クラペイロンの式と呼ばれている。

第 4 章　熱力学的平衡の条件

$$\exp\left[-\frac{\Delta \bar{H}_{\mathrm{vap}}}{R}\left(\frac{1}{T_{\mathrm{T}}}-\frac{1}{T_{\mathrm{B},0}}\right)\right] = 1 + \frac{\Delta \bar{H}_{\mathrm{melt}}}{P_0\left(\bar{V}^{(l)}-\bar{V}^{(\mathrm{s})}\right)}\ln\left(\frac{T_{\mathrm{T}}}{T_{\mathrm{M},0}}\right) \tag{4.33}$$

を解けば，三重点温度 T_{T} が計算でき，その T_{T} を式(4.29) の T_{B} あるいは (4.31) の T_{M} に代入すると，三重点圧力が計算できる。水に対する計算結果が，図 4.6 中の四角印である。

日常生活において冷却剤として利用されているドライアイスは，二酸化炭素の結晶であり，1 気圧の下では -78.5°C で昇華する。図 4.7 には，二酸化炭素の相図を示す。二酸化炭素の三重点は，-56.6°C，5.2×10^5 Pa であり，常圧では低温で固相－気相の相平衡が実現し，液体の二酸化炭素は高圧下でしか現れない。

昇華点 T_{S} と圧力 P との関係は，上の気液平衡と同様に取り扱えて，式(4.29) の代わりに次式が得られる。

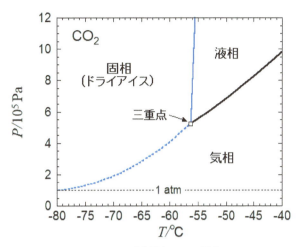

図 4.7　二酸化炭素 CO_2 の相図

$$P = P_0 \exp\left[-\frac{\Delta \bar{H}_{\mathrm{sub}}}{R}\left(\frac{1}{T_{\mathrm{S}}}-\frac{1}{T_{\mathrm{S},0}}\right)\right] \tag{4.34}$$

ただし，P_0 と $T_{\mathrm{S},0}$ は基準状態での圧力と昇華点，$\Delta \bar{H}_{\mathrm{sub}}$ は昇華熱を表す。いま，基準状態として三重点を選び（$P_0 = 5.2 \times 10^5$ Pa，$T_{\mathrm{S},0} = 216$ K），$\Delta \bar{H}_{\mathrm{sub}} = 25.2$ kJ/mol を式(4.34) に代入すると（付録の表 B.1 参照），実験で得られた固相－気相共存線（図 4.7 の青の破線）をよく再現する。また，式(4.29) に $P_0 = 5.2 \times 10^5$ Pa，$T_{\mathrm{B},0} = 216$ K，$\Delta \bar{H}_{\mathrm{vap}} = 16.0$ kJ/mol を代入し，式(4.31) に $P_0 = 5.2 \times 10^5$ Pa，$T_{\mathrm{M},0} = 216$ K，$\bar{V}^{(l)} = 16.0$ cm³/mol，$\bar{V}^{(\mathrm{s})} = 11.5$ cm³/mol，$\Delta \bar{H}_{\mathrm{melt}} = 8.33$ kJ/mol を代入すると，それぞれ図 4.7 の青と黒の実線で示した実験の気液共存線と固液共存線をよく再現する理論線が得られる。

第5章　多成分系

5.1　はじめに

これまでの章では，熱力学による考察がより単純な純物質，すなわち1種類の化学種しか含まれない1成分系のみを取り扱ってきた。しかしながら，この世の中に存在する物質としては，混合物が圧倒的に多い。化学者が興味のある化学反応が起こる系には，必ず反応物と生成物の複数の成分が含まれ，生物学で取り扱う生命現象は電解質や生体高分子であるタンパク質や核酸などの多数の成分が溶け込んだ水溶液中で起こっている。したがって，化学現象や生命現象を熱力学に基づいて議論しようとするならば，これまで述べてきた熱力学を，系中に2種類以上の化学種を含む**多成分系**（multi-component system）に拡張しなければならない。

化学において（生物学においても），最も基本的な法則は「物質保存則」である。前章の相平衡の議論においても，純物質が気相・液相・固相と相変化するとき，敢えて断っていなかったが，系全体の物質量は変化しないものと仮定されていた（たとえば，図4.5 に示した水から水蒸気への状態変化において，微小の物質量 dn の水が減少して，同じ物質量 dn だけ水蒸気が増加すると暗に「物質保存則」を仮定していた）。本章から議論の対象とする多成分系においても，もちろんこの「物質保存則」を前提とする（ただし，化学反応が起こる系では，成分ごとの「物質保存則」は成立しない）。

砂糖（ショ糖）を水に溶かすと，砂糖の結晶は見えなくなるが，砂糖の分子は水溶液中に存在し，この状態変化（溶解過程）の前後での砂糖の物質量は保存されている。この保存則を利用して，溶解前の砂糖の物質量から溶解後の水溶液中の（目では見えない）砂糖の濃度が計算できる。そして，その水溶液の性質（たとえば甘味や密度や屈折率）は砂糖の濃度に依存している。すなわち，2成分系であるショ糖水溶液の状態は，溶質である砂糖の濃度によって変化する。

第1章で述べたように，1成分系の状態は，たとえば温度 T と圧力 P という二つの状態量を指定すれば決まる。これに対して，成分数が r の r 成分系の状態は，温度と圧力以外に，成分の混合割合を指定する $r-1$ 個の**濃度**（concentration）と呼ばれる状態量に依存し，混合物に関する熱力学的な状態量はより複雑となる。たとえば，上のショ糖水溶液の体積 V は，系全体の物質量 n（水とショ糖の物質量の和）以外に，系の T と P，およびショ糖の濃度の関数として表される。（ショ糖の濃度の表し方は，以下で説明される。）本章では，多成分系を混合気体と溶液の場合に分け，これまでに出てきた1成分系に対する様々な状態量を混合気体と溶液系に拡張する。

5.2　混合気体

まず，複数種類の化学種を含む混合気体について考える。空気は，その代表例である。図 5.1(a) に示すように，r 種類の純粋な理想気体を別々に容器に詰め，温度を T，圧力を P とする。このとき，成分 i（$i = 1 \sim r$）の純粋気体の物質量を n_i，体積を V_i とすると，式(1.5) により，各純粋な理想気体は次の状態方程式に従う。

第1部　熱力学　51

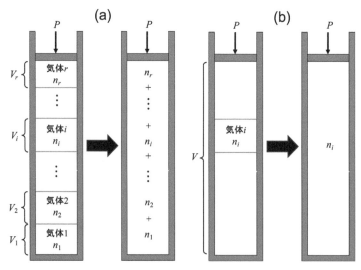

図 5.1 理想気体の混合 (a) と分圧 (b)

$$PV_i = n_i RT \quad (i = 1\sim r) \tag{5.1}$$

次に仕切り板を取り除き十分な時間待つと，r 成分の均一な混合気体が得られるが，「同温・同圧のもとで同じ体積の気体には，気体の種類によらず，同じ数の分子が含まれる」というアボガドロの法則に従えば，理想混合気体の状態方程式は次のように書ける。

$$PV = nRT \quad \left(V = \sum_{i=1}^{r} V_i,\ n = \sum_{i=1}^{r} n_i\right) \tag{5.2}$$

すなわち，理想混合気体の全体積を V，すべての成分の物質量の和を n で表すと，理想混合気体の状態方程式は，純粋な理想気体に対する式(1.5)と同じ式となる。温度と圧力一定の条件下で混合したときの r 成分系の体積変化を混合体積と呼び，ΔV_{mix} で表す。理想混合気体の場合には，式(5.2)より，次式が成立する。

$$\Delta V_{\mathrm{mix}} = V - \sum_{i=1}^{r} V_i = 0 \tag{5.3}$$

また，図 5.1(b) に示すように，体積が V の容器内に物質量が n_i の成分 i の純粋理想気体のみを詰めると，圧力 P_i は次式で与えられる（これを分圧と呼ぶ）。

$$P_i V = n_i RT \quad (i = 1\sim r) \tag{5.4}$$

この式と式(5.2)を比較すると，ドルトンの分圧の法則が得られる。

$$P = \sum_{i=1}^{r} P_i \tag{5.5}$$

さらに，式(5.2)と(5.4)を組み合わせると，

$$P_i = \left(n_i \Big/ \sum_{i=1}^{r} n_i\right) P = x_i P \quad (i = 1\sim r) \tag{5.6}$$

すなわち，理想混合気体の各成分の分圧は，全圧に次式で定義されるモル分率 x_i を掛けることにより計算される。

$$x_i = n_i \Big/ \sum_{i=1}^{r} n_i = n_i / n \quad (i = 1\sim r) \tag{5.7}$$

モル分率は，混合物中において各成分がどのような混合割合で混ざっているかを表す濃度の代表例で，$\sum_{i=1}^{r} x_i = 1$ なる規格化条件が成立するので，独立に変えられるモル分率は，$r-1$ 個である。

単原子分子の理想気体の内部エネルギー U とエンタルピー H は，式(2.11) と式(2.27) より単原子分子の種類にかかわらず，それぞれ $(3/2)nRT$ と $(5/2)nRT$ で与えられる。同じ関係式は，複数の単原子分子が混ざった理想混合気体についても成立する。すなわち，図 5.1(a) に示すように，純粋な単原子分子の理想気体が入った r 個の容器の仕切りを取り除いて混合しても，系全体の U と H は変化せず，混合内部エネルギー ΔU_{mix} と混合エンタルピー ΔH_{mix} はともにゼロである。

$$\Delta U_{\mathrm{mix}} = \tfrac{3}{2}nRT - \sum_{i=1}^{r} \tfrac{3}{2}n_i RT = 0, \ \ \Delta H_{\mathrm{mix}} = \tfrac{5}{2}nRT - \sum_{i=1}^{r} \tfrac{5}{2}n_i RT = 0 \tag{5.8}$$

同じ関係式は，多原子分子の理想混合気体においても成立する。しかしながら，第 1 章の図 1.4 に示したように，気体を高圧・低温にすると非理想性が現れ，式(5.8) は成立しなくなる（第 10 章の式(10.55) 参照）。

5.3　混合エントロピー

圧力 P，温度 T が与えられたとき，理想混合気体の体積 V は式(5.2) で表され，内部エネルギー U とエンタルピー H はそれぞれ $(3/2)nRT$ と $(5/2)nRT$ で与えられ（式(5.8) 参照），系の全物質量 n に比例するが，混合気体の組成（各成分のモル分率）には依存しない。これに対して，理想混合気体のエントロピー S は，以下に述べるようにモル分率 x_i に依存する。

簡単のために，2 成分の理想混合気体を考察する。まず，2 種類の純粋理想気体 a と b がそれぞれ圧力 P，温度 T の状態にあるとする。理想気体 a と b との間には，分子間相互作用は働かないと仮定する。理想気体 a と b の物質量をそれぞれ n_a と n_b とすると，それぞれの体積は

$$V_a = n_a RT/P, \ \ V_b = n_b RT/P \tag{5.9}$$

で与えられる。これら 2 種類の気体を接触させ，両者間の間仕切りを外すと，両気体は混合する。この混合過程前後のエントロピー変化を計算してみよう（図 5.2 参照）。

間仕切りを抜いた直後に，系は不均一で非平衡状態になっているだろうから，S を計算するために 2 種類の気体を準静的に混合する経路には工夫が必要である。まず，温度を T に保ちながら各気体の体積を $V_a + V_b$ まで膨張させる。そして，両者を接触させ，間仕切りの代わりに 2 枚の半透膜で隔てる。半透膜 a は気体 a を透過できないが気体 b は透過する，半透膜 b は逆の透過性を有すると仮定する（現実にそのような半透膜が存在するかは，ここでは問わない）。そして，理想気体 a を半透膜 a 付き容器ごと右側に，理想気体 b は半透膜 b 付き容器ごと左側に移動させ（それぞれの体積は $V_a + V_b$ のまま），両者を混合する。このとき，2 枚の半透膜で挟まれた部分は理想気体 a と b が混合した状態になっているので，圧力が高くなっているのではないかと考える人もあるかもしれない。しかしながら，半透膜 a は理想気体 b を透過するので，混合気体であっても圧力は理想気体 a からのみ受けるので，圧力計算時に理想気体 b の存在は考慮する必要がない。半透膜 b についても同様のことがいえて，半透膜が移動中も系の圧力はいたるところ均一のままである。以上の過程により，系全体の体積を $2(V_a + V_b)$ から $V_a + V_b$ まで準静的に減少させる。

理想気体 a を V_a から $V_a + V_b$ まで準静的に膨張させると系が外界に仕事をする。温度を一定に保つためには，恒温槽から系に熱を注入する必要があり，その加熱により系のエントロピーは増大する。増大し

第 1 部　熱力学 | 53

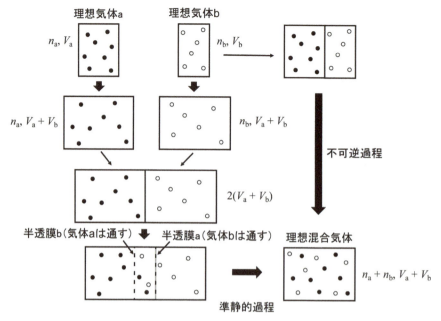

図 5.2 理想気体の混合

たエントロピーは，式(3.11) と式(5.9) を参照すると次式で計算される。

$$\Delta S_a = \frac{1}{T}\int_{V_a}^{V_a+V_b} P\,dV = \frac{1}{T}\int_{V_a}^{V_a+V_b} \frac{n_a RT}{V}\,dV = n_a R \ln\left(\frac{V_a+V_b}{V_a}\right) = -n_a R \ln x_a \tag{5.10}$$

理想気体 b の膨張も同様で，気体 a と b の膨張に伴うエントロピー増加量 ΔS_a と ΔS_b の和が理想気体の混合に伴う全エントロピー変化 ΔS_{mix} である。

$$\Delta S_{\mathrm{mix}} = \Delta S_a + \Delta S_b = -R(n_a \ln x_a + n_b \ln x_b) \tag{5.11}$$

これが，理想混合気体の<u>混合エントロピー</u>（mixing entropy）である。モル分率は 1 より小さいので，$\ln x_a$ と $\ln x_b$ は負の値をとり，ΔS_{mix} は正となる。

さらに，式(5.8) より $\Delta H_{\mathrm{mix}} = 0$ なので，等温定圧下で理想気体 a と b を混合したときのギブズエネルギーの変化，すなわち<u>混合ギブズエネルギー</u>（mixing Gibbs energy）ΔG_{mix} は次式で与えられる。

$$\Delta G_{\mathrm{mix}} = \Delta H_{\mathrm{mix}} - T\Delta S_{\mathrm{mix}} = RT(n_a \ln x_a + n_b \ln x_b) \tag{5.12}$$

上述のように，$\ln x_a$ と $\ln x_b$ は負の値をとり，$\Delta G_{\mathrm{mix}} < 0$ であり，気体の混合は自発過程である。逆の過程は自然には起こらず，上述の空気の成分分離には何らかの人為的な操作が必要である。混合ギブズエネルギー ΔG_{mix} の表式(5.12) を 3 種類以上の気体成分を含む混合気体に拡張するのは容易である。

5.4 溶液

液体である溶媒成分に，固体・液体・気体の溶質成分を溶かした多成分系が溶液である。特に，溶媒が水の場合は，水溶液と呼ばれる。砂糖水，酒（エタノール水溶液），炭酸水は，それぞれ溶質が固体，液体，気体の場合の水溶液の例である。複数の液体の混合物では，最も量の多い成分を溶媒に選ぶ場合も多いが，溶媒・溶質の区別をしないこともある。

溶質が固体あるいは気体の場合は，溶質の濃度を増やしていくと，ある濃度（溶解度）で固体あるいは

気体の相が現れ，相分離を起こす。たとえば，水に砂糖（ショ糖）を加えていくと，そのうち砂糖は水に溶けずに容器の底に溜まる。溶媒・溶質ともに液体の場合には，任意の濃度で互いに混じり合う完全に相溶性の混合物と，ある濃度範囲で液液相分離する混合物とがある。前者の例は水とエタノールの混合物，後者の例としては室温における水とブタノール（バイオ燃料の成分）の混合物が挙げられる。熱力学では，相分離を起こした混合物については，濃度が均一な部分を溶液相として取り扱う。

　溶液の熱力学的性質は，以下で詳しく述べるように，溶液の濃度に強く依存する。したがって，化学実験（および生物学実験）においては，測定溶液の濃度を正確に求めることは非常に重要である。溶液の調製時に，天秤やメスフラスコ（マイクロピペット）を用いて各成分の質量や体積を測定し，それから濃度を計算する。化学においては，物質量はモル単位で表すのが最も基本的で，そのためモル分率が最も基本的な濃度である（上述の理想混合気体でも，モル分率を用いて組成を表した）。しかしながら，実験量である各成分の質量や体積から，より直接的に計算できる以下の濃度もしばしば用いられる。

　まず，高校の化学の教科書にも出てくる濃度として，モル濃度（体積モル濃度）と質量モル濃度がある。溶媒成分 a と溶質成分 b からなる 2 成分溶液を考え，各成分の質量を W_a と W_b，モル質量を M_a と M_b，溶液全体の体積を V とすると，溶質成分のモル濃度 C_b（単位：mol/L = mol/dm^3）と質量モル濃度 m_b（単位：mol/kg）は，次式で定義される。

$$C_b = \frac{W_b/M_b}{V} = \frac{n_b}{V}, \quad m_b = \frac{W_b/M_b}{W_a} = \frac{n_b}{n_a M_a} \tag{5.13}$$

ただし，n_b と n_b は成分 a と b の（モル単位で表した）物質量である。また，実験量からより直接的に計算できる濃度として，溶質成分の重量分率（質量分率）w_b，体積分率 ϕ_b，および質量濃度 c_b（単位：g/cm^3 = g/mL）がある。

$$w_b = \frac{W_b}{W_a + W_b}, \quad \phi_b = \frac{V_b^\circ}{V_a^\circ + V_b^\circ}, \quad c_b = \frac{W_b}{V} \tag{5.14}$$

ただし，V_a° と V_b° は混合前の各純成分の体積を表す（一般には混合体積はゼロではなく，$V_a^\circ + V_b^\circ$ は必ずしも混合後の溶液全体の体積 V とは一致しないことに注意）。以下では，混合物の物理量と純物質の物理量を区別するために，後者には上付きの丸印をつける（各成分の質量や物質量は混合によって変化しないので，丸印はつけていない）。

　異なる濃度間の換算には，溶質のモル質量や溶液の密度が必要となるが，溶質の濃度が十分低い希薄溶液（dilute solution）では，いずれの濃度もよい近似で溶質成分 b のモル分率 x_b に比例する。

$$x_b \approx \bar{V}_a^\circ C_b \approx M_a m_b \approx (M_a/M_b) w_b \approx (\bar{V}_a^\circ/\bar{V}_b^\circ) \phi_b \approx (\bar{V}_a^\circ/M_b) c_b \tag{5.15}$$

ただし，$\bar{V}_a^\circ$ と $\bar{V}_b^\circ$ は各純成分のモル体積を表す。

5.5　理想溶液と正則溶液

　1 成分系においても，気体の場合は状態方程式が具体的に与えられ，熱力学的な考察が進められたが，液体や固体に対しては具体的な状態方程式が与えられず，それらの熱力学については一般論に終始していた。多成分系に関しても，上述のように理想混合気体については，1 成分系と同じ状態方程式（式(5.2)）が与えられ，混合に伴うエントロピー・ギブズエネルギー変化についても，式(5.11) と (5.12) で具体的な表式が与えられた。対応する表式が利用できなければ，溶液系の熱力学的議論を具体的に進めるのは困難となる。

　そこで，混合に伴う熱力学的状態量変化（ΔV_{mix}，ΔU_{mix}，ΔH_{mix}，ΔS_{mix}，ΔG_{mix}）が，すべての混合割

合で理想混合気体と同じ式(式(5.3), (5.8), (5.11), (5.12))で与えられるような溶液系を仮想的に考え，これを**理想溶液**（ideal solution）と称する。溶媒と溶質の化学構造が非常に似通った溶液（たとえば，ベンゼンとトルエンの混合物）は理想溶液に近い振る舞いをする。

理想溶液の条件のうち，ΔV_{mix} と ΔS_{mix} の条件のみを満たす溶液を，**正則溶液**（regular solution）と称する。すなわち，正則溶液は次の条件を満たす。

$$\Delta V_{\mathrm{mix}} = 0, \ \Delta S_{\mathrm{mix}} = -R(n_{\mathrm{a}} \ln x_{\mathrm{a}} + n_{\mathrm{b}} \ln x_{\mathrm{b}}) \tag{5.16}$$

多くの液体混合物の熱力学的性質は，この正則溶液で近似的に記述できることが知られている。さらに，この正則溶液のうちで，両成分の分子間にファン・デル・ワールス力のみが働く場合は，ΔU_{mix} と ΔH_{mix} がよい近似で次の式で表される。

$$\Delta U_{\mathrm{mix}} = \Delta H_{\mathrm{mix}} = B(n_{\mathrm{a}} + n_{\mathrm{b}}) x_{\mathrm{a}} x_{\mathrm{b}} \tag{5.17}$$

ここで，B は溶質と溶媒の種類によって決まる定数で，2成分間の親和性が低くなると B の値が大きくなる（第12章の12.4節に，統計熱力学を用いた式(5.17)の導出が記されている）。

図5.3には，式(5.16)と(5.17)が成立する正則溶液に対する混合ギブズエネルギー ΔG_{mix} を $(n_{\mathrm{a}} + n_{\mathrm{b}})RT$ で割った量，すなわち

$$\frac{\Delta G_{\mathrm{mix}}}{(n_{\mathrm{a}} + n_{\mathrm{b}})RT} = x_{\mathrm{A}} \ln x_{\mathrm{A}} + x_{\mathrm{B}} \ln x_{\mathrm{B}} + \frac{B}{RT} x_{\mathrm{a}} x_{\mathrm{b}} \tag{5.18}$$

の組成依存性を示す。2成分間の親和性の度合いを表す B/RT がゼロの理想溶液では，すべての x_{b} の領域で $\Delta G_{\mathrm{mix}}/(n_{\mathrm{a}} + n_{\mathrm{b}})RT$ は負で下に凸の曲線に従っている。しかしながら，成分間の親和性が悪くなり，B/RT が大きくなると中間の x_{b} の領域で $\Delta G_{\mathrm{mix}}/(n_{\mathrm{a}} + n_{\mathrm{b}})RT$ は増加し，$B/RT = 3$ では中間の x_{b} の領域で上に凸の曲線に従うようになる。第7章の7.4節で述べるように，この曲線の形により，この溶液系で液液相分離が起こるかどうかが決まる。

上述の砂糖水，酒，炭酸水などのなじみ深い水溶液系では，溶媒と溶質の化学構造がずいぶん異なり，かつ分子（イオン）間に水素結合や静電相互作用が働くので，理想溶液や正則溶液とは見なせない。ただし，次の第6章で述べるように，溶質が十分希薄な濃度領域では，多くの溶液において理想溶液と同じ振る舞いをすることがわかっており，理想溶液の利用価値がある（気体においても，濃度が高くなると，状態方程式に非理想性の効果が現れてくるのと類似している）。次章以降では，溶液系を理想溶液として取り扱うことが多いが，理想溶液に対する式が適用できる濃度範囲が限定されていることに留意しなければならない。

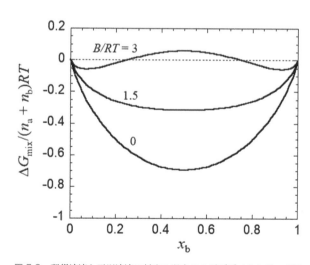

図5.3　理想溶液と正則溶液に対する混合モルギブズエネルギーの組成依存性

第6章 化学ポテンシャル

6.1 はじめに

第4章の後半で，1成分系における相平衡現象について議論した。そこでは，相平衡条件に用いられた熱力学量はギブズエネルギーであった。多成分系を取り扱う際に，この1成分系におけるギブズエネルギーに代わる熱力学量が，本章で定義される化学ポテンシャルである（後ほど示すように，化学ポテンシャルは1成分系ではギブズエネルギーと等しくなる）。この化学ポテンシャルを用い，多成分系で起こる相平衡現象を第7章で説明する。また，化学ポテンシャルは化学平衡においても主役を演じる。化学反応の起こる多成分系については，第8章において化学ポテンシャルを利用しながら議論する。その準備として，本章ではこの化学ポテンシャルについて説明する。

多成分系の化学ポテンシャルは，系の温度と圧力以外に，系の濃度（組成）の関数である。多成分系で起こる相平衡では，共存する相における各成分の濃度（組成）は異なっている。また，化学反応の起こる多成分系での化学平衡状態では，反応物と生成物の濃度（組成）はある値に定まっている。これら共存相の平衡濃度や反応物・生成物の平衡濃度を決めているのが，各相・各成分に対する化学ポテンシャルの濃度依存性である。そこで，本章では特に化学ポテンシャルの濃度依存性に注目する。

第4章において，1成分系のギブズエネルギーの温度・圧力依存性が簡単な表式で表されたのは，理想気体のみであった。本章で扱う多成分系における各成分の化学ポテンシャルの濃度依存性も簡単な表式で表されるのは，理想混合気体と一部の理想的な溶液系のみである。たとえば，化学・生物学で重要となる水溶液系については，希薄な溶液以外は，化学ポテンシャルの濃度依存性を簡単な表式で表せない。しかしながら，それでは不便なので，**6.4節**においては，形式論的な化学ポテンシャルの濃度依存性に関する一般的な式が提案され，「活量」あるいは「活量係数」と呼ばれる（物理的意味のよくわからない）状態量が導入されている。この形式的な節に興味を持てない読者は，この部分を飛ばしてお読みいただき，第7章と第8章で具体的に化学ポテンシャルの表式が出てきたところでこの部分を読み返していただくのがよいかもしれない。

6.2 化学ポテンシャル

ある濃度範囲で液液相分離する液体成分aと液体成分bの混合物（たとえば，水とブタノールの混合物）を考えよう。相分離が起こる組成において，この混合物は**図 6.1(a)**に示すように，α相とβ相と名付ける二つの液相が共存する状態となっている。与えられた温度Tと圧力Pの条件下で，α相は成分aが$n_a^{(\alpha)}$と成分bが$n_b^{(\alpha)}$の物質量を含み，β相は成分aが$n_a^{(\beta)}$と成分bが$n_b^{(\beta)}$の物質量を含んでいるとする。物質保存則により，成分aとbの全物質量は，それぞれ相分離前の仕込みの物質量n_aとn_bに等しい。

$$n_a = n_a^{(\alpha)} + n_a^{(\beta)}, \ n_b = n_b^{(\alpha)} + n_b^{(\beta)} \tag{6.1}$$

T，P一定の条件下で，α相（β相）のギブズエネルギー$G^{(\alpha)}$（$G^{(\beta)}$）を，$n_a^{(\alpha)}$と$n_b^{(\alpha)}$（$n_a^{(\beta)}$と$n_b^{(\beta)}$）

第1部 熱力学 57

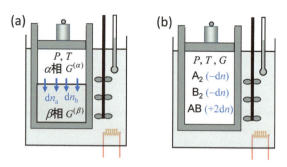

図 6.1　相変化 (a) と化学変化 (b) の進行

の関数と見なす．いま，成分 a を微小量 dn_a，成分 b を微小量 dn_b だけ，α 相から β 相に移動させたとする（dn_a，dn_b が負の場合には，β 相から α 相に移動させたことを意味する）．このとき，α 相と β 相を統合した混合物全系のギブズエネルギー変化 dG は，次式で与えられる．

$$dG = \left(\frac{\partial G^{(\beta)}}{\partial n_a}\right)_{n_b} dn_a + \left(\frac{\partial G^{(\beta)}}{\partial n_b}\right)_{n_a} dn_b - \left(\frac{\partial G^{(\alpha)}}{\partial n_a}\right)_{n_b} dn_a - \left(\frac{\partial G^{(\alpha)}}{\partial n_b}\right)_{n_a} dn_b$$
$$= \left[\left(\frac{\partial G^{(\beta)}}{\partial n_a}\right)_{n_b} - \left(\frac{\partial G^{(\alpha)}}{\partial n_a}\right)_{n_b}\right] dn_a + \left[\left(\frac{\partial G^{(\beta)}}{\partial n_b}\right)_{n_a} - \left(\frac{\partial G^{(\alpha)}}{\partial n_b}\right)_{n_a}\right] dn_b \quad (6.2)$$

この 2 相共存状態が平衡状態にあるためには，成分 a および b の微小量移動に対して dG が負にならないことである．この条件を満たすためには，次の相平衡条件が必要となる．

$$\left(\frac{\partial G^{(\beta)}}{\partial n_a}\right)_{n_b} = \left(\frac{\partial G^{(\alpha)}}{\partial n_a}\right)_{n_b}, \quad \left(\frac{\partial G^{(\beta)}}{\partial n_b}\right)_{n_a} = \left(\frac{\partial G^{(\alpha)}}{\partial n_b}\right)_{n_a} \quad (6.3)$$

上式に現れる G の成分 a と b の物質量に関する偏微分量を成分 a と b の**化学ポテンシャル**（chemical potential）と称し，改めて

$$\mu_a \equiv \left(\frac{\partial G}{\partial n_a}\right)_{n_b}, \quad \mu_b \equiv \left(\frac{\partial G}{\partial n_b}\right)_{n_a} \quad (6.4)$$

で表す[注]．すると，式(6.3) で与えられた相平衡条件式は，次のように書き直される．

$$\mu_a^{(\alpha)} = \mu_a^{(\beta)}, \quad \mu_b^{(\alpha)} = \mu_b^{(\beta)} \quad (6.5)$$

上の議論は，容易に 3 成分以上を含む多成分系に拡張できる．その際，化学ポテンシャルは，他のすべての成分の物質量が一定の下での，ある成分の物質量に関する G の偏微分量として定義される．

もしも，$(\mu_b^{(\alpha)} = \mu_b^{(\beta)}$ で$)$ $\mu_a^{(\beta)} < \mu_a^{(\alpha)}$ とすると，式(6.2) より正の dn_a に対して $dG < 0$ となり，成分 a は α 相から β 相に移動する方が熱力学的に安定となる．これは，温度の異なる二つの物質を接触させると，温度の高い物質から温度の低い物質に熱が移動する現象と類似している．すなわち，ある成分はその成分の化学ポテンシャルが高い方から低い方に移動するといえ，温度が熱の移動方向を示す物理量であるのに対し，化学ポテンシャルは物質の移動方向を示す物理量の役割を演じている．熱の移動に関して平衡状態にあるためには，温度が等しいことが条件であるのに対し，各成分の物質移動に関して平衡状態にあ

[注] 1 成分系では，G は物質量 n に比例するので，$(dG/dn) = G/n = \bar{G}$ となり，化学ポテンシャルはモルギブズエネルギー $\bar{G}$ に等しい．

るためには，式(6.5) が示すように化学ポテンシャルが等しいことが条件となる[注1]。

次に気相中で次の化学反応が起こっている系を考える（**図6.1(b)** 参照）。

$$A_2 + B_2 \rightleftharpoons 2AB \tag{6.6}$$

この系は，成分 A_2 と B_2 と AB を含む3成分系で，それぞれの成分の物質量を n_{A_2}, n_{B_2}, n_{AB} とすると，この系のギブズエネルギー G は，T と P が一定の条件下では，これら3種類の物質量の関数となる。いま，上の反応をわずかに右側に進行させると，成分 A_2 と B_2 が dn だけ減少し，成分 AB が $2dn$ だけ増加する。この反応の進行によって系のギブズエネルギー変化 dG は，次式で与えられる[注2]。

$$\begin{aligned} dG &= \left(\frac{\partial G}{\partial n_{AB}}\right)_{n_{A_2},n_{B_2}} \times 2dn - \left(\frac{\partial G}{\partial n_{A_2}}\right)_{n_{B_2},n_{AB}} dn - \left(\frac{\partial G}{\partial n_{B_2}}\right)_{n_{A_2},n_{AB}} dn \\ &= (2\mu_{AB} - \mu_{A_2} - \mu_{B_2})dn \end{aligned} \tag{6.7}$$

したがって，この系が化学平衡状態にある条件は

$$2\mu_{AB} - \mu_{A_2} - \mu_{B_2} = 0 \tag{6.8}$$

が成立することである。この化学反応系では，$2\mu_{AB}$ と $\mu_{A_2} + \mu_{B_2}$ が物質の移動方向を示す物理量（指標）の役割を演じている。より複雑な化学反応の起こる系についても同様に化学平衡条件を与えることができる（第8章を参照）。

6.3 理想混合気体と理想溶液に対する化学ポテンシャル

前章で述べたように，二種類の成分aとbからなる理想混合気体と理想溶液に対する混合ギブズエネルギー ΔG_{mix} は式(5.12) で与えられ，成分aとbの純状態におけるギブズエネルギーをそれぞれ G_a° と G_b° とすると，この2成分系のギブズエネルギーは次のように表される。

$$G = G_a^\circ + G_b^\circ + \Delta G_{mix} = G_a^\circ + G_b^\circ + RT(n_a \ln x_a + n_b \ln x_b) \tag{6.9}$$

（1成分系を扱った第4章では，純物質のギブズエネルギー（モルギブズエネルギー）を単に G（$\bar{G}$）で表したが，第6〜8章では混合物の G（$\bar{G}$）と区別するために，純物質の物理量には上付きの丸印をつける）。ここで，モル分率 x_a と x_b は式(5.7) で定義されることに注意して，式(6.4) の G の偏微分量を求めると，各成分の化学ポテンシャルは次式で与えられる。

$$\mu_a = \bar{G}_a^\circ + RT \ln x_a, \; \mu_b = \bar{G}_b^\circ + RT \ln x_b \tag{6.10}$$

ただし，$\bar{G}_a^\circ$ と $\bar{G}_b^\circ$ はそれぞれ成分aとbの純状態でのモルギブズエネルギーである（$\bar{G}_a^\circ = G_a^\circ / n_a$, $\bar{G}_b^\circ = G_b^\circ / n_b$）。一般に，$r$ 成分系の理想混合気体あるいは理想溶液において，成分 i（$= 1 \sim r$）の化学ポテンシャルは次式で与えられる。

$$\mu_i = \bar{G}_i^\circ + RT \ln x_i \tag{6.11}$$

[注1] 前章の5.4節で例として登場した飽和した砂糖水では，容器の底に溶け残った砂糖（ショ糖）の結晶と水溶液中の砂糖成分間に相平衡が実現してるが，このときに砂糖の結晶中には水分子は入り込めないので，固相における水の化学ポテンシャルは定義できない。このような固液相平衡の場合，水の化学ポテンシャルに関する式(6.5) の条件は考える必要がない（7章の7.3節参照）。

[注2] 第8章の8.4節で定義する反応進行度 ξ を用いると，式(6.7) は次のように表される。
$$dG = (2\mu_{AB} - \mu_{A_2} - \mu_{B_2})d\xi$$

第1部 熱力学 | 59

ここで，$\bar{G}_i^\circ$ は成分 i の純状態でのモルギブズエネルギーである。

理想混合気体・理想溶液に対する化学ポテンシャルは，上述のように非常に簡単な形で書ける。多くの混合気体の熱力学的性質は理想混合気体で記述でき，化学ポテンシャルは式(6.11)で表される。これに対して，前章で述べたように，多くの溶液は理想溶液とは異なる振る舞いをする。したがって，そのような非理想溶液に対する化学ポテンシャルとして，式(6.11)に代わる表式が必要となる。

6.4 非理想溶液に対する化学ポテンシャル

混合エンタルピーが式(5.17)で与えられる 2 成分の正則溶液に対する化学ポテンシャルは次式のように計算される（一般の r 成分系正則溶液に対する各成分の化学ポテンシャルについても，同様な式が得られる）。

$$\mu_a = \bar{G}_a^\circ + RT\ln x_a + Bx_b^2, \quad \mu_b = \bar{G}_b^\circ + RT\ln x_b + Bx_a^2 \tag{6.12}$$

図 6.2 に，上式を用いて計算した化学ポテンシャルの組成依存性を示す。ただし，一例として，$\bar{G}_a^\circ/RT = 1$，$\bar{G}_b^\circ/RT = 1.5$ と選んだ。黒と青の実線が，それぞれ理想溶液に対する成分 a と成分 b の化学ポテンシャルを表し，点線と一点鎖線がそれぞれ $B/RT = 1.5$ と 3 のときの正則溶液に対する結果を表している。いま，成分 a を溶媒，成分 b を溶質と見なすと，x_b が小さい希薄溶液の溶媒の化学ポテンシャル μ_a（黒線）は，B/RT が正で大きくても理想溶液の μ_a に近く，非理想性はあまり重要ではない。これに対して，x_b が小さい希薄溶液における溶質の化学ポテンシャル μ_b（青線）は，B/RT が大きくなると理想溶液に対する値よりも大きく，非理想性が顕著に現れている（成分 b を溶媒，成分 a を溶質と見なすと，x_b が 1 に近い（成分 a に関する）希薄溶液に対する溶媒の化学ポテンシャル μ_b と溶質の化学ポテンシャル μ_a についても同じことがいえる）。

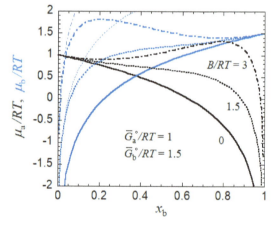

図 6.2 理想溶液（実線）および正則溶液（点線と一点鎖線）に対する化学ポテンシャルの組成依存性。黒線：成分 a の化学ポテンシャル；青線：成分 b の化学ポテンシャル；青の細い点線と一点鎖線は，それぞれ式(6.13)で与えられる μ_b の表式から計算された $B/RT = 1.5$ と 3 のときの μ_b の理論値を表す。

さらに，成分 a を溶媒，成分 b を溶質とし，溶質の濃度が十分薄い希薄溶液（$x_b \ll 1$ の場合）を考えると，式(6.12)は次のように近似できる。

$$\mu_a \approx \bar{G}_a^\circ + RT\ln x_a, \quad \mu_b \approx \bar{G}_b^\circ + B + RT\ln x_b \tag{6.13}$$

図 6.2 において，青の細い点線と一点鎖線は，それぞれ式(6.13)で与えられた μ_b の表式から計算された $B/RT = 1.5$ と 3 のときの μ_b の理論値を表す。希薄領域（$x_b \ll 1$）では，μ_a も μ_b も式(6.13)で近似できることがわかる。この式(6.13)より，希薄溶液に対する μ_a と μ_b は理想溶液に対する式(6.10)と同じ濃度（組成）依存性を持つ。このことを明示するために，希薄溶液の μ_a と μ_b を次のように表そう。

$$\mu_a = \bar{G}_a^\circ + RT\ln x_a, \quad \mu_b = \mu_b^0 + RT\ln x_b \quad (x_b \ll 1) \tag{6.14}$$

ここで，μ_b^0 を成分 b の**標準化学ポテンシャル**（standard chemical potential）と呼ぶ（μ_b^0 に対応させ

て，上の μ_{a} の式中の $\bar{G}_{\mathrm{a}}^{\circ}$ を成分 a の標準化学ポテンシャルと呼び，μ_{a}^{0} で表されることもあるが，これは純物質 a（溶媒成分）のモルギブズエネルギーに等しい）。式(6.13) と (6.14) を比較すると，正則溶液の μ_{b}^{0} は次式で与えられる。

$$\mu_{\mathrm{b}}^{0} = \bar{G}_{\mathrm{b}}^{\circ} + B \tag{6.15}$$

我々の身近にある水溶液系は，溶媒・溶質分子間に過渡的な水素結合が形成され，正則溶液として扱えず，式(6.12)，(6.14)，(6.15) は水溶液に対してはよい近似ではない。水溶液中での分子間水素結合は複雑で，理論的に取り扱いにくいため，水溶液系の化学ポテンシャル μ_{a} と μ_{b} の一般的表式は提案されていない。しかしながら，身近な水溶液に対する熱力学的議論を行う際には，その μ_{a} と μ_{b} の表式が必要となる。そこで，式(6.14) を参考にして，μ_{a} と μ_{b} を次式のように表す。

$$\mu_{\mathrm{a}} = \bar{G}_{\mathrm{a}}^{\circ} + RT\ln(f_{\mathrm{a}}x_{\mathrm{a}}), \;\; \mu_{\mathrm{b}} = \mu_{\mathrm{b}}^{0} + RT\ln(f_{\mathrm{b}}x_{\mathrm{b}}) \tag{6.16}$$

ここで，f_{a} と f_{b} はそれぞれの成分の活量係数（activity coefficient）と呼ばれる物理量である（むしろ式(6.16) は活量係数の定義式と見なすべきである）[注1]。また，$a_{\mathrm{a}} \equiv f_{\mathrm{a}}x_{\mathrm{a}}$ と $a_{\mathrm{b}} \equiv f_{\mathrm{b}}x_{\mathrm{b}}$ をそれぞれ成分 a と b の活量（activity）と呼ぶ。

非理想溶液に対する一般的な活量係数の組成・温度依存性は理論的には導出できず，個々の溶液系ごとに実験より経験式として求めなければならない。ただし，標準化学ポテンシャル μ_{b}^{0} を次の極限値として定義すると，

$$\mu_{\mathrm{b}}^{0} \equiv \lim_{x_{\mathrm{a}} \to 1}(\mu_{\mathrm{b}} - RT\ln x_{\mathrm{b}}) \tag{6.17}$$

希薄領域（$x_{\mathrm{b}} \ll 1$）では，$f_{\mathrm{b}} = 1$ となる。希薄領域では $f_{\mathrm{a}} = 1$ も成立するので，非理想溶液でも希薄領域に限れば，化学ポテンシャルは式(6.14) の形で表され，理想溶液に対する式(6.10) と同じ組成依存性が成立する（ただし，非正則溶液の場合には，式(6.15) は成立せず，μ_{b}° は実験より決めなければならない）。このため，式(6.14) が成立する希薄な非理想溶液を，（少し誤解を招きそうだが）理想希薄溶液と呼ぶことがある。

多くの実験の論文においては，溶液の濃度として，モル分率 x_{b} ではなく，しばしばモル濃度 C_{b} が用いられる。その場合，化学ポテンシャルの表式もモル濃度で表す方が便利である。希薄溶液ならば，濃度の変換は式(5.15) を用いて行われる。その結果，モル濃度を用いた溶質成分 b の化学ポテンシャルの表式は次のようになる[注2]。

$$\mu_{\mathrm{b}} = \mu_{\mathrm{b}}^{0(\mathrm{C})} + RT\ln C_{\mathrm{b}} \;\; (x_{\mathrm{b}} \ll 1) \tag{6.18}$$

ただし，$\mu_{\mathrm{b}}^{0(\mathrm{C})}$ は，濃度としてモル濃度を用いたときの溶質成分の標準化学ポテンシャルで，次式で定義される。

$$\mu_{\mathrm{b}}^{0(\mathrm{C})} \equiv \mu_{\mathrm{b}}^{0} + RT\ln\bar{V}_{\mathrm{a}}^{\circ} = \lim_{x_{\mathrm{a}} \to 1}(\mu_{\mathrm{b}} - RT\ln x_{\mathrm{b}}) + RT\ln\bar{V}_{\mathrm{a}}^{\circ} \tag{6.19}$$

溶質の濃度が十分低くない場合には，式(6.16) に対応して

[注1] 正則溶液では，式(6.12) より μ_{b}^{0} は式(6.15) で，活量係数は次式で与えられる。
$$f_{\mathrm{a}} = \exp\left(B x_{\mathrm{b}}^{2}/RT\right), \;\; f_{\mathrm{b}} = \exp\left(B x_{\mathrm{a}}^{2}/RT\right)$$

[注2] 式(6.18) の右辺には，第2項に [(J/mol)ln(L/mol)] という奇妙な単位が現れている（式(6.14) の μ_{b} にはそのような項は生じない）。ただし，式(6.19) の最後の辺にも [(J/mol)ln(mol/L)] という単位の第2項があり，この式を式(6.18) に代入すると奇妙な単位は相殺され，式(6.18) の両辺はともに [J/mol] という正常な単位となる。実験で決められる $\mu_{\mathrm{b}}^{0(\mathrm{C})}$ は現象論的な物理量であり，その単位には理論的意味はない。

第1部 熱力学 61

$$\mu_{\mathrm{b}} = \mu_{\mathrm{b}}^{0(\mathrm{C})} + RT \ln(y_{\mathrm{b}} C_{\mathrm{b}}) \tag{6.20}$$

と表される。ただし，y_{b} はモル濃度に基づく活量係数で，C_{b} や温度に依存するが，式(6.16) の f_{b} と同様，C_{b} が十分低ければ 1 に漸近し，式(6.20) は式(6.18) と一致する。

　化学実験を行った経験のない方にとっては，非理想溶液に対する化学ポテンシャル（および標準化学ポテンシャル）の表式は，ただ複雑なだけのわかりづらい式だという印象しか持たれないかもしれない。しかしながら，実際に化学実験を行い，特にその実験対象が非理想溶液である場合には，本節で出てきた複雑な式のありがたさが理解できるであろう。単純明快な理想溶液に対する化学ポテンシャル式は，その実験には使えないのであるから。

　上述のように，理想溶液に対する化学ポテンシャルは式(6.10)（あるいは式(6.11)），希薄な非理想溶液に対する化学ポテンシャルは式(6.14)（モル濃度基準の場合は式(6.18)），そして一般的な非理想溶液に対する化学ポテンシャルは式(6.16)（モル濃度基準の場合は式(6.20)）で与えられているが，いずれも標準化学ポテンシャル（モルギブズエネルギーを含む）と濃度の対数項の和の形で表されている。前者の標準化学ポテンシャルは，成分の種類と相状態に依存し，相平衡状態と化学平衡状態を特徴づける重要な熱力学量で，これまでに膨大な実験的研究（特に熱測定）が行われ，様々な種類の物質に関して各相状態におけるデータが集積されている。

第7章　相平衡

7.1　はじめに

　食塩 NaCl を水に加えていくと，最初 NaCl は水に溶解するが，ある程度以上（溶解度を超えて）NaCl を水に加えると，NaCl は完全には溶けずに，底に NaCl の結晶が溶け残った状態になる。これは，NaCl 水溶液と NaCl 結晶が相平衡状態にあるとみなすことができる（固液相平衡）。また，NaCl 水溶液を加熱すると，100℃より少し高い温度で沸騰する。これは，NaCl 水溶液と水蒸気（気相の水）との間の相平衡である（気液相平衡）。

　以上のような固液相平衡や気液相平衡は，化学実験や化学工業において，物質を分離・精製する方法（再結晶，蒸留）として利用されている。また，溶液の沸点上昇度から溶質の分子量が測定できる。したがって，相平衡現象は化学において非常に重要であり，本章では，この相平衡現象をこれまでに準備してきた熱力学を使って議論する。付録 A に示すように，歴史的には，1870 年後半にギブズが，少し前（1850 年ころ）に確立した熱力学を相平衡現象（および化学平衡現象）に応用し，「化学熱力学」を確立させた。

　話が煩雑になるのを避けるために，本章では主として 2 成分系における気液，固液，および液液相平衡現象を取り扱う（**7.4 節**の後半と **7.5 節**を除く）。また，それらの相平衡は系の温度と圧力に依存するが，本章では **7.4 節**までは，系の圧力は 1 気圧に固定し，相平衡の圧力依存性については **7.6 節**でまとめて議論する。以下では，気体状態，液体状態，固体状態における状態量を，それぞれ g, l, s の上付き添え字を付した記号で表すことにする（それぞれ gas state, liquid state, solid state の頭文字である）。

7.2　気液平衡

　まず，揮発性の溶媒成分 a の純状態における沸点を $T_{B,a}$ とする。第 4 章の式(4.23) より，沸点において次式が成り立っている。

$$\bar{G}_a^{\circ(g)}(T_{B,a}) = \bar{G}_a^{\circ(l)}(T_{B,a}) \tag{7.1}$$

ただし，純状態の物理量であることを明示するために上付きの丸印をつけ，また上付きの (g) と (l) は，それぞれ気相と液相の物理量であることを示す。この溶媒に不揮発性の溶質を少量加えた希薄溶液における気液相平衡を考える（たとえば，ショ糖の希薄水溶液）。溶質成分 b は気相には存在しないので，相平衡の条件は気液両相における成分 a の化学ポテンシャルが等しいことである[注]。

$$\bar{G}_a^{\circ(g)} = \mu_a^{(l)} \tag{7.2}$$

圧力が 1 気圧の下で，この溶液は式(7.2) の条件を満たす温度 T_B（沸点）で沸騰する。この溶液が希薄溶液であることから，式(6.14) を利用すると，次式が得られる。

[注] 純状態である気相における成分 a の化学ポテンシャルはモルギブズエネルギーに等しい。

第 1 部　熱力学　63

$$\ln x_{\mathrm{a}}{}^{(l)} = \frac{\bar{G}_{\mathrm{a}}^{\circ(\mathrm{g})}(T_{\mathrm{B}}) - \bar{G}_{\mathrm{a}}^{\circ(l)}(T_{\mathrm{B}})}{RT_{\mathrm{B}}} \tag{7.3}$$

溶質の濃度をゼロにすると（$x_{\mathrm{a}}{}^{(l)} = 1$ にすると），上式(7.3) は式(7.1) と一致するが，$x_{\mathrm{a}}{}^{(l)} < 1$ では，$\bar{G}_{\mathrm{a}}^{\circ(\mathrm{g})}(T_{\mathrm{B}}) \neq \bar{G}_{\mathrm{a}}^{\circ(l)}(T_{\mathrm{B}})$ である。そこで，両相のモルギブズエネルギーの温度依存性について考察する。第4章の式(4.8) より，次の式が得られる。

$$\bar{G}^{\circ}(T + \mathrm{d}T) = \bar{G}^{\circ}(T) - \bar{S}^{\circ}\mathrm{d}T \tag{7.4}$$

いま，両相において，$T_{\mathrm{B,a}}$ から T_{B} までの温度範囲において，純状態のモルエントロピー $\bar{S}^{\circ}$ の温度依存性を無視すると，上式(7.4) より，次の関係式が得られる。

$$\begin{aligned}
\bar{G}_{\mathrm{a}}^{\circ(\mathrm{g})}(T_{\mathrm{B}}) &= \bar{G}_{\mathrm{a}}^{\circ(\mathrm{g})}(T_{\mathrm{B,a}}) - \bar{S}_{\mathrm{a}}^{\circ(\mathrm{g})}(T_{\mathrm{B,a}})(T_{\mathrm{B}} - T_{\mathrm{B,a}}) \\
\bar{G}_{\mathrm{a}}^{\circ(l)}(T_{\mathrm{B}}) &= \bar{G}_{\mathrm{a}}^{\circ(l)}(T_{\mathrm{B,a}}) - \bar{S}_{\mathrm{a}}^{\circ(l)}(T_{\mathrm{B,a}})(T_{\mathrm{B}} - T_{\mathrm{B,a}})
\end{aligned} \tag{7.5}$$

この式を式(7.3) に代入すると，

$$\ln x_{\mathrm{a}}{}^{(l)} = -\frac{\Delta \bar{S}_{\mathrm{vap,a}}^{\circ}}{R}\left(1 - \frac{T_{\mathrm{B,a}}}{T_{\mathrm{B}}}\right) \tag{7.6}$$

ただし，式(7.1) を利用し，$\Delta \bar{S}_{\mathrm{vap,a}}^{\circ}$ は次式で与えられる溶媒成分のモル蒸発エントロピーである。

$$\Delta \bar{S}_{\mathrm{vap,a}}^{\circ} \equiv \bar{S}_{\mathrm{a}}^{\circ(\mathrm{g})}(T_{\mathrm{B,a}}) - \bar{S}_{\mathrm{a}}^{\circ(l)}(T_{\mathrm{B,a}}) \tag{7.7}$$

溶液が希薄の場合，前章の式(5.15) を使うと，次の近似式が成立し（M_{a} は溶媒成分のモル質量），

$$\ln x_{\mathrm{a}} = \ln(1 - x_{\mathrm{b}}) \approx -x_{\mathrm{b}} = -M_{\mathrm{a}}m_{\mathrm{b}} \tag{7.8}$$

式(7.6) は，次のように書き換えられる。

$$T_{\mathrm{B}} \approx T_{\mathrm{B,a}}\left(1 - \frac{M_{\mathrm{a}}R}{\Delta \bar{S}_{\mathrm{vap,a}}^{\circ}}m_{\mathrm{b}}\right)^{-1} \approx T_{\mathrm{B,a}} + \frac{M_{\mathrm{a}}RT_{\mathrm{B,a}}}{\Delta \bar{S}_{\mathrm{vap,a}}^{\circ}}m_{\mathrm{b}} \tag{7.9}$$

この式は，高校の化学で出てくる沸点上昇の式である。高校では，ある定数であるとしか習わなかったモル沸点上昇 K_{B} は，式(7.9) より

$$K_{\mathrm{B}} = \frac{M_{\mathrm{a}}RT_{\mathrm{B,a}}}{\Delta \bar{S}_{\mathrm{vap,a}}^{\circ}} \tag{7.10}$$

と書け，溶質に関する物理量を含まず，溶媒に固有な定数であることがわかる。

次に，溶質成分 b も揮発性で，気相も液相も混合物の場合を考える。このときの相平衡条件は，式(7.2) とは違って，次の2式で与えられる。

$$\mu_{\mathrm{a}}{}^{(\mathrm{g})} = \mu_{\mathrm{a}}{}^{(l)}, \quad \mu_{\mathrm{b}}{}^{(\mathrm{g})} = \mu_{\mathrm{b}}{}^{(l)} \tag{7.11}$$

たとえば，化学構造のよく似ているベンゼンとトルエンの2成分系を考える。この系ではよい近似で，液相と気相がそれぞれ理想混合気体と理想溶液と見なせる。このとき，相平衡条件式は

$$\bar{G}_{\mathrm{a}}^{\circ(\mathrm{g})} + RT_{\mathrm{B}}\ln x_{\mathrm{a}}{}^{(\mathrm{g})} = \bar{G}_{\mathrm{a}}^{\circ(l)} + RT_{\mathrm{B}}\ln x_{\mathrm{a}}{}^{(l)}, \quad \bar{G}_{\mathrm{b}}^{\circ(\mathrm{g})} + RT_{\mathrm{B}}\ln x_{\mathrm{b}}{}^{(\mathrm{g})} = \bar{G}_{\mathrm{b}}^{\circ(l)} + RT_{\mathrm{B}}\ln x_{\mathrm{b}}{}^{(l)} \tag{7.12}$$

と書け，この連立方程式を解くことにより，共存する気相と液相の組成，$x_{\mathrm{b}}{}^{(\mathrm{g})}$ （$= 1 - x_{\mathrm{a}}{}^{(\mathrm{g})}$）と $x_{\mathrm{b}}{}^{(l)}$ （$= 1 - x_{\mathrm{a}}{}^{(l)}$）の式が得られる[注]。

[注] 以下の議論は少し数学的なので，興味のない読者は最終の式 (7.17) の手前まで読み飛ばしていただきたい。

いま，新しいパラメータとして

$$\lambda_{\mathrm{a}} \equiv \frac{\bar{G}_{\mathrm{a}}^{\circ(\mathrm{g})} - \bar{G}_{\mathrm{a}}^{\circ(l)}}{RT}, \ \lambda_{\mathrm{b}} \equiv \frac{\bar{G}_{\mathrm{b}}^{\circ(\mathrm{g})} - \bar{G}_{\mathrm{b}}^{\circ(l)}}{RT} \tag{7.13}$$

を導入しよう。第4章で紹介したギブズ-ヘルムホルツの式(4.9) を $T_{\mathrm{B,a}}$ から T_{B} まで積分すると，

$$\frac{\bar{G}_{\mathrm{a}}^{\circ(\mathrm{g})}(T)}{RT} - \frac{\bar{G}_{\mathrm{a}}^{\circ(\mathrm{g})}(T_{\mathrm{B,a}})}{RT_{\mathrm{B,a}}} = \frac{\bar{H}_{\mathrm{a}}^{\circ(\mathrm{g})}(T_{\mathrm{B,a}})}{RT_{\mathrm{B,a}}}\left(\frac{T_{\mathrm{B,a}}}{T}-1\right) = \frac{\bar{S}_{\mathrm{a}}^{\circ(\mathrm{g})}(T_{\mathrm{B,a}})}{R}\left(\frac{T_{\mathrm{B,a}}}{T}-1\right) \tag{7.14}$$

なる関係式が得られる。ただし，$\bar{H}_{\mathrm{a}}^{\circ(\mathrm{g})}$（$\bar{S}_{\mathrm{a}}^{\circ(\mathrm{g})}$）は気相中での成分aのモルエンタルピー（モルエントロピー）を表し，その温度依存性を無視した。$\bar{G}_{\mathrm{b}}^{\circ(\mathrm{g})}(T)$，$\bar{G}_{\mathrm{a}}^{\circ(l)}(T)$，$\bar{G}_{\mathrm{b}}^{\circ(l)}(T)$についても，同様の関係式が得られ，それらを式(7.13) に代入すると，

$$\lambda_{\mathrm{a}}(T) = \frac{\Delta \bar{S}_{\mathrm{vap,a}}^{\circ}}{R}\left(\frac{T_{\mathrm{B,a}}}{T}-1\right), \ \lambda_{\mathrm{b}}(T) = \frac{\Delta \bar{S}_{\mathrm{vap,b}}^{\circ}}{R}\left(\frac{T_{\mathrm{B,b}}}{T}-1\right) \tag{7.15}$$

となる。ただし，両成分の純状態での相平衡条件

$$\bar{G}_{\mathrm{a}}^{\circ(\mathrm{g})}(T_{\mathrm{B,a}}) = \bar{G}_{\mathrm{a}}^{\circ(l)}(T_{\mathrm{B,a}}), \ \bar{G}_{\mathrm{b}}^{\circ(\mathrm{g})}(T_{\mathrm{B,b}}) = \bar{G}_{\mathrm{b}}^{\circ(l)}(T_{\mathrm{B,b}}) \tag{7.16}$$

を利用した（$\Delta \bar{S}_{\mathrm{vap,b}}^{\circ}$ と $T_{\mathrm{B,b}}$ は，それぞれ成分bのモル蒸発エントロピーと沸点）。この式(7.15)を使って，連立方程式(7.12) の解として，次式を得る。

$$x_{\mathrm{b}}^{(\mathrm{g})}(T) = \frac{\mathrm{e}^{\lambda_{\mathrm{a}}(T)}-1}{\mathrm{e}^{\lambda_{\mathrm{a}}(T)}-\mathrm{e}^{\lambda_{\mathrm{b}}(T)}}, \ x_{\mathrm{b}}^{(l)}(T) = \frac{1-\mathrm{e}^{-\lambda_{\mathrm{a}}(T)}}{\mathrm{e}^{-\lambda_{\mathrm{b}}(T)}-\mathrm{e}^{-\lambda_{\mathrm{a}}(T)}} \tag{7.17}$$

図 7.1 には，例としてベンゼンに対する実測値 $T_{\mathrm{B,a}} = 353$ K（$= 80$℃）と $\Delta \bar{S}_{\mathrm{vap,b}}^{\circ}/R = 10.5$，およびトルエンに対する $T_{\mathrm{B,b}} = 384$ K（$= 110$℃）と $\Delta \bar{S}_{\mathrm{vap,b}}^{\circ}/R = 10.5$ を用いて，式(7.17) から計算した T 対 $x_{\mathrm{b}}^{(\mathrm{g})}$ の関係を表す曲線（気相線：青の実線）と，T 対 $x_{\mathrm{b}}^{(l)}$ の関係を表す曲線（液相線：黒の実線）を示す（ベンゼンとトルエンの純状態での相転移の特性値は，付録の表 B.1 参照）。純物質であるベンゼンは，$T_{\mathrm{B,a}}$（$= 80$℃）で沸騰する。すなわち，液体のベンゼンの80℃における蒸気圧は1気圧である（本節では，圧力は1気圧に固定している）。このベンゼンにトルエンを加えていくと，図 7.1 の黒の実線で示すように

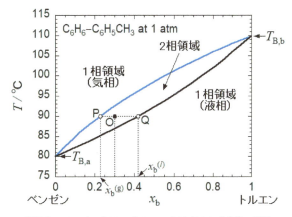

図 7.1　ベンゼン C_6H_6 - トルエン $C_6H_5CH_3$ 2成分系の相図

沸点は上昇する。すなわち，ベンゼンに高沸点のトルエンを加えた混合物液体の蒸気圧は，ベンゼンの沸点である80℃では1気圧より低いので，より高温にしなければ1気圧で沸騰しない。純物質の液体に高沸点の成分を加えると，液体の蒸気圧が減少する現象を蒸気圧降下という。逆に，純トルエン（$x_{\mathrm{b}} = 1$）に低沸点のベンゼンを加えていくと，図 7.1 の黒の実線で示すように沸点は下がる。すなわち，純物質の液体により低沸点の成分を加えると，（液相が理想溶液の場合は）温度一定の条件下で液体の蒸気圧は上昇する。

図 7.1 のたとえば90℃においては，図中に二つの白丸印で示すベンゼン-トルエンの混合気体（点 P）と溶液（点 Q）が共存している（80℃と110℃では，それぞれ $x_{\mathrm{b}}^{(\mathrm{g})} = x_{\mathrm{b}}^{(l)} = 0$ と $x_{\mathrm{b}}^{(\mathrm{g})} = x_{\mathrm{b}}^{(l)} = 1$ の純状態の気液平衡が実現している）。すなわち，気相線と液相線で挟まれた領域が液相と気相が共存する2

相領域，気相線より上方の領域は気相1相領域，液相線より下方は液相1相領域を表す。したがって，この図は，縦軸に温度，横軸に組成を選んだときの2成分系の相図を表している。これに対して，第4章の図4.6や図4.7は，縦軸に圧力，横軸に温度を選んだときの1成分系の相図であった（2成分系の相図に，圧力依存性も示したければ，温度・圧力・組成を各軸とする3次元のグラフを用いる必要がある）。

いま，成分bのモル分率x_bが0.3の溶液の温度を90℃まで上げて図7.1の点Oで表す2相領域にもたらすと，組成が$x_b^{(g)}$の気相と組成が$x_b^{(l)}$の液相に相分離する。相分離後の気相と液相に含まれる成分aとbの合計の物質量を，それぞれ$n^{(g)}$と$n^{(l)}$で表すと，成分bに関する物質保存則より相分離前の溶液の組成は

$$x_b = \frac{x_b^{(g)} n^{(g)} + x_b^{(l)} n^{(l)}}{n^{(g)} + n^{(l)}} \tag{7.18}$$

で与えられる。この式は次のように変形できる。

$$\frac{n^{(g)}}{n^{(l)}} = \frac{x_b^{(l)} - x_b}{x_b - x_b^{(g)}} = \frac{\overline{OQ}}{\overline{PO}} \tag{7.19}$$

後ろの等式は，図7.1のグラフからわかるように，（90℃における）分子・分母の組成の差を線分OQとPOの長さで表した。この式から，図7.1の相図において，点Oは線分PQを$n^{(l)} : n^{(g)}$に内分する点であることがわかる。逆に，線分PQ上にある点Oの位置から，相分離後の気相と液相に含まれる物質量の比がわかる。たとえば，点Oが点Pに重なっていると，$\overline{PO} = 0$で共存する液相の物質量は無限小（$n^{(g)}/n^{(l)} = \infty$）となり，点Oが点Qに重なっていると，$\overline{OQ} = 0$で共存する気相の物質量は無限小（$n^{(g)}/n^{(l)} = 0$）となる。90℃において，気相1相状態からx_bを増加させると，点Oが点Pに達すると無限小の液相が気相中に現れ始め，その後点Oが線分PQ上を右に移動するに従って気相の物質量が減少しながら液相の物質量が増加し，点Qに達すると共存する気相が無くなり液相だけとなる。

また，$x_b = 0.3$の溶液を液相1相状態から加熱すると（図7.1の点Oを下から上に移動させると），まず液相線（黒の実線）と交わり，無限小の気相が出現し，さらに加熱すると気液2相が共存する。そして，さらに加熱すると点Oは気相線（青の実線）と交わり，共存する液相が無くなり気相だけとなる（第4章の図4.4(a)のような相変化をする。ただし，加熱の途中で共存相の$x_b^{(g)}$と$x_b^{(l)}$ともに，気液相線に沿って増加する）。

相図において，共存する2相の点を結んだ線分（たとえば，図7.1中の線分PQ）を連結線（tie line）と呼ぶ。連結線を内分する点と相分離した2相の物質量との関係を表す式(7.19)を梃子の法則（lever rule）と呼ぶ。図7.1の横軸をx_bではなく重量分率で表すと，相分離した2相の重量の比に対して式(7.19)に対応する梃子の法則が成立する。これは，線分PQを梃子と見なし，点PとQにそれぞれ相分離した液相と気相の重量に等しいおもりをぶら下げ，点Oを支点に選ぶと釣り合うという類推に基づいて名付けられた。

なお，本節の初めに出てきた，溶質が不揮発性の化合物の場合には，式(7.15)において，$T_{B,b} \to \infty$とすると，$\lambda_b(T)$は無限大となり，式(7.17)より$x_b^{(g)} \to 0$となり，$x_b^{(l)} = 1 - x_a^{(l)}$は式(7.6)に漸近する。すなわち，図7.1における青の実線の傾きが無限大となり，液相と共存する気相は成分aのみを含むようになる。ただし，式(7.17)は理想溶液（式(7.12)）を仮定して導出されているので，たとえばショ糖水溶液の場合は，式(7.17)は希薄領域以外には使えないことに注意されたい。

7.3　固液平衡

次に，液相と固相が共存する場合を考えよう。たとえば1成分系では，1気圧の水（液体）が0℃にお

いて固体の氷と共存している状態が固液相平衡状態の例である。第4章の議論より，このときの相平衡
条件は，次式で与えられる。

$$\bar{G}_a^{\circ(s)}(T_{M,a}) = \bar{G}_a^{\circ(l)}(T_{M,a}) \tag{7.20}$$

ただし，水を成分aと見なし，水の（純状態での）融点（= 0℃）を $T_{M,a}$ で表す。上付きの (s) は固相に
関する物理量であることを示す。この水に水溶性の溶質成分b（たとえばショ糖）を少量溶かした希薄溶
液では，$T_{M,a}$ より低い融点 T_M において凍り始める。固相の氷には溶質分子は入り込めないので，液相と
固相が共存する条件は次式で与えられる。

$$\bar{G}_a^{\circ(s)} = \mu_a^{(l)} \tag{7.21}$$

溶液が希薄溶液であるので，$\mu_a^{(l)}$ に式(6.14)を利用すると，次式が得られる。

$$\ln x_a^{(l)} = \frac{\bar{G}_a^{\circ(s)}(T_M) - \bar{G}_a^{\circ(l)}(T_M)}{RT_M} \tag{7.22}$$

前節の気液平衡のときと同じ議論から次式が得られる。

$$\ln x_a^{(l)} = \frac{\Delta \bar{S}_{melt,a}^{\circ}}{R}\left(1 - \frac{T_{M,a}}{T_M}\right) \tag{7.23}$$

ただし，式(7.4)を利用し，$\Delta \bar{S}_{melt,a}^{\circ}$ は次式で与えられる溶媒成分のモル融解エントロピーである。

$$\Delta \bar{S}_{melt,a}^{\circ} \equiv \bar{S}_a^{\circ(l)}(T_{M,a}) - \bar{S}_a^{\circ(s)}(T_{M,a}) \tag{7.24}$$

式(7.6)から式(7.9)を導出したのと同様にして，式(7.23)は次のように書き換えられ，

$$T_M \approx T_{M,a}\left(1 + \frac{M_a R m_b}{\Delta \bar{S}_{melt,a}^{\circ}}\right)^{-1} \approx T_{M,a} - \frac{M_a R T_{M,a}}{\Delta \bar{S}_{melt,a}^{\circ}}m_b \tag{7.25}$$

高校の化学で出てきた凝固点降下の式が得られる。高校では，ある定数であるとしか習わなかったモル凝
固点降下 K_M は

$$K_M = \frac{M_a R T_{M,a}}{\Delta \bar{S}_{melt,a}^{\circ}} \tag{7.26}$$

と書け，溶質に関する物理量を含まず，溶媒に固有な定数であることがわかる。

たとえば，ベンゼン（成分a）とナフタレン（成分b）は，どちらも低温で結晶化し，かつ両者の混合
物は融点以上で近似的に理想溶液として振る舞う。この理想溶液は，低温でベンゼンあるいはナフタレン
の結晶相と共存する可能性があり，そのための条件式はそれぞれ次式で与えられる。

$$\bar{G}_a^{\circ(s)} = \mu_a^{(l)} = \bar{G}_a^{\circ(l)} + RT \ln x_a^{(l)}, \quad \bar{G}_b^{\circ(s)} = \mu_b^{(l)} = \bar{G}_b^{\circ(l)} + RT \ln x_b^{(l)} \tag{7.27}$$

ただし，理想溶液に対する式(6.10)を用いた。固相と液相に関する式(7.4)を利用すると，成分aとbの
固相と共存する溶液相の $x_a^{(l)}$ と $x_b^{(l)}$ は次のように表される。

$$x_a^{(l)} = \exp\left[\frac{\Delta \bar{S}_{melt,a}^{\circ}}{R}\left(1 - \frac{T_{M,a}}{T_M}\right)\right] \tag{7.28a}$$

$$x_b^{(l)} = \exp\left[\frac{\Delta \bar{S}_{melt,b}^{\circ}}{R}\left(1 - \frac{T_{M,b}}{T_M}\right)\right] \tag{7.28b}$$

式(7.28a)は，上で出てきたショ糖水溶液に対する式(7.23)と同じ式である。

図 7.2 には，式(7.28a) と (7.28b) より計算された固相と液相の共存組成曲線をそれぞれ黒の実線と青の実線で示す．ただし，$T_{M,a}$ と $\Delta\bar{S}^{\circ}_{\text{melt,a}}/R$ にはベンゼンに対する実測値 (6℃, 4.26)，$T_{M,b}$ と $\Delta\bar{S}^{\circ}_{\text{melt,b}}/R$ にはナフタレンに対する実測値（80℃, 6.50）を用いた（ベンゼンとナフタレンの純状態での相転移の特性値は，付録の表 B.1 参照）．このグラフも，ベンゼン-ナフタレン 2 成分系の相図と見なすことができ，黒と青の実線よりも上方の領域は液相 1 相領域，黒の実線と $x_b = 0$ の線で挟まれた領域はベンゼンの結晶とベンゼン-ナフタレン溶液が共存する 2

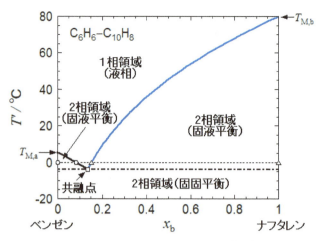

図 7.2　ベンゼン C_6H_6 －ナフタレン $C_{10}H_8$ 2 成分系の相図

相領域，そして青の実線と $x_b = 1$ の線で挟まれた領域はナフタレンの結晶とベンゼン-ナフタレン溶液が共存する 2 相領域である．たとえば，0℃では，前者の 2 相領域においては図中の丸印で示したベンゼンの結晶とベンゼン-ナフタレン溶液が共存し，後者の 2 相領域においては図中の三角印で示したベンゼン-ナフタレン溶液とナフタレンの結晶が共存する．

また，黒の実線と青の実線が交わる点（図中の四角印）では，ベンゼンとナフタレンの結晶と四角印で示す濃度の溶液の 3 相が共存する．この点を **共融点**（eutectic point）と呼ぶ．さらに，共融点の温度より低温側（図中の一点鎖線より下側）では，ベンゼンとナフタレンの二つの結晶が混在し，溶液相は存在しなくなる．

ショ糖水溶液も同様な相図を持つ．ただし，ショ糖水溶液は理想溶液ではなく，濃度が十分希薄でなければ，式(7.23) および式(7.28) は成立しない．式(6.16) より，非理想溶液に対する $\mu_b^{(l)}$ は次式で与えられる．

$$\mu_b^{(l)} = \mu_b^{0(l)} + RT\ln\left(f_b x_b^{(l)}\right) \tag{7.29}$$

よって，式(7.28b) の代わりに，次の相平衡条件式が得られる．

$$\bar{G}_b^{\circ(s)} = \mu_b^{(l)} = \mu_b^{0(l)} + RT\ln\left(f_b x_b^{(l)}\right) \rightarrow x_b^{(l)} = \frac{1}{f_b}\exp\left(\frac{\bar{G}_b^{\circ(s)} - \mu_b^{0(l)}}{RT}\right) \tag{7.30}$$

この式より，$\bar{G}_b^{\circ(s)}$ と $\mu_b^{0(l)}$ の温度依存性および f_b の温度・組成依存性が何らかの実験より求まれば，相図を理論的に描くことができる．

ショ糖水溶液の相図を図 7.3 に示す．図中の黒の実線で示す希薄領域における相境界は，水の凝固点降下を表す曲線で，式(7.23) を用いて計算した理論線である．これに対して，図中の青の実線は，水溶液が飽和してショ糖の結晶が析出し始める溶解度曲線を表している．式(7.30) を用いると理論的に計算できるが，式中のパラメータの温度・組成依存性が必要で，ここでは理論線ではなく，実験より求められた

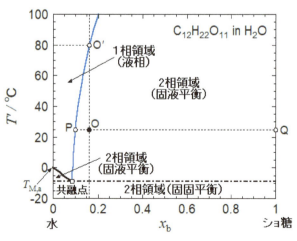

図 7.3　1 気圧下でのショ糖水溶液の相図

第 7 章　相平衡

溶解度曲線を示している。

　たとえば，図 7.3 中の点 O′ は，80℃でのショ糖の（モル分率で表した）溶解度が 0.16 であることを示している。この濃度のショ糖水溶液の温度を 25℃まで下げた点 O は，2 相領域に位置し，ショ糖の結晶が水溶液から析出する。析出したショ糖の結晶は図中の点 Q で表され，共存するショ糖の飽和水溶液は点 P で表される。点 P と Q におけるショ糖のモル分率をそれぞれ $x_b^{(l)}$ と $x_b^{(s)}$，共存する飽和水溶液とショ糖結晶に含まれる物質量（ショ糖と水の物質量の和）をそれぞれ $n^{(l)}$ と $n^{(s)}$ で表すと，式(7.19) に対応する梃子の法則を表す次式が成立する。

$$\frac{n^{(s)}}{n^{(l)}} = \frac{x_b - x_b^{(l)}}{x_b^{(s)} - x_b} = \frac{\overline{PO}}{\overline{OQ}} \tag{7.31}$$

（図 7.2 に示したベンゼン－ナフタレン 2 成分系の相図においても，左右両方の固液共存線に対して式(7.31) と同様な梃子の法則が成立する。）

　梃子の法則より，図 7.3 中の点 O′ では析出するショ糖の結晶量 $n^{(s)}$ はゼロであるが，点 O′ より冷却すると $n^{(s)}$ は増加する。ショ糖の結晶の屈折率は水溶液の屈折率より大きいので，点 O′ より冷却することで析出し始めるコロイド状のショ糖の微結晶が光を散乱し，溶液が白濁する。この白濁し始める点を曇点と呼び，様々な組成の溶液に対して曇点を求めると図 7.3 に示した溶解度曲線（青の実線）が実験的に描ける。したがって，溶解度曲線は曇点曲線とも呼ばれる。

　難溶性の塩は，水中にごくわずか溶けて，固液平衡に達する。たとえば，難溶性塩である塩化銀 AgCl は固相中ではイオン結晶として存在するが，水溶液中では Ag^+ と Cl^- にイオン化した状態で溶けている。すなわち，AgCl は固相から溶液相に移動する際に，次の可逆的な化学反応を起こしている。

$$AgCl(s) \rightleftharpoons Ag^+(aq) + Cl^-(aq) \tag{7.32}$$

（(s) は固相を表し，(aq) は各イオン成分が水溶液相中に存在することを表している。）

　化学平衡については，次章で取り扱うので，難溶性塩の水溶液における固液平衡についても次章（8.9 節）で述べる。

7.4　液液平衡

　正則溶液で，その化学ポテンシャルが式(6.12) で表される場合，式(6.12) 中のパラメータ B の値がある程度以上に大きく，成分 a と b の間の親和性が低くなると，濃度の異なる 2 種類の溶液相が共存する。これを，液液相分離と称する。共存する 2 種類の溶液相を α 相と β 相と名付けよう。すると，相平衡の条件は成分 a と b の両方において，α 相と β 相における化学ポテンシャルが等しいことで，次のように表される。

$$\mu_a^{(\alpha)} = \mu_a^{(\beta)}, \ \mu_b^{(\alpha)} = \mu_b^{(\beta)} \tag{7.33}$$

これらに式(6.12) を代入すると，$x_b^{(\alpha)}$ と $x_b^{(\beta)}$ に関する連立方程式が得られ，それを解くと共存する α 相と β 相の濃度を求めることができる。しかしながら，式(6.12) には x_a および x_b の対数関数が含まれており，連立方程式は解析的には解けない（もちろん，コンピュータを用いて数値的に式(7.33) の連立方程式を解くことはできる）。

　ここでは，ちょっと矛盾する条件ではあるが，式(6.12) において $\bar{G}_a^\circ = \bar{G}_b^\circ \ (\equiv \bar{G}^\circ)$ が成立する（化学構造がよく似ている）が B の値が大きい（親和性が低い）成分 a と b からなる 2 成分溶液を考える。このとき，式(6.12) は

第 1 部　熱力学　**69**

$$\mu_a = \bar{G}° + RT \ln x_a + B x_b^2, \quad \mu_b = \bar{G}° + RT \ln x_b + B x_a^2 \tag{7.34}$$

と書けて，μ_a と μ_b は $x_b = 0.5$ を中心線として左右対称となる（図7.4参照）。そして，$B/RT = 2.4$ のときの図7.4 に示すように，μ_a と μ_b の曲線は3点（$x_b = 0.17$，0.5，0.83 において）で交わり，左右対称性より図中に丸印で示す交点 $x_b = 0.17$ と 0.83 における μ_a と μ_b の値は等しい。すなわち，この $x_b = 0.17$ と 0.83 が連立方程式(7.33) の解となっている[注]。

相互作用の強さを表すパラメータ B/RT の値を変えながら，図7.4 と同様なグラフを描き，交点すなわち連立方程式(7.33) の解を求めると，図7.5 のような相図が得られる。ただし，縦軸は絶対温度 T に (R/B) を掛けた量でプロットしてある（通常の相図に直すためには，縦軸に (B/R) を掛ければよい）。たとえば $(R/B)T = 0.4$ のときは，図7.5 に丸印で示す二つの溶液相が共存し，丸印を結んだ線分 PQ が連結線である。共存相の点を結んだ図中の実線の上側が1相領域，下側が2相領域を表す。また，同図中に四角印で示した点は臨界点と呼ばれ，その臨界点温度以上 $[(R/B)T > 0.5]$ では任意の濃度で二種類の液体は混じり合う。さらに，臨界点では共存する2相の濃度が一致する極限で，1相状態であるが濃度のゆらぎが大きく，溶液は強く光を散乱させて（臨界タンパク光）かすかに濁って見える。なお，図7.5 とよく似た相図を示す系として，ヘキサン（C_6H_{14}）－ニトロベンゼン（$C_6H_5NO_2$）やメタノール（CH_3OH）－シクロヘキサン（C_6H_{12}）などの2成分溶液がある（第12章の図12.5 参照）。

相図中の点 O で示す溶液は，点 P で表される α 相（希薄相）と点 Q で表される β 相（濃厚相）に相分離するが，そのときに相分離した α 相と β 相に含まれる物質量（成分 a と b の和）を，それぞれ $n^{(\alpha)}$ と $n^{(\beta)}$ で表すと，式(7.19) に対応する梃子の法則は次式で与えられる。

$$\frac{n^{(\beta)}}{n^{(\alpha)}} = \frac{x_b - x_b^{(\alpha)}}{x_b^{(\beta)} - x_b} = \frac{\overline{PO}}{\overline{OQ}} \tag{7.35}$$

前節で述べたショ糖水溶液と同様に，1相領域にある希薄溶液の温度を下げていくと，ある温度で図7.5 中の太い実線と交わり，それより低温にすると，濃厚相が出現し始める。希薄相と濃厚相との屈折率は一般に異なるので，出現したコロイド状の濃厚相が光を散乱し，溶液が白濁する。様々な組成の溶液に対して曇点を

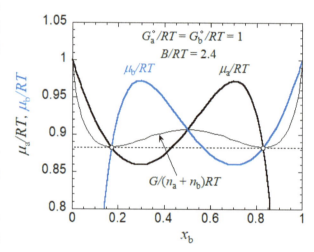

図7.4 ある正則溶液の化学ポテンシャル

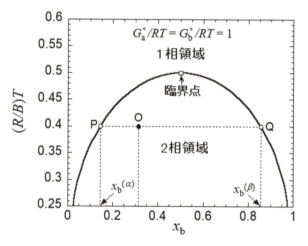

図7.5 式(6.12) が成立する正則溶液の相図

[注] 図7.4 の交点 $x_b = 0.17$ と 0.83 は，図7.4 に細い実線で示すこの2成分溶液のモルギブズエネルギー $G/(n_a + n_b)$ の共通接線（図中の点線で示す）の接点と一致するので，$G/(n_a + n_b)$ 対 x_b の曲線について共通接線を引いて連立方程式(7.33) の $x_b^{(\alpha)}$ と $x_b^{(\beta)}$ に関する解を求めることもできる。この連立方程式のグラフによる解法は，$\bar{G}_a° \neq \bar{G}_b°$ の場合にも使える。

求めると図7.5に示した太い実線（曇点曲線）が実験的に描ける。この太い実線は，共存曲線あるいはバイノーダル曲線とも呼ばれる。

少し複雑になるが，成分aとbとcを含む3成分系で起こる液液相分離について考えよう。たとえば，アセトン（CH₃-CO-CH₃）とエチレングリコール（HO-CH₂-CH₂-OH）とシクロヘキサン（C₆H₁₂）の3成分系の27℃における相図（三角相図）は，図7.6で与えられる。三角形の3頂点が純粋なアセトンとエチレングリコールとシクロヘキサンに対応し，左側，底，右側の3辺がそれぞれアセトン－エチレングリコール，エチレン

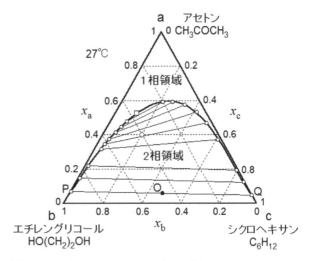

図7.6 アセトン CH₃COCH₃ －エチレングリコール HO(CH₂)₂OH －シクロヘキサン C₆H₁₂ 3成分系の相図

グリコール－シクロヘキサン，およびアセトン－シクロヘキサンの2成分系に対応する。アセトンを成分a，エチレングリコールを成分b，シクロヘキサンを成分cとすると，左側辺，底辺，右側辺に記した数字が，それぞれモル分率 x_a, x_b, x_c の値を示す。たとえば，図7.6中の菱形印で示す3成分系溶液の組成は，$x_a = 0.4$, $x_b = 0.4$, $x_c = 0.2$ である。

中間的な極性を持つアセトンは，極性のエチレングリコールも非極性のシクロヘキサンも溶かすことができるが，エチレングリコールとシクロヘキサンはほとんど混ざり合わない。図7.6の三角相図中の実線は1相領域と2相領域の相境界を示している。三角形の底辺に近い組成の溶液は相分離しているが，共通溶媒であるアセトンの含量を増やしていくと（三角形の上方に移動していくと），そのうち均一な1相状態になる。図中の細い実線の線分は連結線を表し，各線分の両端の（相境界線上の）二つの丸印で示す2相が共存する[注]。また，図中の四角印はこの3成分系の27℃における臨界点（液液相分離した2相の組成が等しくなる点）を表す。図7.5に示した2成分系の相図では，圧力を与えれば，臨界点の温度と組成が一義的に決まるが，3成分系の相図では，圧力を与えても，臨界点の温度と組成は一義的には決まらず，温度を27℃から変化させると，臨界組成も変化する（図7.6には示されていないが）。

圧力と温度が一定の条件下で，3成分系溶液中での成分a，b，cの化学ポテンシャルは，成分bとcのモル分率 x_b と x_c の関数と見なせる。いま，図7.6の点Pで示すような x_b が臨界組成より小さい相（x_c が臨界組成より大きい相）を α 相，点Qで示すような x_b が臨界組成より大きい相（x_c が臨界組成より小さい相）を β 相とすると，α 相の化学ポテンシャル $\mu_a^{(\alpha)}$, $\mu_b^{(\alpha)}$, $\mu_c^{(\alpha)}$ は $x_b^{(\alpha)}$ と $x_c^{(\alpha)}$ の関数，β 相の化学ポテンシャル $\mu_a^{(\beta)}$, $\mu_b^{(\beta)}$, $\mu_c^{(\beta)}$ は $x_b^{(\beta)}$ と $x_c^{(\beta)}$ の関数と見なせる。α 相と β 相が共存する条件は，次式で与えられる。

$$\mu_a^{(\alpha)} = \mu_a^{(\beta)}, \quad \mu_b^{(\alpha)} = \mu_b^{(\beta)}, \quad \mu_c^{(\alpha)} = \mu_c^{(\beta)} \tag{7.36}$$

いま，$x_b^{(\alpha)}$ にある値を与えると，式(7.36)は $x_c^{(\alpha)}$, $x_b^{(\beta)}$, $x_c^{(\beta)}$ を未知数とする3元連立方程式と見なせ，これを解くと与えられた $x_b^{(\alpha)}$ の値ごとに $x_c^{(\alpha)}$, $x_b^{(\beta)}$, $x_c^{(\beta)}$ の値が決まる。すなわち，図7.6中の点Pと

[注] たとえば，相分離前の3成分溶液の組成が図7.6中の黒丸（点O）で与えられると，27℃では点PとQで指定される2相（α 相と β 相）に相分離し，α 相と β 相に含まれる物質量（成分a, b, cの総和）$n^{(\alpha)}$ と $n^{(\beta)}$ に対しては，やはり梃子の法則が成り立つ。

$$\frac{n^{(\beta)}}{n^{(\alpha)}} = \frac{x_b - x_b^{(\alpha)}}{x_b^{(\beta)} - x_b} = \frac{x_c - x_c^{(\alpha)}}{x_c^{(\beta)} - x_c} = \frac{\overline{PO}}{\overline{OQ}}$$

Q の軌跡として相境界曲線（図中の実線）が得られる。ただしここでは，図7.6 に示す 3 成分系の具体的な相境界曲線の計算は行わない。

図7.6 中の黒丸で示す点 O の 3 成分溶液は，白丸で示す点 P と Q の 2 相に相分離する。点 P の相（α 相）はエチレングリコール（成分 b）を溶媒とするアセトン（成分 a）とシクロヘキサン（成分 c）の希薄溶液，点 Q の相（β 相）はシクロヘキサンを溶媒とするアセトンとエチレングリコールの希薄溶液と見なすことができる。そこで，これらの相に対する各成分の化学ポテンシャルを次式で表す（式(6.14)参照：$x_{\mathrm{a}}^{(\alpha)}, x_{\mathrm{c}}^{(\alpha)}, x_{\mathrm{a}}^{(\beta)}, x_{\mathrm{b}}^{(\beta)} \ll 1$）。

$$\mu_{\mathrm{a}}^{(\alpha)} = \mu_{\mathrm{a}}^{0(\alpha)} + RT \ln x_{\mathrm{a}}^{(\alpha)}, \ \ \mu_{\mathrm{b}}^{(\alpha)} = \bar{G}_{\mathrm{b}}^{\circ} + RT \ln x_{\mathrm{b}}^{(\alpha)}, \ \ \mu_{\mathrm{c}}^{(\alpha)} = \mu_{\mathrm{c}}^{0(\alpha)} + RT \ln x_{\mathrm{c}}^{(\alpha)} \tag{7.37a}$$

$$\mu_{\mathrm{a}}^{(\beta)} = \mu_{\mathrm{a}}^{0(\beta)} + RT \ln x_{\mathrm{a}}^{(\beta)}, \ \ \mu_{\mathrm{b}}^{(\beta)} = \mu_{\mathrm{b}}^{0(\beta)} + RT \ln x_{\mathrm{b}}^{(\beta)}, \ \ \mu_{\mathrm{c}}^{(\beta)} = \bar{G}_{\mathrm{c}}^{\circ} + RT \ln x_{\mathrm{c}}^{(\beta)} \tag{7.37b}$$

式(7.36) の最初の式に式(7.37a, b) の最初の式を代入すると，アセトン（成分 a）のエチレングリコール相（α 相）とシクロヘキサン相（β 相）中に溶解しているモル分率の比は，次のように書ける。

$$\frac{x_{\mathrm{a}}^{(\alpha)}}{x_{\mathrm{a}}^{(\beta)}} = \exp\left(-\frac{\mu_{\mathrm{a}}^{0(\alpha)} - \mu_{\mathrm{a}}^{0(\beta)}}{RT}\right) \tag{7.38}$$

ただし，標準化学ポテンシャル $\mu_{\mathrm{a}}^{0(\alpha)}$，$\mu_{\mathrm{a}}^{0(\beta)}$ は，式(6.17) を 3 成分系に拡張して次式で定義され，溶液の組成には依存しない：

$$\mu_{\mathrm{a}}^{0(\alpha)} \equiv \lim_{x_{\mathrm{b}} \to 1}\left(\mu_{\mathrm{a}}^{(\alpha)} - RT \ln x_{\mathrm{a}}^{(\alpha)}\right), \ \ \mu_{\mathrm{a}}^{0(\beta)} \equiv \lim_{x_{\mathrm{c}} \to 1}\left(\mu_{\mathrm{a}}^{(\beta)} - RT \ln x_{\mathrm{a}}^{(\beta)}\right) \tag{7.39}$$

よって，式(7.38) の右辺は，式(7.37a,b) が成立する範囲内では，両相の組成には依存しない。

分配係数 K_{D} は，通常相分離している溶媒の α 相と β 相に溶解している溶質成分 a のモル濃度（それぞれ $[\mathrm{a}]^{(\alpha)}$ と $[\mathrm{a}]^{(\beta)}$）の比として定義される（この系では，溶質成分を a としていることに注意）。希薄溶液の場合，モル分率とモル濃度との間には，式(5.15) の近似が成立する。したがって，式(7.38) を利用すると，分配係数 K_{D} は次式で与えられる。

$$K_{\mathrm{D}} \equiv \frac{[\mathrm{a}]^{(\alpha)}}{[\mathrm{a}]^{(\beta)}} = \frac{\bar{V}_{\mathrm{c}}^{\circ} x_{\mathrm{a}}^{(\alpha)}}{\bar{V}_{\mathrm{b}}^{\circ} x_{\mathrm{a}}^{(\beta)}} = \frac{\bar{V}_{\mathrm{c}}^{\circ}}{\bar{V}_{\mathrm{b}}^{\circ}} \exp\left(-\frac{\mu_{\mathrm{a}}^{0(\alpha)} - \mu_{\mathrm{a}}^{0(\beta)}}{RT}\right) \tag{7.40}$$

ここで，$\bar{V}_{\mathrm{b}}^{\circ}$ と $\bar{V}_{\mathrm{c}}^{\circ}$ はそれぞれ純成分 b と c のモル体積を表す。混合溶媒であるエチレングリコール（成分 b）とシクロヘキサン（成分 c）の相分離混合物に対する 27℃ でのアセトン（成分 a）の分配係数は，図7.6 中の点 P と Q の組成から式(7.40) の第 3 辺を使い，$K_{\mathrm{D}} = 0.35_5$ となる。

上の分配平衡は，抽出法による物質の精製に利用される。その際，K_{D} の値が 1 よりずれる抽出溶媒ほど効率的に抽出が行える。

7.5　相律

第 1 章において，1 成分・均一系の自由度 f_{G} が 2 であることを述べた。たとえば，1 成分・均一系である理想気体では，系の P と T を指定すれば，系の V は式(1.5) で与えられる理想気体の状態方程式により一義的に決まる。系が液体や固体の場合であっても，やはり P と T を与えれば系の状態は一義的に決まり，系の状態を一義的に決めるのに必要な状態量の数（あるいは，観測者が自由に変えうる状態量の数）は 2 である。

また，第 4 章の 4.5 節で述べたように，1 気圧下，液体の水と気体の水蒸気は 100℃ で共存し，固体の氷と液体の水は 0℃ で共存する。すなわち，1 成分系において，ある圧力下で異なる 2 相が共存する相平

72　第 7 章　相平衡

衡状態が実現するためには，T をある値に規定する必要がある。数学的には，2相が共存する条件は，P と T の関数である2相のモルギブズエネルギーが等しいことである。式 (4.23) や (4.25) で与えられる相平衡条件式は，P と T を関係づける方程式で，P を与えれば T は一義的に決まる。すなわち，2相平衡状態の1成分系の状態は，たとえば P を与えれば一義的に決まり，自由度 f_G は1となる。図 4.6 に示した水の相図中の三重点では，氷と水と水蒸気の3相が共存しており，式 (4.32) で与えられるように相平衡条件式は二つとなり，自由度 f_G はさらに減って0となる。三重点は，相図上の1点で与えられ，P も T も一義的に決めなければ3相平衡は実現しない。

均一な2成分系の状態は，P と T と x_b で決まり，$f_G = 3$ である。これに対して，成分 a と b を含む2成分系における気液平衡，固液平衡，液液平衡は，平衡にある相の各成分の化学ポテンシャルが等しくなければならない。2相平衡系の状態は，P と T と2相の組成（モル分率 $x_b^{(\alpha)}$，$x_b^{(\beta)}$）で規定されるが，式 (7.11)，(7.27)，(7.33) のような相平衡条件式により，たとえば P と T を与えれば，共存する2相の組成 $(x_b^{(\alpha)}, x_b^{(\beta)})$ は一義的に決まり，$f_G = 2$ となる（共存する2相の物質量比は，相分離前の系の物質量に依存するが，1.3節で述べたように系の物質量は状態量とは見なさないので，2相の物質量比は自由度に含めない）。

7.4節では，成分 a と b と c を含む3成分系における液液平衡についても議論した。3成分系の状態は，P と T と x_b と x_c で規定され，均一状態では $f_G = 4$ であるが，式 (7.36) で与えられるような2相平衡条件式はこの自由度を一つ減らし，$f_G = 3$ となる。

一般に，r 成分系で共存する相の数が p の場合，系の自由度 f_G は次の式で与えられる。

$$f_G = 2 + r - p \tag{7.41}$$

この関係式を**相律**（phase rule）と呼ぶ。上述のように水の三重点では $f_G = 0$ であるが，自然界に存在する水分子には ^{1}H と ^{16}O 以外の同位体からなる水分子も微量に含まれ，同位体の構成割合によって，三重点は変化する（通常は無視されるが）。H_2O と重水 D_2O の物理的・化学的性質はよく似ているが，それでも D_2O の融点は $3.8°C$ で，H_2O のそれよりも少し高い。また，図 7.6 のような3成分系の相図において，組成が異なる3種類の液相が共存する三角形の3相領域が現れることがある（図 7.6 の系では起こらないが）。このとき，式 (7.41) より $f_G = 2$ となる。P と T を与えると，共存する3相の組成は三角形の3相領域の3頂点で与えられ，一義的に決まる。

7.6 相平衡の圧力依存性

第4章の4.5節では，水や二酸化炭素などの1成分系における相平衡の圧力 P 依存性を議論した。これに対して，第7章のこれまでは，P を1気圧に固定して議論してきたが，もちろん多成分系における相平衡も P に依存する。特に，気相が関係する相平衡は P に敏感である。ここでは，2成分系の気液平衡の圧力依存性および浸透圧について調べてみよう。簡単のために，本節では温度 T は一定（25°C）とする。

図 7.7 に示すようなピストン付き円筒容器に入っている 25°C の2成分系における気液平衡を考える。簡単のために，図 7.1 で議論したように，気相は理想混合気体，液相は理想溶液とする（たとえば，ベンゼンとトルエンの2成分系を想定

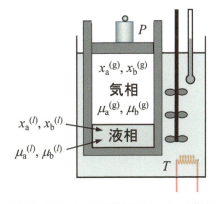

図 7.7 ピストン付き円筒容器に入っている気液平衡にある2成分系

する）。すると，相平衡条件式は式(7.11)で与えられる。気相と液相中に存在する高沸点成分bのモル分率，それぞれ $x_b^{(g)}$ と $x_b^{(l)}$ は，7.2節と同様の議論により次式で表される。

$$x_b^{(g)} = \frac{e^{\lambda_a} - 1}{e^{\lambda_a} - e^{\lambda_b}}, \quad x_b^{(l)} = \frac{1 - e^{-\lambda_a}}{e^{-\lambda_b} - e^{-\lambda_a}} \tag{7.42}$$

ここで，λ_a と λ_b は式(7.13)で与えられる。再掲すると

$$\lambda_a \equiv \frac{\bar{G}_a^{\circ(g)} - \bar{G}_a^{\circ(l)}}{RT}, \quad \lambda_b \equiv \frac{\bar{G}_b^{\circ(g)} - \bar{G}_b^{\circ(l)}}{RT} \tag{7.43}$$

第4章の式(4.11)より，$\bar{G}_a^{(g)}$ と $\bar{G}_b^{(g)}$ について次式が得られる（温度一定の条件下）。

$$\bar{G}_a^{\circ(g)}(P) = \bar{G}_a^{\circ(g)}(P_{\text{vap,a}}) + RT \ln\left(\frac{P}{P_{\text{vap,a}}}\right), \quad \bar{G}_b^{\circ(g)}(P) = \bar{G}_b^{\circ(g)}(P_{\text{vap,b}}) + RT \ln\left(\frac{P}{P_{\text{vap,b}}}\right) \tag{7.44}$$

ただし，$P_{\text{vap,a}}$ と $P_{\text{vap,b}}$ はそれぞれ純成分aとbの25℃における蒸気圧を表す。他方，液体状態の $\bar{G}_a^{(l)}$ と $\bar{G}_b^{(l)}$ については圧力依存性が気体状態に比べて弱いので，それらの圧力依存性を無視すると，式(7.43)と(7.44)より，次の式が成立する。

$$e^{-\lambda_a(P)} = \frac{e^{-\lambda_a(P_{\text{vap,a}})}}{P} P_{\text{vap,a}}, \quad e^{-\lambda_b(P)} = \frac{e^{-\lambda_b(P_{\text{vap,b}})}}{P} P_{\text{vap,b}} \tag{7.45}$$

さらに，純成分aとbは，それぞれ P が $P_{\text{vap,a}}$ と $P_{\text{vap,b}}$ のときに気液平衡にあり（蒸気圧とは，気相と液相が相平衡にあるときの P），$\bar{G}_a^{(g)}(P_{\text{vap,a}}) = \bar{G}_a^{(l)}(P_{\text{vap,a}})$ と $\bar{G}_b^{(g)}(P_{\text{vap,b}}) = \bar{G}_b^{(l)}(P_{\text{vap,b}})$ が成立するので，式(7.43)の定義式より

$$\lambda_a(P_{\text{vap,a}}) = \lambda_b(P_{\text{vap,b}}) = 0 \tag{7.46}$$

となり，式(7.45)と(7.46)を式(7.42)に代入すると，次の関係式が得られる。

$$x_b^{(g)}(P) = \frac{P_{\text{vap,a}}^{-1} - P^{-1}}{P_{\text{vap,a}}^{-1} - P_{\text{vap,b}}^{-1}}, \quad x_b^{(l)}(P) = \frac{P - P_{\text{vap,a}}}{P_{\text{vap,b}} - P_{\text{vap,a}}} \tag{7.47}$$

図7.8には，ベンゼンを低沸点成分a，トルエンを高沸点成分bに選んだときの，圧力 P 対組成 x_b の相図を式(7.47)に基づいて計算した結果を示す。ただし，ベンゼンとトルエンの25℃における蒸気圧を，それぞれ $P_{\text{vap,a}} = 1.27 \times 10^4$ Pa，$P_{\text{vap,b}} = 0.379 \times 10^4$ Pa として計算した。式(7.47)からもわかるように，図中の黒の実線で示す液相線（P 対 $x_b^{(l)}$ の曲線）は直線になるのに対して，図中の青の実線で示す気相線（P 対 $x_b^{(g)}$ の曲線）は下に凸の曲線となっている。黒の実線より上側が液相1相の安定領域，青の実線より下側が気相1相の安定領域で，両者に挟まれた領域が液相と気相が共存する2相領域である。ベンゼン-トルエン2成分系の圧力を1気圧（1.013×10^5 Pa）から減圧していくと（相図上では，液相1相領域にある点が下に移動すると），黒の実線と交わると気相が現れ始め，青の実線と交わると液相がすべて気相になる。2相共存領域では，図7.1と同様の梃子の法則が成立する。

次に，気体の液体への溶解度の圧力依存性

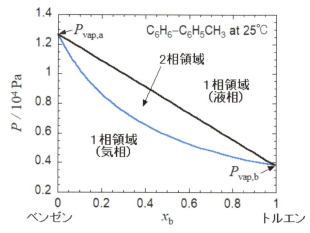

図7.8 ベンゼン C_6H_6 -トルエン $C_6H_5CH_3$ 2成分系の相図（圧力依存性）

を考えよう。液体成分を a，気体成分を b とすると，$P_{\text{vap,a}} \ll P_{\text{vap,b}}$ となる。一般に気体成分の液体への溶解度は高くないので，液相を気体成分の希薄溶液と見なす。液相は理想溶液としては振る舞わないかもしれないが，希薄溶液に対する化学ポテンシャルは式(6.14)で表される。その式を利用すると，式(7.43)中の λ_b を

$$\lambda'_b \equiv \frac{\bar{G}_b^{\circ(g)} - \mu_b^{\circ(l)}}{RT} \tag{7.48}$$

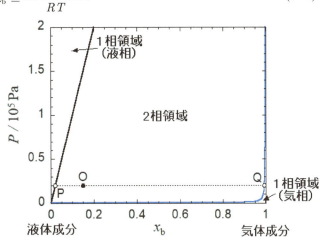

図 7.9 気体成分と液体成分の混合物の相図（圧力依存性）

で置き換えると，上述の理想溶液の場合と同様の議論が行えて，最終的にはやはり式(7.47)が成立する。ただし，$x_b^{(l)}(P)$ に関する式は希薄領域でしか成り立たない。図 7.9 には，$P_{\text{vap,a}} = 1 \times 10^2$ Pa，$P_{\text{vap,b}} = 1 \times 10^6$ Pa を式(7.47)に代入して計算した液相線（黒の直線）と気相線（青の曲線）を示す。気液共存領域は広く，点 O で示す混合物では，点 P で示すわずかに気体成分が溶けた溶液と点 Q で示すほとんど気体成分だけを含む気相が共存している。系の圧力 P を増加させると，点 O は上方に移動し，共存する溶液中に溶けた気体成分 b のモル分率 $x_b^{(l)}$ は黒の直線に沿って増加する。$P \gg P_{\text{vap,a}}$ ならば式(7.47)の後ろの式より，気体の溶解度 $x_b^{(l)}$ は P に比例して増加する。これを**ヘンリーの法則**（Henry's law）という。ただし，この法則は $x_b^{(l)} \ll 1$ の条件下でのみ成立する。

ヘンリーの法則は，通常次の式で表される。

$$P = K_H^{(x)} x_b^{(l)}(P) = K_H^{(C)} C_b^{(l)}(P) \tag{7.49}$$

ここで，$K_H^{(x)}$ と $K_H^{(C)}$ は，モル分率基準とモル体積基準のヘンリー係数である（$K_H^{(x)}$ については，図 7.9 における黒の直線の傾きに対応する）。式(5.15)を利用すると，次の関係が得られる。

$$K_H^{(C)} \equiv K_H^{(x)} \bar{V}_a^{\circ} \tag{7.50}$$

ただし，$\bar{V}_a^{\circ}$ は溶媒のモル体積を表す。

様々な気体について溶解度の圧力依存性が実験により調べられており，ヘンリー係数が求められている。表 7.1 には，いくつかの気体の水に対するヘンリー係数を掲げる。

表 7.1 様々な気体の水に対するヘンリー係数（25°C）

気体	H_2	N_2	O_2	CH_4
$K_H^{(x)}/10^5$ Pa	71.1	86.7	44.0	41.9
$K_H^{(C)}/10^5$ Pa·L/mol	1.28	1.56	0.790	0.753

気象学において，大気中の水蒸気の分圧を，水の飽和蒸気圧と呼ぶ。これは，地表に存在する液体の水（わずかに空気が溶けた）と気相中の水蒸気が気液平衡にある状態での気相中の水蒸気の分圧（あるいはモル濃度）に着目しており，上のヘンリーの法則と類似の議論が行える（ただし，溶質成分の液相中での組成ではなく，溶媒成分の気相中での組成に着目）。気温が T で1気圧（$= P^*$）の大気中における水に関

する気液平衡の条件式は，次のように書ける．

$$\bar{G}_a^{\circ(l)} + RT\ln x_a^{(l)} = \bar{G}_a^{\circ(g)} + RT\ln(P_a/P^*) = \bar{G}_a^{\circ(g)} + RT\ln x_a^{(g)} \tag{7.51}$$

ここで，水を成分 a とし，$x_a^{(l)}$ と $x_a^{(g)}$ はそれぞれ液相と気相中の水のモル分率，P_a は水の分圧を表す．第1辺は式(6.14) を利用し，第3辺にはドルトンの分圧の法則を用いた．この式より直ちに次式が得られる．

$$\frac{x_a^{(g)}}{x_a^{(l)}} \approx x_a^{(g)} = \exp\left(\frac{\bar{G}_a^{\circ(l)} - \bar{G}_a^{\circ(g)}}{RT}\right) \tag{7.52}$$

ただし，水への空気の溶解度は小さいので，$x_a^{(l)} \approx 1$ とした．

空気と水の混合系に対する上式(7.52) は，4.5節で述べた，1成分系の水の気液共存線を表す式(4.29)（以下に再掲）と等価であることが示せる[注]．

$$\frac{P}{P^*} = \exp\left[-\frac{\Delta \bar{H}_{vap}}{R}\left(\frac{1}{T} - \frac{1}{T_{B,0}}\right)\right] = \exp\left[-\frac{\Delta \bar{S}_{vap}}{RT}(T_{B,0} - T)\right] \tag{7.53}$$

ただし，$T_{B,0}$ は水の沸点，$\Delta \bar{S}_{vap}$ は水の蒸発エントロピーを表す．式(7.53)（すなわち式(4.29)）より，図 4.6 の黒の実線が得られたが，縦軸を水蒸気の分圧 $x_a^{(g)}P^*$ と見なすと，式(7.52) からも同一の曲線が得られる．したがって，一般に1成分系において液体と気液平衡にある気体の圧力（蒸気圧）は，その液体の空気中での飽和蒸気圧と同意語として用いられる．

最後に，溶液と溶媒を半透膜で挟んで接触させたときの浸透圧について考える．ここで，半透膜とは，溶媒は透過させるが，溶質は透過させない膜のことで，用途に応じてセロファン（再生セルロース），酢酸セルロース，高分子電解質などの材質で製造され，また生体の細胞膜も半透膜である．この半透膜を，図 7.10 に断面図を示すガラス容器の溶液室と溶媒室の間に挟み，両室に溶液と溶媒を注入する（実際には，溶液－溶媒室間には圧力差が生じるので，半透膜を支える支持板が必要）．半透膜は，溶質を通さないので，液液平衡ではないが濃度が違う溶液と溶媒が平衡状態にある．これを浸透平衡（osmotic equilinrium）といい，溶媒成分 a に関して次の平衡条件が成立する（上付きの添え字 (soln) と (solv) は，それぞれ溶液相と溶媒相に関する状態量であることを示す）．

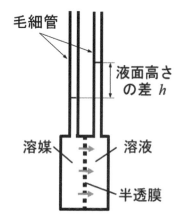

図 7.10 浸透圧を測定する容器断面の概略図

$$\bar{G}_a^{\circ(solv)} = \mu_a^{(soln)} \tag{7.54}$$

溶質成分に関しては，半透膜の存在により，両相間の化学ポテンシャルが等しい必要はない．

溶液中の溶質成分 b の濃度が希薄だとすると，式(6.14) より $\mu_a^{(soln)}$ は次のように書け，

[注] 式 (4.26) より，圧力一定の条件下では，次の全微分式が成立し，

$$\Delta \bar{S}_{vap} dT = \bar{S}^{(g)} dT - \bar{S}^{(l)} dT = d\bar{G}^{(l)} - d\bar{G}^{(g)} \tag{7.N1}$$

これを T から $T_{B,0}$ まで積分すると，次式が得られる $[\bar{G}^{(l)}(T_{B,0}) = \bar{G}^{(g)}(T_{B,0})]$．

$$\Delta \bar{S}_{vap}(T_{B,0} - T) = -\bar{G}^{(l)}(T) + \bar{G}^{(g)}(T) \tag{7.N2}$$

これを式 (7.53) に代入すると，式 (7.52) と一致する（空気中の水蒸気の分圧 $x_a^{(g)}P^*$ を，水の1成分系の圧力 P と対応させる）．

$$\mu_{\mathrm{a}}^{(\mathrm{soln})} = \bar{G}_{\mathrm{a}}^{\circ(\mathrm{solv})} + RT \ln x_{\mathrm{a}}^{(\mathrm{soln})} \tag{7.55}$$

($x_{\mathrm{a}}^{(\mathrm{soln})}$ は，溶液中での溶媒成分 a のモル分率），式(7.54) を成立させるには，両相間に圧力差をつける必要がある。すなわち

$$\bar{G}_{\mathrm{a}}^{\circ(\mathrm{solv})}(P^*) = \bar{G}_{\mathrm{a}}^{\circ(\mathrm{solv})}(P^* + \Pi) + RT \ln x_{\mathrm{a}}^{(\mathrm{soln})} \tag{7.56}$$

ただし，溶媒相の圧力は標準圧力 P^* とし，Π は浸透圧を表す（図 7.10 において，溶液室側と溶媒室側の毛細管内の液中の高さの差 h に溶液の密度と重力加速度を掛けたものが Π に等しい）。ギブズエネルギーの圧力依存性を表す式(4.8) を利用すると，純溶媒をモル体積を $\bar{V}_{\mathrm{a}}^{\circ}$ として，

$$\bar{G}_{\mathrm{a}}^{\circ(\mathrm{solv})}(P^* + \Pi) = \bar{G}_{\mathrm{a}}^{\circ(\mathrm{solv})}(P^*) + \bar{V}_{\mathrm{a}}^{\circ}\Pi \tag{7.57}$$

が成立する。これを式(7.56) に代入すると，次式が得られる。

$$\Pi = -\frac{RT}{\bar{V}_{\mathrm{a}}^{\circ}} \ln x_{\mathrm{a}}^{(\mathrm{soln})} = -\frac{RT}{\bar{V}_{\mathrm{a}}^{\circ}} \ln\left(1 - x_{\mathrm{b}}^{(\mathrm{soln})}\right) \approx \frac{RT}{M_{\mathrm{b}}} c_{\mathrm{b}}^{(\mathrm{soln})} \tag{7.58}$$

ただし，最後の式には式(5.15) を利用した（M_{b} は成分 b のモル質量，$c_{\mathrm{b}}^{(\mathrm{soln})}$ は成分 b の溶液中での質量濃度を表す）。最後の式はファント・ホッフの式と呼ばれ，溶質の分子量測定に用いられる。

第8章　化学平衡

8.1　はじめに

　化学に興味のある方の多くは，化学反応にもっとも興味をお持ちではないかと思われる。その意味では，本書のこれまでの章で，ほとんど化学反応に触れてこなかったことに不満を持たれているのではないかと恐れている。化学反応が起こる系では反応物と生成物が存在し，必ず多成分系となり，第4章までは取り上げられなかった。また，第5章以降で取り扱った多成分系の熱力学でも，化学反応系では構成成分の物質量（あるいは濃度）が変化して（各成分に関する物質保存則が成立せず）熱力学的な議論が複雑となるために，本章までその詳細な議論を控えてきた。化学反応にご興味のある読者には，ようやくたどり着いたかという感があるかと思われる。

　しかしながら，本章で具体的に取り上げるのは単純な化学反応にとどまる。より複雑な化学反応については，それぞれの分野の教科書を読んでいただくしかないが，少なくとも他の教科書を読む際に必要な熱力学の基礎知識については，本章で提供されている。また，本章では熱力学が適用できる平衡状態にある化学反応系に議論が限定され，化学反応速度論については議論しない。化学反応は，しばしば触媒などを用いなければ進行しないが，ここではあくまでも反応が進行して化学平衡状態に達したと仮定した議論になることを，予めご了解願いたい。

　化学反応の起こる系において，反応物と生成物の各成分がどのような相に存在しているかは非常に重要である。化学平衡においても，各成分の化学ポテンシャルが主役を演じるが，その化学ポテンシャルの表式はその成分がどの相にあるかによって決まるからである。前章では，気体状態，液体状態，固体状態の状態量を，それぞれ上付きの添え字(g), (l), (s)で表したが，本章では化学式あるいは状態量の後に（上付き添え字ではなく）(g), (l), (s)をつけて表す（ただし，化学平衡の温度・圧力依存性を議論する**8.5節**のみは，状態量の後には独立変数の T, P（イタリック）を括弧つきで示しており，状態を表す添え字（ローマン）と混同されないように注意されたい）。

　化学反応が起こる系において，反応物と生成物が異なった相に存在することがしばしばある。たとえば，水素の燃焼反応では，反応物の水素と酸素は気体，生成物の水は（常温常圧では）液体である。このような不均一な系で起こる化学反応は，相平衡と化学平衡の両方を考慮しなければならず，議論が複雑になることがある。本章では，**8.9節**でのみそのような場合（水素の燃焼反応）を取り上げる。複雑な議論となることを予め覚悟してお読みいただきたい。

8.2　気相反応における化学平衡の法則

　まず，反応物質も生成物質も気体である気相反応について考えよう。たとえば，常温・常圧で気体である水素 H_2 と塩素 Cl_2 は，次の反応によってやはり常温・常圧で気体である塩化水素 HCl を生成する。

$$H_2(g) + Cl_2(g) \rightleftharpoons 2HCl(g) \tag{8.1}$$

実際には，常温・常圧で気体の H_2 と Cl_2 を混ぜただけでは反応は起こらず，たとえば混合気体に光を照

第1部　熱力学　79

射することにより爆発的に反応が進む。混合気体中で HCl 分子が生成されるには，H_2 分子と Cl_2 分子が衝突し，両分子中の H 原子と Cl 原子の結合が組み替わる必要がある（実際の H_2 と Cl_2 の反応では，複数の反応経路を経て起こる）。しかしながら，その結合の組み替わる途中の状態は熱力学的に不安定な高エネルギー状態（活性化状態，遷移状態）であり，常温・常圧ではほとんど出現しない。そこに，光を照射すると，光から供給されたエネルギーにより活性化状態をとりやすくなり，HCl 分子が生成される。

初めにも述べたように，本書では熱力学的平衡状態のみを取り扱うので，化学反応途中における活性化状態については議論しない。この反応における光の照射のような反応を進める条件は常に与えられているという設定で，式(8.1) で与えられるような可逆反応が起こっている平衡状態のみを議論する（化学反応の進行の仕方については，化学反応論などの教科書を参照されたい）。

式(8.1) で与えられる化学平衡の条件は，式(6.8) と同様の導出方法により次式で与えられる。

$$2\mu_{\mathrm{HCl}}(\mathrm{g}) - \mu_{\mathrm{H_2}}(\mathrm{g}) - \mu_{\mathrm{Cl_2}}(\mathrm{g}) = 0 \tag{8.2}$$

いま，この化学平衡系を理想混合気体と見なすと，各成分の化学ポテンシャルは，第 6 章の式(6.11) より次式で表される。

$$\mu_{\mathrm{HCl}}(\mathrm{g}) = \bar{G}^{\circ}_{\mathrm{HCl}}(\mathrm{g}) + RT\ln x_{\mathrm{HCl}}, \quad \mu_{\mathrm{H_2}}(\mathrm{g}) = \bar{G}^{\circ}_{\mathrm{H_2}}(\mathrm{g}) + RT\ln x_{\mathrm{H_2}},$$
$$\mu_{\mathrm{Cl_2}}(\mathrm{g}) = \bar{G}^{\circ}_{\mathrm{Cl_2}}(\mathrm{g}) + RT\ln x_{\mathrm{Cl_2}} \tag{8.3}$$

これらの式を式(8.2) に代入して変形すると，次式が得られる。

$$\frac{x_{\mathrm{HCl}}^{2}}{x_{\mathrm{H_2}} x_{\mathrm{Cl_2}}} = \exp\left[-\frac{2\bar{G}^{\circ}_{\mathrm{HCl}}(\mathrm{g}) - \bar{G}^{\circ}_{\mathrm{H_2}}(\mathrm{g}) - \bar{G}^{\circ}_{\mathrm{Cl_2}}(\mathrm{g})}{RT}\right] \equiv K_{\mathrm{x}} \tag{8.4}$$

この式は，組成にモル分率を用いたときの**化学平衡の法則**（**質量作用の法則**：law of mass action）にほかならず，後ろの式はこの反応に対する平衡定数 K_{x} の熱力学的な定義式である。

第 2 番目の気相反応の例として，窒素 N_2 と水素 H_2 が反応してアンモニア NH_3 が生成される化学反応について考える。

$$\mathrm{N_2(g)} + 3\mathrm{H_2(g)} \rightleftharpoons 2\mathrm{NH_3(g)} \tag{8.5}$$

この反応も，ただ N_2 と H_2 の気体を混合しただけでは反応は起こらず，高温・高圧下触媒を用いないと反応は進行しないが，ここでは化学平衡に達した仮定して議論する。化学平衡の条件は，

$$2\mu_{\mathrm{NH_3}}(\mathrm{g}) - \mu_{\mathrm{N_2}}(\mathrm{g}) - 3\mu_{\mathrm{H_2}}(\mathrm{g}) = 0 \tag{8.6}$$

化学平衡の法則と平衡定数 K_{x} は，次式で与えられる。

$$\frac{x_{\mathrm{NH_3}}^{2}}{x_{\mathrm{N_2}} x_{\mathrm{H_2}}^{3}} = \exp\left[-\frac{2\bar{G}^{\circ}_{\mathrm{NH_3}}(\mathrm{g}) - \bar{G}^{\circ}_{\mathrm{N_2}}(\mathrm{g}) - 3\bar{G}^{\circ}_{\mathrm{H_2}}(\mathrm{g})}{RT}\right] = K_{\mathrm{x}} \tag{8.7}$$

最後に，窒素 N_2 と酸素 O_2 が反応して二酸化窒素 NO_2 が生成される気相反応を考えよう。

$$\mathrm{N_2(g)} + 2\mathrm{O_2(g)} \rightleftharpoons 2\mathrm{NO_2(g)} \tag{8.8}$$

自動車のエンジン内において，点火プラグの火花によりガソリンが燃焼する際に，混入した空気中の N_2 と O_2 が上記の反応を起こし，酸性雨の原因物質である NO_2 が排気ガス中に含まれるとされている。化学平衡状態においては，次式が成立する。

$$2\mu_{NO_2}(g) - \mu_{N_2}(g) - 2\mu_{O_2}(g) = 0 \tag{8.9}$$

$$\frac{x_{NO_2}^2}{x_{N_2}x_{O_2}^2} = \exp\left[-\frac{2\bar{G}_{NO_2}^\circ(g) - \bar{G}_{N_2}^\circ(g) - 2\bar{G}_{O_2}^\circ(g)}{RT}\right] = K_x \tag{8.10}$$

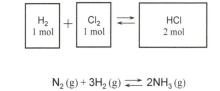

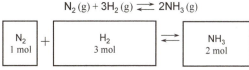

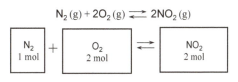

図8.1には,式(8.1),(8.5),(8.8)に示す化学反応における,反応物の混合前と完全に反応が起こったときの系の状態を示す.式(8.4),(8.7),(8.10)で定義される平衡定数 K_x には,これら反応前後の(純状態の)モルギブズエネルギーの差が含まれている[注1]。

図8.1 反応式(8.1),(8.5),(8.8)における反応物と生成物

8.3 気相反応における平衡定数と標準反応ギブズエネルギー

式(8.1),(8.5),(8.8)で与えられる気相反応が平衡状態に達したときに,反応がどの程度進んでいるかは,式(8.4),(8.7),(8.10)で与えられる平衡定数 K_x で決まる.この重要な物理量である平衡定数の定義式には,図8.1に示すように,純状態で存在している生成物と反応物のギブズエネルギーの差が含まれている.各成分のモルギブズエネルギーは一般に温度・圧力に依存するが,それらの依存性についての議論は後の8.5節に譲り,ここでは,実験の行いやすい1気圧と25℃を,それぞれ標準状態の圧力 P^* と温度 T^* に選び,

$$P^* = 101325 \text{ Pa}, \ T^* = 273.15 \text{ K} \tag{8.11}$$

その標準状態における平衡定数を考察する.標準状態における各成分のモルエンタルピーとモルエントロピーを

$$\bar{H}^* \equiv \bar{H}^\circ(P^*, T^*), \ \bar{S}^* \equiv \bar{S}^\circ(P^*, T^*) \tag{8.12}$$

(本章でも,純物質の物理量には上付きの丸印をつける),また,標準状態での各成分のモルギブズエネルギーを

$$\bar{G}^* = \bar{H}^* - T^*\bar{S}^* \tag{8.13}$$

で表す.

式(8.13)の記号を用いて,反応式(8.1)における標準状態での**標準反応ギブズエネルギー**(standard Gibbs energy of reaction)$\Delta_r \bar{G}^*$ を次のように定義する[注2]。

$$\Delta_r \bar{G}^* = 2\bar{G}_{HCl}^* - \bar{G}_{H_2}^* - \bar{G}_{Cl_2}^* \quad (反応式(8.1)) \tag{8.14}$$

[注1] 式(8.1),(8.5),(8.8)の化学反応の例では,反応生成物は1成分であるが,反応生成物が多成分の化学反応の場合には,反応が平衡に達したのちに生成物を純成分に分離した状態のモルギブズエネルギーが K_x に含まれることになる。

[注2] たとえば,反応式(8.1)のすべての係数を半分にすると,式(8.14)で定義される $\Delta_r \bar{G}^*$ も半分になる.ただし,式(8.4)の左辺も元の式の平方根となり,化学平衡の法則はやはり成立する.標準反応ギブズエネルギーおよび平衡定数 K_x は,同じ反応でも反応式の係数の選び方に依存することに注意されたい。

すると，式(8.4) で与えられる平衡定数 K_x は，標準状態において次式のように書ける（K_x^* は標準状態における K_x を表す）。

$$K_x^* = \exp\left(-\frac{\Delta_r \bar{G}^*}{RT}\right) \tag{8.15}$$

さらに，生成物と反応物の各成分の標準状態におけるモルギブズエネルギーを，式(8.13) に従って，それぞれエンタルピー成分とエントロピー成分に分解すると，各反応における**標準反応エンタルピー** (standard enthalpy of reaction) $\Delta_r \bar{H}^*$ と**標準反応エントロピー** (standard entropy of reaction) $\Delta_r \bar{S}^*$ が定義でき，反応式(8.1) に対してそれぞれ次式で与えられる。

$$\Delta_r \bar{H}^* = 2\bar{H}_{HCl}^* - \bar{H}_{H_2}^* - \bar{H}_{Cl_2}^* \tag{8.16}$$

$$\Delta_r \bar{S}^* = 2\bar{S}_{HCl}^* - \bar{S}_{H_2}^* - \bar{S}_{Cl_2}^* \tag{8.17}$$

まず，$\Delta_r \bar{H}^*$ の計算方法について考えよう。任意の化合物は，何らかの化学反応（場合によっては複数の化学反応の組み合わせ）により，構成元素の単体を原料として合成される。よく知られたヘスの法則によれば，物質が化学変化するときに出入りする反応熱は，反応前後の反応物と生成物だけで決まり，反応経路には無関係である。よって，標準状態（1 気圧，25℃）の単体を出発物質として，ある化合物（やはり標準状態）を合成するときの反応熱は，反応経路には依存せず，一義的に決まる。この反応熱を**標準生成エンタルピー** (standard enthalpy of formation) と呼び，$\Delta_f \bar{H}^*$ で表す（上の標準反応エンタルピー $\Delta_r \bar{H}^*$ と混同されないように注意されたい）。これまでに，様々な化合物に対する $\Delta_f \bar{H}^*$ が，精密な反応熱の測定により決定されている。本書で出てくる物質の $\Delta_f \bar{H}^*$ を付録の**表 B.2** に掲げる。

たとえば，構成元素の単体である H_2 と Cl_2 から化合物 HCl を 1 mol 合成するときの標準生成エンタルピーは次式で定義される[注]。

$$\Delta_f \bar{H}_{HCl}^* = \bar{H}_{HCl}^* - \tfrac{1}{2}\bar{H}_{H_2}^* - \tfrac{1}{2}\bar{H}_{Cl_2}^* \tag{8.18}$$

この反応熱は実測されており，$\Delta_f \bar{H}_{HCl}^* = -92.31$ kJ/mol と報告されている。また，各元素単体の標準生成エンタルピーも形式的に次のように定義される。

$$\Delta_f \bar{H}_{H_2}^* = \bar{H}_{H_2}^* - \bar{H}_{H_2}^* = 0, \ \Delta_f \bar{H}_{Cl_2}^* = \bar{H}_{Cl_2}^* - \bar{H}_{Cl_2}^* = 0 \tag{8.19}$$

もちろん同一の量の差なので，単体の標準生成エンタルピーはゼロである。

以上の結果を利用すると，式(8.16) で定義される反応式(8.1) に対する**標準反応エンタルピー** $\Delta_r \bar{H}^*$ は，次のように表される。

$$\Delta_r \bar{H}^* = 2\Delta_f \bar{H}_{HCl}^* - \Delta_f \bar{H}_{H_2}^* - \Delta_f \bar{H}_{Cl_2}^* = 2\Delta_f \bar{H}_{HCl}^* = -184.6 \text{ kJ/mol} \quad \text{反応式(8.1)} \tag{8.20}$$

[注] より複雑な化合物であるベンゼン C_6H_6 についても，C_6H_6 の燃焼反応

$$C_6H_6(l) + \tfrac{15}{2}O_2(g) \rightarrow 6CO_2(g) + 3H_2O(l) \tag{8.N1}$$

と CO_2 および H_2O の構成元素単体からの合成反応

$$C(s) + O_2(g) \rightarrow CO_2(g), \ H_2(g) + \tfrac{1}{2}O_2(g) \rightarrow H_2O(l) \tag{8.N2}$$

を組み合わせると，次のような単体からの合成経路が得られ

$$6C(s) + 3H_2(g) \rightarrow C_6H_6(l) \tag{8.N3}$$

式 (8.N1) と (8.N2) の反応熱から，C_6H_6 の標準状態（液体状態）での $\Delta_f \bar{H}^*$ が求められる。

$$\Delta_f \bar{H}_{C_6H_6}^* = 6\Delta_f \bar{H}_{CO_2}^* + 3\Delta_f \bar{H}_{H_2O}^* - \Delta_{comb}\bar{H}_{C_6H_6}^* \tag{8.N4}$$

ここで，$\Delta_{comb}\bar{H}^*$ は実測可能な反応 (8.N1) の燃焼熱を表し，$\Delta_f \bar{H}_{C_6H_6}^* = 49.0$ kJ/mol なる結果が得られる。

同様にして，反応式 (8.5) と (8.8) に対する $\Delta_r\bar{H}^*$ が，標準生成エンタルピーより計算される[注]。結果は，表 8.1 にまとめられている。

表 8.1　反応 (8.1), (8.5), (8.8) に対する $\Delta_r\bar{H}^*$, $\Delta_r\bar{S}^*$, $\Delta_r\bar{G}^*$, および K_x^*

反　応	$\Delta_r\bar{H}^{*\,a}$	$\Delta_r\bar{S}^{*\,b}$	$\Delta_r\bar{G}^{*\,a}$	K_x^*
反応 (8.1)：$H_2(g) + Cl_2(g) \rightleftharpoons 2HCl(g)$	-184.6	20.1	-190.6	2.56×10^{33}
反応 (8.5)：$N_2(g) + 3H_2(g) \rightleftharpoons 2NH_3(g)$	-91.88	-197.9	-32.88	5.80×10^{5}
反応 (8.8)：$N_2(g) + 2O_2(g) \rightleftharpoons 2NO_2(g)$	66.36	-121.7	102.6	1.02×10^{-18}

[a] 単位：kJ/mol　[b] 単位：J/(K mol)

次に，$\Delta_r\bar{S}^*$ の計算方法であるが，やはり反応・生成成分の標準生成エントロピー (standard entropy of formation) $\Delta_f\bar{S}^*$ から計算される。式 (8.18) と同じように，たとえば HCl に対する $\Delta_f\bar{S}^*$ は，次のように定義される。

$$\Delta_f\bar{S}_{HCl}^* = \bar{S}_{HCl}^* - \tfrac{1}{2}\bar{S}_{H_2}^* - \tfrac{1}{2}\bar{S}_{Cl_2}^* \tag{8.21}$$

この式の右辺の各モルエントロピーは，その絶対値が熱容量測定より求められている（3.5 節参照）。様々な化合物に対する絶対エントロピーの標準状態での値は，付録の表 B.2 に掲載されている。それらを参照すると，次の結果が得られる。

$$\bar{S}_{HCl}^* = 186.8 \text{ J/(K mol)}, \quad \bar{S}_{H_2}^* = 130.6 \text{ J/(K mol)}, \quad \bar{S}_{Cl_2}^* = 223.0 \text{ J/(K mol)}$$
$$\Delta_f\bar{S}_{HCl}^* = 10.0 \text{ J/(K mol)}$$

また，単体である H_2 と Cl_2 に対しては，$\Delta_f\bar{S}_{H_2}^* = \Delta_f\bar{S}_{Cl_2}^* = 0$ である。

同様にして，反応 (8.5), (8.8) に現れる NH_3 と NO_2 の $\Delta_f\bar{S}^*$ は，次のようにして計算される。

$$\bar{S}_{NH_3}^* = 192.7 \text{ J/(K mol)}, \quad \bar{S}_{N_2}^* = 191.5 \text{ J/(K mol)}, \quad \bar{S}_{H_2}^* = 130.6 \text{ J/(K mol)}$$
$$\Delta_f\bar{S}_{NH_3}^* = -98.9 \text{ J/(K mol)}$$

$$\bar{S}_{NO_2}^* = 240.0 \text{ J/(K mol)}, \quad \bar{S}_{N_2}^* = 191.5 \text{ J/(K mol)}, \quad \bar{S}_{O_2}^* = 205.0 \text{ J/(K mol)}$$
$$\Delta_f\bar{S}_{NO_3}^* = -60.8 \text{ J/(K mol)}$$

単体の $\Delta_f\bar{S}^*$ はいずれもゼロである。

式 (8.17) で定義される標準反応エントロピー $\Delta_r\bar{S}^*$ は，式 (8.20) と同様にして，たとえば次式のようにして計算される。

$$\Delta_r\bar{S}^* = 2\Delta_f\bar{S}_{HCl}^* - \Delta_f\bar{S}_{H_2}^* - \Delta_f\bar{S}_{Cl_2}^* = 2\Delta_f\bar{S}_{HCl}^* = 20.1 \text{ kJ/(K mol)} \quad \text{反応式(8.1)} \tag{8.22}$$

さらに，得られた $\Delta_r\bar{H}^*$ と $\Delta_r\bar{S}^*$ を使って

$$\Delta_r\bar{G}^* = \Delta_r\bar{H}^* - T^*\Delta_r\bar{S}^* \tag{8.23}$$

より標準反応ギブズエネルギー $\Delta_r\bar{G}^*$ が得られる。反応 (8.1), (8.5), (8.8) に対する結果を表 8.1 にまとめて示す。反応 (8.1) で与えられる塩酸の合成反応の $\Delta_r\bar{G}^*$ は負で絶対値が大きく，反応 (8.8) で与えられる窒素の燃焼反応に対する $\Delta_r\bar{G}^*$ は正で絶対値が大きい。

[注] 反応 (8.1), (8.5), (8.8) はいずれも出発物質が単体であるが，たとえば以下の一酸化炭素 CO の燃焼反応に対する $\Delta_r\bar{H}^*$ も同様に標準生成エンタルピーより計算される。
$$2CO(g) + O_2(g) \rightarrow 2CO_2(g)$$
$$\Delta_r\bar{H}^* = 2\Delta_f\bar{H}_{CO_2}^* - 2\Delta_f\bar{H}_{CO}^* - \Delta_f\bar{H}_{O_2}^* = 2\Delta_f\bar{H}_{CO_2}^* - 2\Delta_f\bar{H}_{CO}^* = -567.7 \text{ kJ/mol}$$

第 1 部　熱力学　83

得られた $\Delta_r \bar{G}^*$ を式(8.16) に代入すると，標準状態での平衡定数 K_x^* が求められる。その結果も **表8.1** の最後の欄に掲げる。ただし，化学平衡の法則の式(8.4) の左辺には x_{HCl}, x_{H_2}, x_{Cl_2} の3変数が存在し，$x_{HCl} + x_{H_2} + x_{Cl_2} = 1$ の条件を使っても未知数が2個あり，式(8.4) だけから化学平衡状態にある系の組成を完全に決定できない（反応(8.5) と反応(8.8) についても同じ）。組成を完全に決定するには，系の反応前の組成を指定し，かつ化学量論の関係を用いる必要がある。次節で，それを説明する。

8.4　平衡状態における反応進行度

ふたたび例として，水素と塩素の気相反応(8.1) を考えよう。この反応が開始する初状態における成分 H_2, Cl_2, HCl の物質量を，それぞれ $n_{H_2,0}$, $n_{Cl_2,0}$, $n_{HCl,0}$ とし，反応途中のある時間（平衡状態でなくてもよい）における物質量を，それぞれ n_{H_2}, n_{Cl_2}, n_{HCl} で表す。この化学反応に伴う物質量の変化は，次式で表される。

$$n_{H_2} = n_{H_2,0} - \xi, \ n_{Cl_2} = n_{Cl_2,0} - \xi, \ n_{HCl} = n_{HCl,0} + 2\xi \tag{8.24}$$

ここで，ξ は初状態から反応によって減少した H_2 あるいは Cl_2 の物質量（あるいは増加した HCl の物質量の半分）を表し，**反応進行度**（extent of reaction）と呼ばれる。上式において，n_{H_2}, n_{Cl_2}, n_{HCl} が正であるために，ξ は次の範囲内の値をとる必要がある。

$$-\tfrac{1}{2} n_{HCl,0} \leq \xi \leq \mathrm{Min}\left(n_{H_2,0}, n_{Cl_2,0}\right) \tag{8.25}$$

（$\mathrm{Min}(x, y)$ は，x と y のうちの小さい方の値を表す）。ただし，ξ が負の値をとるときは，反応式(8.1) の逆反応が起こっていることを示す。以下では，平衡状態に達したときの反応進行度のみを考察する。

上記反応系における最終平衡状態での各成分のモル分率は，次式で与えられる。

$$x_{H_2} = \frac{n_{H_2,0} - \xi}{n_{H_2,0} + n_{Cl_2,0} + n_{HCl,0}}, \ x_{Cl_2} = \frac{n_{Cl_2,0} - \xi}{n_{H_2,0} + n_{Cl_2,0} + n_{HCl,0}},$$
$$x_{HCl} = \frac{n_{HCl,0} + 2\xi}{n_{H_2,0} + n_{Cl_2,0} + n_{HCl,0}} \tag{8.26}$$

ただし，$x_{HCl} + x_{H_2} + x_{Cl_2} = 1$ の条件より次式が成立する。

$$n_{H_2} + n_{Cl_2} + n_{HCl} = n_{H_2,0} + n_{Cl_2,0} + n_{HCl,0} \tag{8.27}$$

よって，式(8.4) で表される化学平衡の法則は次のように書け

$$K_x = \frac{x_{HCl}^2}{x_{H_2} x_{Cl_2}} = \frac{\left(n_{HCl,0} + 2\xi\right)^2}{\left(n_{H_2,0} - \xi\right)\left(n_{Cl_2,0} - \xi\right)} \tag{8.28}$$

次式より ξ は計算される。

$$\xi = \frac{K_x \left(n_{H_2,0} + n_{Cl_2,0}\right) + 4 n_{HCl,0} - \sqrt{D}}{2(K_x - 4)}$$
$$D \equiv \left[K_x \left(n_{H_2,0} + n_{Cl_2,0}\right) + 4 n_{HCl,0}\right]^2 - 4(K_x - 4)\left(K_x n_{H_2,0} n_{Cl_2,0} - n_{HCl,0}^2\right) \tag{8.29}$$

反応物質である H_2 と Cl_2 だけを当量混合した直後を反応開始の初状態に選ぶと，

$$n_{H_2,0} = n_{Cl_2,0}, \ n_{HCl,0} = 0 \tag{8.30}$$

となり，式(8.29) は次のように簡単化される。

$$\frac{\xi}{n_{\mathrm{H_2,0}}} = \frac{1 - \sqrt{4/K_\mathrm{x}}}{1 - 4/K_\mathrm{x}} \tag{8.31}$$

また，反応式(8.5) と (8.8) においても反応進行度 ξ が次のように定義され，

$$n_{\mathrm{N_2}} = n_{\mathrm{N_2,0}} - \xi, \ n_{\mathrm{H_2}} = n_{\mathrm{H_2,0}} - 3\xi, \ n_{\mathrm{NH_3}} = n_{\mathrm{NH_3,0}} + 2\xi$$
$$\left[-\tfrac{1}{2} n_{\mathrm{NH_3,0}} \leq \xi \leq \mathrm{Min}\left(n_{\mathrm{N_2,0}}, \tfrac{1}{3} n_{\mathrm{H_2,0}} \right) \right] \qquad (反応式(8.5)) \tag{8.32}$$

$$n_{\mathrm{N_2}} = n_{\mathrm{N_2,0}} - \xi, \ n_{\mathrm{O_2}} = n_{\mathrm{O_2,0}} - 2\xi, \ n_{\mathrm{NO_2}} = n_{\mathrm{NO_2,0}} + 2\xi$$
$$\left[-\tfrac{1}{2} n_{\mathrm{NO_2,0}} \leq \xi \leq \mathrm{Min}\left(n_{\mathrm{N_2,0}}, \tfrac{1}{2} n_{\mathrm{O_2,0}} \right) \right] \qquad (反応式(8.8)) \tag{8.33}$$

各反応の反応物質だけを当量混合した直後を反応開始の初状態に選ぶと，最終平衡状態での反応進行度 ξ は平衡定数 K_x と次式で関係づけられる。

$$K_\mathrm{x} = \frac{16\left(2 - \xi/n_{\mathrm{N_2,0}}\right)^2 \left(\xi/n_{\mathrm{N_2,0}}\right)^2}{27\left(1 - \xi/n_{\mathrm{N_2,0}}\right)^4} \quad (反応式(8.5)) \tag{8.34}$$

$$K_\mathrm{x} = \frac{\left(3 - \xi/n_{\mathrm{N_2,0}}\right)\left(\xi/n_{\mathrm{N_2,0}}\right)^2}{\left(1 - \xi/n_{\mathrm{N_2,0}}\right)^3} \quad (反応式(8.8)) \tag{8.35}$$

上式(8.31)，(8.34)，および (8.35) より，標準状態の当量混合物が反応して最終平衡状態に達したときの反応度を計算すると，**表8.2** が得られる。反応 (8.1) ではほぼ 100% 反応が進行するのに対し，反応 (8.5) では 97% 反応が進行し，未反応の N_2 と H_2 が約 3% 残ることがわかる。また，反応 (8.8) ではほとんど反応は進行しない。幸運にも，大気汚染物質である NO_2 は，N_2 の燃焼反応によってはごく微量にしか生成しない。

表8.2　各反応における最終平衡状態（標準状態）

反応式	K_x	当量混合物	最終平衡状態での反応度
(8.1)	2.565×10^{33}	$n_{\mathrm{H_2,0}} : n_{\mathrm{Cl_2,0}} = 1 : 1$	$1 - \xi/n_{\mathrm{H_2,0}} = 4.0 \times 10^{-17}$
(8.5)	5.801×10^5	$n_{\mathrm{N_2,0}} : n_{\mathrm{H_2,0}} = 1 : 3$	$\xi/n_{\mathrm{N_2,0}} = 0.968$
(8.8)	1.023×10^{-18}	$n_{\mathrm{N_2,0}} : n_{\mathrm{O_2,0}} = 1 : 2$	$\xi/n_{\mathrm{N_2,0}} = 5.8 \times 10^{-10}$

8.5　気相反応における化学平衡の圧力・温度依存性

次に，化学平衡の圧力・温度依存性について考察する。例として，反応式(8.5) で与えられるアンモニアの合成反応を考えよう。第 4 章の式(4.11) を利用すると，気体である純成分 i のモルギブズエネルギー $\bar{G}_i^\circ$ は，標準温度 T^*，圧力 P の条件下で次のように書ける（P^* は標準圧力 $= 1$ atm）。

$$\bar{G}_i^\circ(P, T^*) = \bar{G}_i^\circ(P^*, T^*) + RT \ln\left(P/P^*\right) \tag{8.36}$$

この式を式(8.7) に代入すると，平衡定数 K_x の圧力依存性は次のように書ける。

$$K_\mathrm{x}(P, T^*) = \exp\left[-\frac{2\bar{G}_{\mathrm{NH_3}}^\circ(P) - \bar{G}_{\mathrm{N_2}}^\circ(P) - 3\bar{G}_{\mathrm{H_2}}^\circ(P)}{RT} \right] = \left(P/P^*\right)^2 K_\mathrm{x}^* \tag{8.37}$$

第 1 部　熱力学　85

（K_x^* は式(8.15) で与えられる標準状態における K_x）。すなわち，圧力 P を増加させると K_x は増加し，反応式(8.5) は右側に進み，NH_3 の生成量が増える。これはルシャトリエの平衡移動の原理，すなわち「<u>外部条件を変化させると，その変化による影響を緩和する方向に平衡が移動する</u>」という原理と矛盾しない。反応が右側に進むと，混合気体の全圧は減少し，外部からの加圧を和らげることができる。

化学平衡の法則をモル分率の代わりに分圧を用いて表すと（式(5.6) 参照），式(8.4) は次のように書き換えられる。

$$\frac{P_{NH_3}{}^2}{P_{N_2}P_{H_2}{}^3} = \frac{(Px_{NH_3})^2}{(Px_{N_2})(Px_{H_2})^3} = \frac{K_x}{P^2} \equiv K_P \tag{8.38}$$

ここで，P_i（$i = NH_3$, N_2, H_2）は成分 i の分圧を表し，K_P を圧平衡定数と呼ぶ[注1]。式(8.37) より，K_P は系の全圧 P に依存せず，化学平衡している理想混合気体については，K_x より K_P を用いる方が便利である。

他方，$\bar{G}_i^\circ$ の温度依存性は，第4章の式(4.9) で与えられているギブズ－ヘルムホルツの式より，次のように表される。

$$\left[\frac{\partial}{\partial T}\left(\frac{\bar{G}_i^\circ}{T}\right)\right]_P = -\frac{\bar{H}_i^\circ}{T^2} \tag{8.39}$$

この式を利用すれば，式(8.7) から次式が得られる。

$$\left(\frac{\partial \ln K_x}{\partial T}\right)_P = \frac{2\bar{H}_{NH_3}^\circ - \bar{H}_{N_2}^\circ - 3\bar{H}_{H_2}^\circ}{RT^2} \tag{8.40}$$

これをファント・ホッフの式と呼ぶ。この式を積分すると，次式が得られる。

$$\ln K_x(P,T) = \ln K_x(P,T^*) + \int_{T^*}^{T} \frac{\Delta_r\bar{H}^\circ(P,T)}{RT^2}dT \tag{8.41}$$

ここで，$K_x(P,T^*)$ は式(8.37) により与えられ，$\Delta_r\bar{H}^\circ$ は次式で定義される標準状態ではないときの反応エンタルピーである。

$$\Delta_r\bar{H}^\circ = 2\bar{H}_{NH_3}^\circ - \bar{H}_{N_2}^\circ - 3\bar{H}_{H_2}^\circ \tag{8.42}$$

したがって，任意の P と T における平衡定数 K_x を得るには，各成分 i の純状態でのモルエンタルピー $\bar{H}_i^\circ$ の温度依存性のデータが必要である[注2]（各成分を理想気体で近似すれば，$\bar{H}_i^\circ$ の圧力依存性は無視でき，標準圧力 P^* における $\bar{H}_i^\circ$ のデータが利用できる）。

平衡定数の圧力・温度依存性は，式(8.37) と (8.41) で与えられるので，最終平衡状態で気相中に存在する NH_3 のモル分率 x_{NH_3} は，式(8.32) と (8.34) より計算される。その計算結果を図8.2 に示す。低温・

[注1] 一般の気相反応系においては，生成物の化学量論係数の和から反応物の化学量論係数の和を引いた値を ν とすると，K_P は $K_x P^\nu$ で与えられる（反応式(8.5) では，$\nu = 2 - 1 - 3 = -2$）。

[注2] 様々な純成分 i の定圧モル熱容量 $\bar{C}_{P,i}$ の温度依存性は，次の経験式で表される（24 ページの脚注参照）。

$$\bar{C}_{P,i} = a_i + b_i T + c_i/T^2$$

（a_i, b_i, c_i は物質固有の定数：付録の表 B.3 参照）。この式を利用すると，温度 T における $\bar{H}_i^\circ$ は次式で計算され

$$\bar{H}_i^*(T) = \bar{H}_i^* + \int_{T^*}^{T} \bar{C}_{P,i}\,dT = \bar{H}_i^* + a_i\left(T - T^*\right) + \tfrac{1}{2}b_i\left(T^2 - T^{*2}\right) - c_i\left(T^{-1} - T^{*-1}\right) \tag{8.N5}$$

（$\bar{H}_i^* = \Delta_f\bar{H}_i^*$ については式(8.18) を参照），さらに式(8.41) 中の積分は次のようにして計算される。

$$\int_{T^*}^{T} \frac{\bar{H}_i^\circ(T)}{RT^2}dT = \frac{1}{R}\left[a_i\ln\left(\frac{T}{T^*}\right) + \frac{b_i}{2}\left(T - T^*\right) + \frac{c_i}{2}\left(\frac{1}{T^2} - \frac{1}{T^{*2}}\right) - h_i\left(\frac{1}{T} - \frac{1}{T^*}\right)\right]$$
$$h_i \equiv \bar{H}_i^* - a_i T^* - \tfrac{1}{2}b_i T^{*2} + c_i T^{*-1} \tag{8.N6}$$

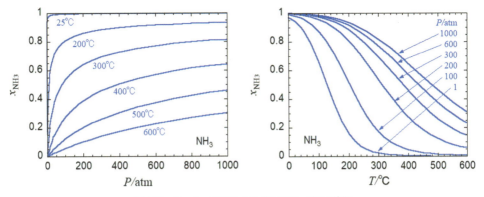

図 8.2 アンモニア NH_3 の生成の温度・圧力依存性

高圧ほど NH_3 がより多く合成される。現在，工業的には 300 気圧，500℃程度の条件で NH_3 の合成が行われている。室温ではなく，500℃の高温で合成が行われているのは，室温では反応式(8.5)で与えられる NH_3 の合成反応の活性化エネルギーが高すぎて反応が進行しないためである。さらに，この反応を進めるために，鉄を触媒として反応系に加える必要がある。図 8.2 より，この反応条件では，最終平衡状態での NH_3 のモル分率 x_{NH_3} は 25%程度にしかならないので，生成した NH_3 は反応系外に取り出しながら反応を進行させる必要がある。

8.6 均一な溶液中での化学平衡

次に均一な溶液相中での化学平衡を考えよう。ただし，圧力と温度は標準状態の P^*（= 1 気圧）と T^*（= 298.15 K）に固定し，圧力・温度依存性については，本節では考えない。まず，単純な系として純水を考える。純水は通常は単一成分系と見なされるが，純水中でごく一部の水分子は次のようにイオン解離しているので，厳密には中性の H_2O とイオン化した H^+ と OH^- からなる 3 成分系である。

$$H_2O(l) \rightleftharpoons H^+(aq) + OH^-(aq) \tag{8.43}$$

水溶液中に分散していることを明示するために，H^+ と OH^- の後には (aq) を付した（aqueous の略）。それらイオンの濃度は十分希薄なので，化学ポテンシャル μ_{H^+} と μ_{OH^-} は（慣例に従いモル濃度基準の）式(6.18)で表す。これに対して，H_2O は反応物であるとともに溶媒であり，液体成分 (l) と見なされ，化学ポテンシャル μ_{H_2O} は式(6.13)の μ_a で表されるべきである。すなわち，H^+ と OH^- のモル濃度を $[H^+]$ と $[OH^-]$，H_2O のモル分率を x_{H_2O} で表すと

$$\begin{aligned} &\mu_{H^+}(aq) = \mu_{H^+}^{0(C)} + RT \ln[H^+], \quad \mu_{OH^-}(aq) = \mu_{OH^-}^{0(C)} + RT \ln[OH^-], \\ &\mu_{H_2O}(l) = \bar{G}_{H_2O}^*(l) + RT \ln x_{H_2O} \end{aligned} \tag{8.44}$$

ただし，$\mu_{H^+}^{0(C)}$ と $\mu_{OH^-}^{0(C)}$ は，モル濃度基準のそれぞれの成分の標準化学ポテンシャルである。

反応式(8.43)に対する化学平衡の条件は次式で表され

$$\mu_{H_2O}(l) = \mu_{H^+}(aq) + \mu_{OH^-}(aq) \tag{8.45}$$

式 (8.44) を代入すると，次の式を得る[注]。

$$\frac{[\mathrm{H^+}][\mathrm{OH^-}]}{x_{\mathrm{H_2O}}} \approx [\mathrm{H^+}][\mathrm{OH^-}] = \exp\left[-\frac{\mu_{\mathrm{H^+}}^{0(\mathrm{C})} + \mu_{\mathrm{OH^-}}^{0(\mathrm{C})} - \bar{G}_{\mathrm{H_2O}}^*(l)}{RT}\right] \equiv K_{\mathrm{w}} \tag{8.46}$$

ただし，$\mathrm{H^+}$ と $\mathrm{OH^-}$ の濃度は非常に希薄なので，$x_{\mathrm{H_2O}} = 1 - x_{\mathrm{H^+}} - x_{\mathrm{OH^-}} \approx 1$ と近似できる。

次に，酢酸 $\mathrm{CH_3COOH}$ の希薄水溶液を考える。水溶液中で弱酸である $\mathrm{CH_3COOH}$ の一部は以下のように電離しており，この水溶液は水を溶媒，$\mathrm{CH_3COOH}$ と $\mathrm{H^+}$ と $\mathrm{CH_3COO^-}$ を溶質とする 4 成分系である（ただし，溶媒である水は以下の反応には直接かかわらない）。

$$\mathrm{CH_3COOH\,(aq)} \rightleftharpoons \mathrm{H^+\,(aq)} + \mathrm{CH_3COO^-\,(aq)} \tag{8.47}$$

酢酸濃度が十分希薄であれば，溶質成分の化学ポテンシャルは

$$\mu_{\mathrm{H^+}}(\mathrm{aq}) = \mu_{\mathrm{H^+}}^{0(\mathrm{C})} + RT\ln[\mathrm{H^+}], \ \ \mu_{\mathrm{CH_3COO^-}}(\mathrm{aq}) = \mu_{\mathrm{CH_3COO^-}}^{0(\mathrm{C})} + RT\ln[\mathrm{CH_3COO^-}],$$
$$\mu_{\mathrm{CH_3COOH}}(\mathrm{aq}) = \mu_{\mathrm{CH_3COOH}}^{0(\mathrm{C})}(\mathrm{aq}) + RT\ln[\mathrm{CH_3COOH}] \tag{8.48}$$

で表され，化学平衡の条件式

$$\mu_{\mathrm{CH_3COOH}}(\mathrm{aq}) = \mu_{\mathrm{H^+}}(\mathrm{aq}) + \mu_{\mathrm{CH_3COO^-}}(\mathrm{aq}) \tag{8.49}$$

より，次式が得られる。

$$\frac{[\mathrm{H^+}][\mathrm{CH_3COO^-}]}{[\mathrm{CH_3COOH}]} = \exp\left(-\frac{\mu_{\mathrm{H^+}}^{0(\mathrm{C})} + \mu_{\mathrm{CH_3COO^-}}^{0(\mathrm{C})} - \mu_{\mathrm{CH_3COOH}}^{0(\mathrm{C})}}{RT}\right) \equiv K_{\mathrm{a}} \tag{8.50}$$

さらに別の例としてアンモニア $\mathrm{NH_3}$ の希薄水溶液を考える。$\mathrm{NH_3}$ は水に溶解して水溶液中で以下の反応を起こす。

$$\mathrm{NH_3\,(aq)} + \mathrm{H_2O\,}(l) \rightleftharpoons \mathrm{NH_4^+\,(aq)} + \mathrm{OH^-\,(aq)} \tag{8.51}$$

この反応溶液系は，$\mathrm{H_2O}$ を溶媒，$\mathrm{NH_3}$，$\mathrm{NH_4^+}$，$\mathrm{OH^-}$ を溶質成分とする 4 成分系と見なせ，$\mathrm{H_2O}$ は溶媒であるとともに反応物成分でもある。各成分の化学ポテンシャルは

$$\mu_{\mathrm{NH_4^+}}(\mathrm{aq}) = \mu_{\mathrm{NH_4^+}}^{0(\mathrm{C})} + RT\ln[\mathrm{NH_4^+}], \ \ \mu_{\mathrm{OH^-}}(\mathrm{aq}) = \mu_{\mathrm{OH^-}}^{0(\mathrm{C})} + RT\ln[\mathrm{OH^-}],$$
$$\mu_{\mathrm{NH_3}}(\mathrm{aq}) = \mu_{\mathrm{NH_3}}^{0(\mathrm{C})}(\mathrm{aq}) + RT\ln[\mathrm{NH_3}], \ \ \mu_{\mathrm{H_2O}}(l) = \bar{G}_{\mathrm{H_2O}}^{\circ}(l) + RT\ln x_{\mathrm{H_2O}} \tag{8.52}$$

で表され，化学平衡の条件式

$$\mu_{\mathrm{NH_3}}(\mathrm{aq}) + \mu_{\mathrm{H_2O}}(l) = \mu_{\mathrm{NH_4^+}}(\mathrm{aq}) + \mu_{\mathrm{OH^-}}(\mathrm{aq}) \tag{8.53}$$

より，次式が得られる。

[注] 高校の化学の教科書では，水の電離定数 K_{w} を

$$K_{\mathrm{w}} = \frac{[\mathrm{H^+}][\mathrm{OH^-}]}{[\mathrm{H_2O}]}$$

で定義している。この式は，溶媒である水の $\mu_{\mathrm{H_2O}}$ についても式 (6.18) を用いて得ているが，この式 (6.18) は，溶液中の希薄な溶質成分に対して用いられるべきで，水の電離定数は式 (8.45) から次式で与えられるべきである。

$$K_{\mathrm{w}} = \frac{[\mathrm{H^+}][\mathrm{OH^-}]}{x_{\mathrm{H_2O}}}$$

$$\frac{[\mathsf{NH_4^+}][\mathsf{OH^-}]}{[\mathsf{NH_3}]x_{\mathrm{H_2O}}} \approx \frac{[\mathsf{NH_4^+}][\mathsf{OH^-}]}{[\mathsf{NH_3}]} = \exp\left(-\frac{\mu_{\mathrm{NH_4^+}}^{0(\mathrm{C})} + \mu_{\mathrm{OH^-}}^{0(\mathrm{C})} - \mu_{\mathrm{NH_3}}^{0(\mathrm{C})} - \bar{G}_{\mathrm{H_2O}}^*(l)}{RT}\right) \equiv K_{\mathrm{b}} \qquad (8.54)$$

8.7　液相反応における平衡定数

前節の三つの化学反応における標準状態での平衡定数 $K^*\,(= K_{\mathrm{w}},\ K_{\mathrm{a}},\ K_{\mathrm{b}})$ は，気相反応における式(8.16)と同じように，次式で与えられる。

$$K^* = \exp\left(-\frac{\Delta_{\mathrm{r}}\bar{G}^*}{RT}\right) \qquad (8.55)$$

ここで，$\Delta_{\mathrm{r}}\bar{G}^*$ は各反応における標準反応ギブズエネルギーで，式(8.46)，(8.50)，(8.54) より，次式で与えられる。

$$\Delta_{\mathrm{r}}\bar{G}^* = \mu_{\mathrm{H^+}}^{0(\mathrm{C})} + \mu_{\mathrm{OH^-}}^{0(\mathrm{C})} - \bar{G}_{\mathrm{H_2O}}^*(l) \quad (\text{反応式}(8.43)) \qquad (8.56)$$

$$\Delta_{\mathrm{r}}\bar{G}^* = \mu_{\mathrm{H^+}}^{0(\mathrm{C})} + \mu_{\mathrm{CH_3COO^-}}^{0(\mathrm{C})} - \mu_{\mathrm{CH_3COOH}}^{0(\mathrm{C})} \quad (\text{反応式}(8.47)) \qquad (8.57)$$

$$\Delta_{\mathrm{r}}\bar{G}^* = \mu_{\mathrm{NH_4^+}}^{0(\mathrm{C})} + \mu_{\mathrm{OH^-}}^{0(\mathrm{C})} - \mu_{\mathrm{NH_3}}^{0(\mathrm{C})} - \bar{G}_{\mathrm{H_2O}}^*(l) \quad (\text{反応式}(8.51)) \qquad (8.58)$$

したがって，各反応における平衡定数 K^* を具体的に計算しようとすると，水溶液中における化合物あるいはイオンの標準化学ポテンシャル $\mu_i^{0(\mathrm{C})}$ の値および $\bar{G}_{\mathrm{H_2O}}^*(l) = \Delta_{\mathrm{f}}\bar{G}_{\mathrm{H_2O}}^*(l)$ が必要になる。

標準化学ポテンシャル $\mu_i^{0(\mathrm{C})}$ の数学的な定義式は式(6.19) で与えられるが，具体的な値は実験的に決める必要がある。例として，水の電離に関する式(8.56) を考えよう。8.3 節で述べた気相反応のときと同様に，$\mathsf{H_2O}(l)$ の標準生成ギブズエネルギー $\Delta_{\mathrm{f}}\bar{G}_{\mathrm{H_2O}}^*(l)$ を次式で定義する（構成元素の単体である $\mathsf{H_2}$ と $\mathsf{O_2}$ からの $\mathsf{H_2O}$ の合成を考える）。

$$\Delta_{\mathrm{f}}\bar{G}_{\mathrm{H_2O}}^*(l) = \bar{G}_{\mathrm{H_2O}}^*(l) - \bar{G}_{\mathrm{H_2}}^*(\mathrm{g}) - \tfrac{1}{2}\bar{G}_{\mathrm{O_2}}^*(\mathrm{g}) \qquad (8.59)$$

$\mathsf{H^+}$ と $\mathsf{OH^-}$ については，電気的中性条件より，それぞれを水溶液中で，構成元素の単体から独立には合成できないので，両者の標準生成ギブズエネルギーの和 $\Delta_{\mathrm{f}}\bar{G}_{\mathrm{H^+}}^*(\mathrm{aq}) + \Delta_{\mathrm{f}}\bar{G}_{\mathrm{OH^-}}^*(\mathrm{aq})$ を次式で定義する。

$$\Delta_{\mathrm{f}}\bar{G}_{\mathrm{H^+}}^*(\mathrm{aq}) + \Delta_{\mathrm{f}}\bar{G}_{\mathrm{OH^-}}^*(\mathrm{aq}) = \mu_{\mathrm{H^+}}^{0(\mathrm{C})}(\mathrm{aq}) + \mu_{\mathrm{OH^-}}^{0(\mathrm{C})}(\mathrm{aq}) - \bar{G}_{\mathrm{H_2}}^*(\mathrm{g}) - \tfrac{1}{2}\bar{G}_{\mathrm{O_2}}^*(\mathrm{g}) \qquad (8.60)$$

式(8.59) と (8.60) を式(8.56) に代入すると，気相反応のときと同様に，標準反応ギブズエネルギーが標準生成ギブズエネルギーから計算される形となる。

$$\Delta_{\mathrm{r}}\bar{G}^* = \Delta_{\mathrm{f}}\bar{G}_{\mathrm{H^+}}^*(\mathrm{aq}) + \Delta_{\mathrm{f}}\bar{G}_{\mathrm{OH^-}}^*(\mathrm{aq}) - \Delta_{\mathrm{f}}\bar{G}_{\mathrm{H_2O}}^*(l) \qquad (8.61)$$

式(8.46)，(8.56)，(8.61) より次式が得られる。

$$\Delta_{\mathrm{f}}\bar{G}_{\mathrm{H^+}}^*(\mathrm{aq}) + \Delta_{\mathrm{f}}\bar{G}_{\mathrm{OH^-}}^*(\mathrm{aq}) - \Delta_{\mathrm{f}}\bar{G}_{\mathrm{H_2O}}^*(l) = -RT^* \ln\left([\mathsf{H^+}][\mathsf{OH^-}]\right) \qquad (8.62)$$

水のイオン積 $[\mathsf{H^+}][\mathsf{OH^-}]$ は，いくつかの方法により実験的に決定できる（たとえば，8.10 節で述べる化学電池の半電池に水素電極を用いて電位差を測定して決める）。よく知られているように，結果は次で与えられる。

第1部　熱力学　89

$$K_w \equiv [\mathsf{H^+}][\mathsf{OH^-}] = 10^{-14} \, (\mathrm{mol/L})^2 \tag{8.63}$$

また，$\Delta_f \bar{G}^*_{\mathrm{H_2O}}(l)$ は 8.3 節で述べたように反応熱測定により求められているので，式(8.62) を使うと，$\Delta_f \bar{G}^*_{\mathsf{H^+}}(\mathrm{aq}) + \Delta_f \bar{G}^*_{\mathsf{OH^-}}(\mathrm{aq})$ の値が計算できる。ただし，その和の各項を分離評価できない。そこで，$\Delta_f \bar{G}^*_{\mathsf{H^+}}(\mathrm{aq})$ をゼロと定義し，それを基準として $\Delta_f \bar{G}^*_{\mathsf{OH^-}}(\mathrm{aq})$ が次のように分離評価されている。

$$\Delta_f \bar{G}^*_{\mathsf{OH^-}}(\mathrm{aq}) = -157.2 \, \mathrm{kJ/mol} \tag{8.64}$$

水溶液中における他の陽イオンや陰イオンの標準生成ギブズエネルギーについても，$\Delta_f \bar{G}^*_{\mathsf{H^+}}(\mathrm{aq})$ を基準にした値が実験的に決定されている。さらには，水溶液中に溶けている中性分子に対する $\Delta_f \bar{G}^*$ も実測値が報告されている。本書で出てくる中性分子やイオンの水溶液中での $\Delta_f \bar{G}^*$ を，付録の表 B.2 に掲載する。

そのデータを利用すると，酢酸の電離に対する式(8.57) において

$$\Delta_r \bar{G}^* = \Delta_f \bar{G}^*_{\mathrm{CH_3COO^-}}(\mathrm{aq}) - \Delta_f \bar{G}^*_{\mathrm{CH_3COOH}} = 27.2 \, \mathrm{kJ/mol} \tag{8.65}$$

この結果を式(8.50) に代入すると，酢酸の酸解離定数 $\mathrm{p}K_a$ として，次式を得る。

$$\mathrm{p}K_a \equiv -\log K_a = 4.76 \tag{8.66}$$

さらに，反応式(8.51) に対する式(8.58) においては

$$\Delta_r \bar{G}^* = \Delta_f \bar{G}^*_{\mathrm{NH_4^+}}(\mathrm{aq}) + \Delta_f \bar{G}^*_{\mathsf{OH^-}}(\mathrm{aq}) - \Delta_f \bar{G}^*_{\mathrm{NH_3}} - \Delta_f \bar{G}^*_{\mathrm{H_2O}}(l) = 27.08 \, \mathrm{kJ/mol} \tag{8.67}$$

これを式(8.54) に代入すると，アンモニアの塩基解離定数 $\mathrm{p}K_b$ として，次式を得る。

$$\mathrm{p}K_b \equiv -\log K_b = 4.75 \tag{8.68}$$

偶然であるが，$K_a \approx K_b$ となっている。具体的な pH の計算方法は次節で説明するが（以下の式(8.73) と (8.74) 参照），式(8.66) と (8.68) の結果から，同じ $C_a = C_b = 0.001 \, \mathrm{mol/L}$ において，酢酸水溶液の pH は 3.9 であるのに対して，アンモニア水の pH は 10.1 となる（$K_a \approx K_b$ より，両者の pH の和は $\mathrm{p}K_w \approx 14$ に等しい）。

気相における反応ギブズエネルギー $\Delta_r \bar{G}$ の圧力・温度依存性は，8.4 節で議論したが，液相における $\Delta_r \bar{G}$ の圧力・温度依存性を理論的に取り扱うのは容易ではなく，本書では考察しない。ただし，液相における化学平衡は，気相反応と比べて，一般に圧力には鈍感である。

8.8　pH 滴定

まず，希塩酸（塩化水素 HCl の希薄水溶液）に水酸化ナトリウム NaOH 水溶液を滴下しながら pH を測定する pH 滴定の実験を考えよう。この水溶液中で，HCl と NaOH は完全に電離しており，電離によって生じた $\mathsf{Cl^-}$ のモル濃度を C_a，$\mathsf{Na^+}$ のモル濃度を C_b とすると，$C_a > C_b$ のときの水素イオン濃度 $[\mathsf{H^+}]$ と，$C_a < C_b$ のときの水酸化物イオン濃度 $[\mathsf{OH^-}]$ は，それぞれ次式で与えられる[注]。

$$[\mathsf{H^+}] = C_a - C_b \, (C_a > C_b), \quad [\mathsf{OH^-}] = C_b - C_a \, (C_a < C_b) \tag{8.69}$$

[注] 滴定途中での測定水溶液の体積を V とすると，$[\mathsf{H^+}]$，C_a，C_b，$[\mathsf{OH^-}]$ に V を掛けた量がその水溶液中に存在する各成分の物質量となり，式(8.69) は $\mathsf{H^+}$ および $\mathsf{OH^-}$ に関する物質保存則を表している。滴定中に V が変化しても式(8.69) は成立する。また，測定水溶液中でも式(8.43) で示す水の電離は起こっているが，水の電離で生じる $\mathsf{H^+}$ と $\mathsf{OH^-}$ の量は非常に少ないので，式(8.69) では無視されている。

式(8.63) を利用すると，$C_a < C_b$ のときの上式より，$[H^+]$ は次式より計算される。

$$[H^+] = \frac{10^{-14}\,(\text{mol/L})^2}{[OH^-]} = \frac{10^{-14}\,(\text{mol/L})^2}{C_b - C_a} \quad (C_a < C_b) \tag{8.70}$$

pH メーターにより測定される水溶液の pH は，その水溶液中における水素イオンの活量 $y_{\pm,H^+}[H^+]$（式(6.20) の $y_b C_b$ に対応する量：$y_{\pm,H^+}$は H^+ の平均活量係数）を使い，次式で定義される。

$$pH = -\log\left(y_{\pm,H^+}[H^+]\right) \tag{8.71}$$

$[H^+]$ が十分低ければ，$y_{\pm,H^+}$は 1 に漸近するので，上式は次のように近似できる。

$$pH \approx -\log[H^+] \tag{8.72}$$

$C_a = 0.001$ mol/L とし，この近似式(8.72) に式(8.69) および (8.70) を代入して pH の C_b/C_a 依存性をプロットすると，図 8.3 の黒の実線が得られる[注]。pH が急変するのは，$C_b/C_a = 1$ すなわち水溶液中に存在する Cl^- と Na^+ の物質量が等しいときであり，滴下した Na^+（すなわち NaOH）の物質量が既知ならば，pH の急変点から Cl^- の物質量すなわち滴定前の希塩酸の濃度を決定できる。

次に，弱酸である酢酸 CH_3COOH の希薄水溶液に NaOH 水溶液を滴下する滴定実験を考えよう。水溶液中で NaOH は完全解離するが，酢酸は完全には電離せず，式(8.50) に従った電離平衡の状態にある。まず，NaOH 水溶液を滴下する前の酢酸水溶液中での電離状態を考えよう。電離が起こっていない状態を反応開始の初状態に選び，その状態での酢酸のモル濃度を C_a とすると，電離平衡後の各成分のモル濃度は

$$[CH_3COOH] = C_a - \xi, \quad [H^+] = [CH_3COO^-] = \xi \quad (0 \leq \xi \leq C_a) \tag{8.73}$$

と書け，ξ は 8.4 節で定義した反応進行度である。これらを式(8.50) に代入すると次式が得られる。

$$K_a = \frac{[H^+][CH_3COO^-]}{[CH_3COOH]} = \frac{\xi^2}{C_a - \xi} \rightarrow \xi = \frac{1}{2}\left(\sqrt{K_a^2 + 4K_a C_a} - K_a\right) \tag{8.74}$$

通常用いられる電離度 α は，ξ を電離前の酢酸濃度 C_a で割った量として定義される。

$$\alpha \equiv \frac{\xi}{C_a} = \frac{1}{2C_a}\left(\sqrt{K_a^2 + 4K_a C_a} - K_a\right) \tag{8.75}$$

この酢酸の希薄水溶液中に NaOH 水溶液を滴下して，Na^+ のモル濃度が C_b となったとすると，$C_a > C_b$ のときの $[CH_3COO^-]$，$[CH_3COOH]$，および $[H^+]$ は次式から計算される。

$$[CH_3COO^-] = \alpha C_a, \quad [CH_3COOH] = (1-\alpha)C_a, \quad [H^+] = \alpha C_a - C_b \ (C_a > C_b) \tag{8.76}$$

これらを式(8.50) に代入すると，$C_a > C_b$ の条件下で，式(8.75) の代わりに次式が得られる。

$$\alpha = \frac{1}{2C_a}\left[\sqrt{(K_a - C_b)^2 + 4K_a C_a} - (K_a - C_b)\right] \tag{8.77}$$

ここで，K_a の数値は式(8.66) で与えられ（$= 1.7 \times 10^{-5}$ mol/L），式(8.77) を式(8.76) の最後の式に代入すると，$C_a > C_b$ のときの $[H^+]$ が計算できる。他方，$C_a < C_b$ のときには酢酸は完全に電離しており，$[H^+]$ は希塩酸の滴定と同じ式(8.70) から計算される。ただし，以上の議論は，C_a と C_b が十分に低いときにのみ成立することに留意されたい。式(8.72) に式(8.76) と (8.77) を代入して計算した酢酸の希薄水溶

[注] 厳密には，滴定中に C_a は変化するが，滴下する NaOH 水溶液の濃度が滴定前の HCl 水溶液の濃度よりもずっと高いと仮定し，図 8.3 では滴定中の C_a の変化は無視した。

液（$C_a = 0.001$ mol/L）に対する滴定曲線を図 8.3 の青の実線で示す。中和点での pH の急上昇は希塩酸の場合と同じであるが，$C_b/C_a < 1$ の領域では，酢酸の電離が不完全なために，その pH は希塩酸よりも高くなっている。

さらに，上記の酢酸水溶液にモル濃度 C_s の酢酸ナトリウム CH_3COONa を添加した系では，CH_3COONa が完全解離するので，$C_a > C_b$ のときの $[CH_3COO^-]$，$[CH_3COOH]$，および $[H^+]$ は，酢酸の電離度 α を用いて，次式から計算される。

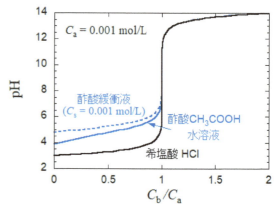

図 8.3　中和滴定曲線

$$[CH_3COO^-] = \alpha C_a + C_s, \quad [CH_3COOH] = (1-\alpha)C_a, \quad [H^+] = \alpha C_a - C_b \quad (C_a > C_b) \tag{8.78}$$

よって，式(8.50)より，$C_a > C_b$ の条件下で α は次式で与えられる。

$$\alpha = \frac{1}{2C_a}\left[(C_b - C_s - K) + \sqrt{(C_b - C_s - K)^2 + 4(C_bC_s + KC_a)}\right] \tag{8.79}$$

やはり，$C_a < C_b$ のときの $[H^+]$ は希塩酸の滴定と同じ式(8.70)が成立する。この酢酸緩衝液（$C_a = C_s = 0.001$ mol/L）に対する滴定曲線を図 8.3 の青の点線で示す。$C_b/C_a < 1$ の領域において，NaOH 水溶液を滴下したときの pH の変化が酢酸水溶液より弱くなっており（曲線の傾きが緩やかで），緩衝効果が現れている。

8.9　不均一系での化学反応

本節においても，圧力と温度は標準状態の P^*（$= 1$ 気圧）と T^*（$= 298.15$ K）に固定して議論する。炭素は，この標準状態においてグラファイトが熱力学的に最も安定な状態である。したがって，以下に示す標準状態における炭素の燃焼反応は固相と気相間で起こる不均一系における反応である。

$$C(s) + O_2(g) \rightleftharpoons CO_2(g) \tag{8.80}$$

図 8.4(a) に示すように，C と O_2 が微小量 dn だけ反応して，CO_2 が dn だけ生成するときの反応系のギブズエネルギー変化は，次式で与えられる。

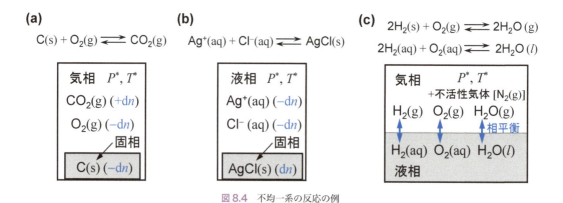

図 8.4　不均一系の反応の例

$$dG = \mu_{CO_2}(g)dn - \mu_C(s)dn - \mu_{O_2}(g)dn \tag{8.81}$$

6.2 節で議論したように，この反応が平衡状態にあるためには，次の条件を満たす必要がある。

$$\mu_{CO_2}(g) - \mu_C(s) - \mu_{O_2}(g) = 0 \tag{8.82}$$

C のグラファイト結晶中には O_2 も CO_2 も存在できないので，C(s) は純状態として存在し，O_2 と CO_2 は理想混合気体と見なせるので，各成分の化学ポテンシャルは次のように表せる $[x_{O_2}(g) + x_{CO_2}(g) = 1]$。

$$\mu_C(s) = \bar{G}_C^*(s), \ \ \mu_{O_2}(g) = \bar{G}_{O_2}^*(g) + RT\ln x_{O_2}(g),$$
$$\mu_{CO_2}(g) = \bar{G}_{CO_2}^*(g) + RT\ln x_{CO_2}(g) \tag{8.83}$$

これらの式を式(8.82) に代入すると，この不均一系反応に対する化学平衡の法則は，次の式で与えられる[注1]。

$$\frac{x_{CO_2}(g)}{x_{O_2}(g)} = \exp\left[-\frac{\bar{G}_{CO_2}^*(g) - \bar{G}_C^*(s) - \bar{G}_{O_2}^*(g)}{RT}\right] \tag{8.84}$$

上述の均一な気相反応に対する化学平衡の法則から単純に予想される，C のモル分率は左辺に現れない。

　水溶液中における銀イオン Ag^+ の存在は，通常希塩酸を加えて，沈殿が生じるかどうかで確かめる。この定性分析における沈殿反応は，次式で表され

$$Ag^+(aq) + Cl^-(aq) \rightleftharpoons AgCl(s) \tag{8.85}$$

水溶液と固相が関与する不均一系反応（図 8.4(b) 参照）であるとともに，固液平衡系である。各成分の化学ポテンシャルは

$$\mu_{Ag^+}(aq) = \mu_{Ag^+}^{0(C)} + RT\ln[Ag^+], \ \ \mu_{Cl^-}(aq) = \mu_{Cl^-}^{0(C)} + RT\ln[Cl^-],$$
$$\mu_{AgCl}(s) = \bar{G}_{AgCl}^*(s) \tag{8.86}$$

で与えられ，上の C の燃焼反応と同様の取り扱いにより，次式が得られる[注2]。

$$[Ag^+][Cl^-] = \exp\left[\frac{\Delta_f\bar{G}_{AgCl}^*(s) - \Delta_f\bar{G}_{Ag^+}^* - \Delta_f\bar{G}_{Cl^-}^*}{RT}\right] \equiv K_{sp} \tag{8.87}$$

（ただし，式(8.56) を式(8.61) に変換したように，標準化学ポテンシャルを標準生成ギブズエネルギーに書き換えた）。ここで，K_{sp} は溶解度積（solubility product）と呼ばれる物理量で，塩の水に対する溶解のしにくさ（沈殿のしやすさ）を表す。

　最後にもう一つの不均一系反応の例として，標準状態における水素の燃焼反応を考えよう。

$$2H_2(g) + O_2(g) \rightleftharpoons 2H_2O(l) \tag{8.88}$$

この反応において，反応物 H_2 と O_2 は標準状態で気体であるが，生成物である水 H_2O は標準状態で液体であり，この反応も不均一系で起こる反応である。いま，H_2 と O_2 の当量混合物と反応後の気相の圧力を P^* に保持するために不活性ガスとして窒素 N_2 気体を含む3成分系を反応の出発物質とする。反応前の

[注1] $\bar{G}_{CO_2}^*(g) = -394.4$ kJ/mol, $\bar{G}_C^*(s) = \bar{G}_{O_2}^*(g) = 0$ より，$x_{O_2}(g) = 1 - x_{CO_2}(g) = 7.5 \times 10^{-70}$ となり，燃焼反応 (8.80) はほとんど完全に進行する。

[注2] $\Delta_f\bar{G}_{AgCl}^*(s) = -109.8$ kJ/mol, $\Delta_f\bar{G}_{Ag^+}^* = 77.1$ kJ/mol, $\Delta_f\bar{G}_{Cl^-}^* = -131.2$ kJ/mol より，$K_{sp} = 1.71 \times 10^{-10}$ $(mol/L)^2$ が得られる。

第 1 部　熱力学 | 93

H_2 と O_2 の物質量をそれぞれ $2n_0$ と n_0, N_2 の物質量は，空気を想定して，$n_{N_2}(g) = 4n_0$ としよう。

この空気と水素の混合気体を引火すると，爆発的に燃焼反応が進行し，標準状態では図 8.4(c) に示すように気液平衡が実現する。気相には未反応の H_2 と O_2 および液相から蒸発した H_2O が N_2 とともに存在し（圧力は P^*），液相には反応で生じた H_2O 以外に，気相からわずかに水に溶解した H_2 と O_2 が存在する（N_2 の水への溶解は無視する）。反応前後の各成分の気相・液相に存在する物質量を表 8.3 にまとめる。水素の燃焼自身は単純な反応であるが，不均一系であることにより，反応後の生成物は 4 成分系の気相と 3 成分系の液相となり，相平衡と化学平衡が複雑に関係する熱力学的には複雑な系である[注)]。

表 8.3　水素の燃焼反応前後の各成分の気相・液相に存在する物質量

成分	反応前		反応後（平衡状態）	
	気相	液相	気相	液相
H_2	$2n_0$	0	$n_{H_2}(g)$（微量）	$n_{H_2}(aq)$（微量）
O_2	n_0	0	$n_{O_2}(g)$（微量）	$n_{O_2}(aq)$（微量）
H_2O	0	0	$n_{H_2O}(g)$（微量）	$n_{H_2O}(l)$
N_2	$n_{N_2}(g)$	0	$n_{N_2}(g)$	0

水素の燃焼反応 (8.88) においては，反応はほとんど完全に進み，平衡状態における気相には H_2 と O_2 は微量にしか存在しない。また，生成した H_2O は標準状態では液体で，その蒸気圧は低いので，やはり気相には微量にしか存在しない。したがって，反応後の気相中の H_2 と O_2 と H_2O のモル分率は，次式で近似できる。

$$x_{H_2}(g) = \frac{n_{H_2}(g)}{n_{N_2}(g)}, \quad x_{O_2}(g) = \frac{n_{O_2}(g)}{n_{N_2}(g)}, \quad x_{H_2O}(g) = \frac{n_{H_2O}(g)}{n_{N_2}(g)} \tag{8.89}$$

また，反応後の液相中では H_2O が主成分で，H_2 と O_2 は微量にしか存在しない。よって，反応後の液相中の H_2 と O_2 のモル濃度は，次式で近似できる。

$$[H_2] = \frac{n_{H_2}(aq)}{\bar{V}^{\circ}_{H_2O} n_{H_2O}(l)}, \quad [O_2] = \frac{n_{O_2}(aq)}{\bar{V}^{\circ}_{H_2O} n_{H_2O}(l)} \tag{8.90}$$

ここで，$\bar{V}^{\circ}_{H_2O}$ は純状態の H_2O のモル体積である。

まず，この不均一系における相平衡条件は，次で与えられる。

$$\mu_{H_2}(g) = \mu_{H_2}(aq), \quad \mu_{O_2}(g) = \mu_{O_2}(aq), \quad \mu_{H_2O}(g) = \mu_{H_2O}(l) \tag{8.91}$$

また，気相・液相における化学平衡の条件は

$$2\mu_{H_2}(g) + \mu_{O_2}(g) = 2\mu_{H_2O}(g), \quad 2\mu_{H_2}(aq) + \mu_{O_2}(aq) = 2\mu_{H_2O}(l) \tag{8.92}$$

ただし，上の式(8.92) の第 1 式に，式(8.91) の各式を代入すると，式(8.92) の第 2 式が得られるので，化学平衡の式は二つのうちのどちらかが成立すれば十分である。

式(8.91) のうちの H_2O に関する第 3 式については，第 7 章ですでに議論していて式(7.52) が導出されている。本章の記号を用いると，この式(7.52) は次のように書ける。

$$\frac{x_{H_2O}(g)}{x_{H_2O}(l)} \approx x_{H_2O}(g) = \exp\left(\frac{\bar{G}^*_{H_2O}(l) - \bar{G}^*_{H_2O}(g)}{RT^*}\right) = \exp\left(\frac{\Delta_f \bar{G}^*_{H_2O}(l) - \Delta_f \bar{G}^*_{H_2O}(g)}{RT^*}\right) \tag{8.93}$$

[注)] 筆者としては，以下の議論にもついてきていただきたいところだが，数学的にかなり複雑になっているので（高度の数学は使っていないが），とりあえず結果が知りたい方は途中の議論を飛ばして，最終結果である表 8.4 のみを考察いただきたい。

液相中で H_2O は大過剰なので，そのモル分率 $x_{H_2O}(l)$ は 1 で近似できる。また，式(8.91) のうちの H_2 と O_2 の気液平衡条件についても，第 7 章ですでに議論しており，ヘンリーの法則を表す式(7.49) を利用すれば次式が得られる。

$$[H_2] = L_{H_2} x_{H_2}(g), \quad L_{H_2} \equiv P^* / K_{H,H_2}^{(C)} \tag{8.94}$$

$$[O_2] = L_{O_2} x_{O_2}(g), \quad L_{O_2} \equiv P^* / K_{H,O_2}^{(C)} \tag{8.95}$$

式中の L_{H_2} と L_{O_2} の値は表 7.1 のヘンリー係数の結果より計算できる。

さらに，化学量論を考慮した物質保存則より次式が成立するはずである。

$$n_{H_2}(g) + n_{H_2}(aq) = 2n_0 - 2\xi, \quad n_{O_2}(g) + n_{O_2}(aq) = n_0 - \xi, \quad n_{H_2O}(g) + n_{H_2O}(l) = 2\xi \tag{8.96}$$

ただし，ξ は平衡状態での反応進行度である。上式と式(8.91), (8.92), (8.94)，および (8.95) より，$x_{H_2}(g)$ と $x_{O_2}(g)$ は次のように書ける。

$$x_{H_2}(g) = \frac{2(\lambda_0 - \alpha)}{1 + L_{H_2}(2\alpha - x_{H_2O}(g))} \tag{8.97}$$

$$x_{O_2}(g) = \frac{\lambda_0 - \alpha}{1 + L_{O_2}(2\alpha - x_{H_2O}(g))} \tag{8.98}$$

ただし，

$$\lambda_0 \equiv n_0 / n_{N_2}(g)(= 1/4), \quad \alpha \equiv \xi / n_{N_2}(g) \tag{8.99}$$

気相における式(8.92) より，次の化学平衡の法則を表す式が得られる。

$$\frac{x_{H_2O}(g)^2}{x_{H_2}(g)^2 x_{O_2}(g)} = \exp\left[-\frac{2\bar{G}_{H_2O}^*(g) - 2\bar{G}_{H_2}^*(g) - \bar{G}_{O_2}^*(g)}{RT}\right] = \exp\left[-\frac{2\Delta_f \bar{G}_{H_2O}^*(g)}{RT}\right] \tag{8.100}$$

この式に式(8.97) と (8.98) を代入すると，α に関する次の方程式が得られる。

$$x_{H_2O}(g)^2 \frac{\left[1 + L_{H_2}(2\alpha - x_{H_2O}(g))\right]^2 \left[1 + L_{O_2}(2\alpha - x_{H_2O}(g))\right]}{4(\lambda_0 - \alpha)^3} = \exp\left(-\frac{2\Delta_f \bar{G}_{H_2O}^*(g)}{RT^*}\right) \tag{8.101}$$

ただし，$x_{H_2O}(g)$ は式(8.93) より計算される。

方程式(8.101) を数値的に解き，得られた α を式(8.97) と (8.98) に代入して $x_{H_2}(g)$ と $x_{O_2}(g)$ を求め，得られた結果を式(8.94) と (8.95) に代入して $[H_2]$ と $[O_2]$ を得ることができる。これらの計算に必要な標準生成ギブズエネルギーを以下に示す[注]。

$$\Delta_f \bar{G}_{H_2O}^*(l) = -237.2 \text{ kJ/mol}, \quad \Delta_f \bar{G}_{H_2O}^*(g) = -228.6 \text{ kJ/mol}$$

計算の結果を表 8.4 にまとめて示す。表中には，式(8.93) より計算された $x_{H_2O}(g)$ と式(8.96) から計算された $n_{H_2O}(l)/2n_0$ の値も掲げてある。気相中でのこの燃焼反応はほとんど完全に起こり，気液両相に未反応の H_2 と O_2 はほとんど残っていない。また，この燃焼反応によって生じた H_2O の多くは液相として存在するが，6.5%は気相に存在する。

[注] $\Delta_f \bar{G}_{H_2O}^*(g)$ の計算には，第 7 章の p.76 の脚注にある式 (7.N2) を利用した。

第 1 部 熱力学 95

表 8.4 水素の燃焼反応後の気液相の組成（反応前の $n_{H_2}:n_{O_2}:n_{N_2}=2:1:4$）

$x_{H_2}(g)$	$x_{O_2}(g)$	$x_{H_2O}(g)$	$n_{H_2O}(l)/2n_0$	$[H_2]/\text{mol L}^{-1}$	$[O_2]/\text{mol L}^{-1}$
2.4×10^{-28}	1.2×10^{-28}	0.031	0.935	1.9×10^{-31}	1.5×10^{-31}

8.10 化学電池

イオン化傾向の異なる2種類の金属を電解質溶液に浸け，導線でつなぐと化学電池ができる。このような電池は，化学エネルギーを電気エネルギーに変換するもので，イオン化傾向が大きい金属が負極，小さい金属が正極となる。このとき，電池の両極間の電位差を起電力と呼び，両極の金属のイオン化傾向の差が大きいほど起電力は大きい。この化学電池を，熱力学の観点から考えよう。

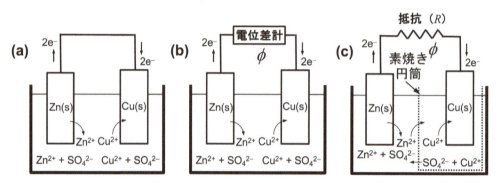

図 8.5 ダニエル電池の原理と実際の概略図

例として，負極に亜鉛 Zn，正極に銅 Cu を用いたダニエル電池を考察する（図 8.5 参照）。まず，系を簡単化するために，固体の Zn と Cu が，ZnSO₄ と CuSO₄ の溶けた希薄水溶液に浸かり，Zn と Cu 間を導線でつないだ図 8.5(a) に示す系を考えよう。これは Zn(s)，Cu(s)，ZnSO₄，CuSO₄，および水の5成分系で，固相の Zn 相と Cu 相および液相の ZnSO₄＋CuSO₄ の水溶液相の3相が共存している。ただし，水溶液中で ZnSO₄ と CuSO₄ は電離している。

この不均一系における次の化学平衡を考える。

$$Zn(s) + Cu^{2+}(aq) \rightleftharpoons Zn^{2+}(aq) + Cu(s) \tag{8.102}$$

すなわち，図 8.5(a) に示すように，Zn(s) 相から Zn²⁺ が水溶液相に溶けだし，水溶液相中の Cu²⁺ が Cu(s) 相に析出し，Zn(s) 相に余分に残った電子 2e⁻ は導線を流れて，Cu(s) 相に移動して Cu²⁺ がもたらした正電荷を中和する。ただし，電子は式(8.102)においては両辺で相殺してあらわには現れない。

この反応 (8.102) における平衡条件（すなわち電流が流れなくなる条件）は次式で与えられる。

$$\mu_{Zn}(s) + \mu_{Cu^{2+}}(aq) = \mu_{Zn^{2+}}(aq) + \mu_{Cu}(s) \tag{8.103}$$

各化学ポテンシャルは，次のように表されるので，

$$\begin{aligned}&\mu_{Zn}(s) = \bar{G}^*_{Zn}(s) = 0, \quad \mu_{Cu}(s) = \bar{G}^*_{Cu}(s) = 0 \\ &\mu_{Cu^{2+}}(aq) = \mu^{0(C)}_{Cu^{2+}} + RT^* \ln[Cu^{2+}], \quad \mu_{Zn^{2+}}(aq) = \mu^{0(C)}_{Zn^{2+}} + RT^* \ln[Zn^{2+}]\end{aligned} \tag{8.104}$$

次の化学平衡の法則を得る。

$$\frac{[\text{Cu}^{2+}]}{[\text{Zn}^{2+}]} = \exp\left(-\frac{\Delta_f \bar{G}^*_{\text{Cu}^{2+}} - \Delta_f \bar{G}^*_{\text{Zn}^{2+}}}{RT^*}\right) \equiv \exp\left(-\frac{\Delta_r \bar{G}^*}{RT^*}\right) \tag{8.105}$$

(ただし，式(8.56)を式(8.61)に変換したように，標準化学ポテンシャルを標準生成ギブズエネルギーに書き換えた)．Cu^{2+}とZn^{2+}の標準生成ギブズエネルギーは，$\Delta_f \bar{G}^*_{\text{Cu}^{2+}} = 65.49$ kJ/mol，$\Delta_f \bar{G}^*_{\text{Zn}^{2+}} = -147.1$ kJ/mol より，標準反応ギブズエネルギー$\Delta_r \bar{G}^*$は 212.6 kJ/mol となる．よって，式(8.105)より25℃で電流が流れなくなる条件は $[\text{Cu}^{2+}]/[\text{Zn}^{2+}] = 4 \times 10^{-38}$ となり，Cu より Zn の方がイオンになりやすい（イオン化傾向が大きい）ことがわかる．

次に，図 8.5(b) に示すように，Zn(s)（負極）と Cu(s)（正極）をつないだ導線に電位差計を挿入し，いま Zn(s) と Cu(s) の間に ϕ だけ電位差があるとしよう（平衡状態にあるパネル (a) では $\phi = 0$ である）．この状態で，仮想的に Zn(s) 相から物質量 dn だけの Zn^{2+} が水溶液相に溶けだし，水溶液相中の Cu^{2+} が dn だけ Cu(s) 相に析出し，$2dn$ の電子が電位差 ϕ に抗して Zn(s) から Cu(s) に移動したとする．パネル (a) との違いは，$2dn$ の電子を移動させるのに，$2dn \cdot e\phi$ の電気エネルギーが必要なことである（eは電気素量）．そのため，反応式(8.102)に対する化学平衡条件は，式(8.103)の代わりに

$$\mu_{\text{Zn}}(s) + \mu_{\text{Cu}^{2+}}(\text{aq}) = \mu_{\text{Zn}^{2+}}(\text{aq}) + \mu_{\text{Cu}}(s) + 2F_A\phi \tag{8.106}$$

で与えられる．ここで，F_A は e にアボガドロ定数 N_A を掛けたファラデー定数である．

$$F_A \equiv N_A e = 9.65 \times 10^4 \text{ J V}^{-1}\text{mol}^{-1} \tag{8.107}$$

式(8.104)を式(8.106)に代入すると，両極間の電位差 ϕ は次式で表される．

$$\phi = \frac{\Delta_f \bar{G}^*_{\text{Cu}^{2+}} - \Delta_f \bar{G}^*_{\text{Zn}^{2+}}}{2F_A} + \frac{RT^*}{2F_A} \ln\left(\frac{[\text{Cu}^{2+}]}{[\text{Zn}^{2+}]}\right) \tag{8.108}$$

この式はネルンストの式と呼ばれる．

1836年にダニエルによって開発されたダニエル電池は，図 8.5(c) に示すような構造を持つ．負極の Zn(s) が ZnSO_4 水溶液に浸かった部分と正極の Cu(s) が CuSO_4 水溶液に浸かった部分から構成され，それぞれの部分は半電池と呼ばれる．両半電池は孤立しているわけではなく，両者は Zn^{2+} や SO_4^{2-} などのイオンは通過できる素焼き板で仕切られている．そのため反応(8.102)が進行すると，負極側と正極側の半電池の電解質水溶液はそれぞれ正と負に帯電してくるが，素焼き板を通した Zn^{2+} と SO_4^{2-} の移動によって電気的中性が保たる．その結果，反応は進行し続けることができ，電子が負極から正極に（電流は正極から負極の方向に）流れ続ける．

作動中のダニエル電池では，負極付近の Zn^{2+} の濃度が高く，正極付近の Cu^{2+} の濃度が低くなっていると考えられ，また導線中では電子の流れも起こっており，この電池系は熱平衡状態にはない．ただし，導線中での電子の流れが十分遅ければ，電解質水溶液中の電極付近における Zn^{2+} と Cu^{2+} の濃度の不均一性は拡散により緩和される．各半電池における ZnSO_4 水溶液と CuSO_4 水溶液の金属イオン濃度が均一と見なせ，図 8.5(b) における ZnSO_4 と CuSO_4 の混合電解質水溶液中の各金属イオン濃度と等しければ，式(8.106)はそのまま使えるので，ダニエル電池の起電力 ϕ に対

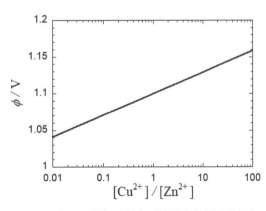

図 8.6 ダニエル電池の起電力の電解質水溶液濃度依存性

してもネルンストの式(8.108) が使える[注]。具体的に計算したその起電力 ϕ の $[Cu^{2+}]/[Zn^{2+}]$ 依存性を図8.6 に示す。電池を使用し続けると，次第に $[Cu^{2+}]$ が減少し，$[Zn^{2+}]$ が増加してくるので，ダニエル電池の起電力は低下してくる。

半電池に用いる金属イオンの種類により，ネルンストの式(8.108) 中の標準生成ギブズエネルギー（すなわち標準化学ポテンシャル）の値が異なり，起電力に影響を与える。各半電池に対して，標準生成ギブスエネルギーをファラデー定数 F とイオンの価数で割った量を標準電極電位と呼ぶ。いくつかの金属イオンの標準生成ギブズエネルギーを付録の表 B.2 に掲げる。ダニエル電池に対する標準電極電位 $\phi_{Zn^{2+}}^0$ と $\phi_{Zn^{2+}}^0$ は次で与えられる。

$$\phi_{Cu^{2+}}^0 \equiv \frac{\Delta_f \bar{G}_{Cu^{2+}}^*}{2F} = 0.34 \text{ V}, \ \phi_{Zn^{2+}}^0 \equiv \frac{\Delta_f \bar{G}_{Zn^{2+}}^*}{2F} = -0.76 \text{ V} \tag{8.109}$$

2種類の半電池を組み合わせると一つの電池ができるが，標準電極電位の大きい方がその電池の正極となり，その電池の標準電極電位差 ϕ^0 は，正極の標準電極電位から負極のそれを引いた値で与えられる。ダニエル電池の場合は，次のように計算される。

$$\phi^0 = \phi_{Cu^{2+}}^0 - \phi_{Zn^{2+}}^0 = 0.34 \text{ V} - (-0.76 \text{ V}) = 1.1 \text{ V} \tag{8.110}$$

電極間をつないだ導線に挿入された抵抗の値を R とすると，オームの法則により抵抗内を流れる電流 I は次式で与えられる。

$$I = \phi/R \tag{8.111}$$

さらに，ジュールの法則により，時間 t の間に抵抗より発生するジュール熱 q は次式より計算される。

$$q = I^2 R t = \frac{\phi^2}{R} t \tag{8.112}$$

第2章で述べた熱容量測定において，図 2.1 中のヒーターから生じる熱量の値は，この式より計算された。

[注] 負極付近の Zn^{2+} 濃度が平均値より高く，正極付近の Cu^{2+} 濃度が平均値より低ければ（拡散により十分緩和されなければ），局所的な $[Cu^{2+}]/[Zn^{2+}]$ は小さくなり，起電力 ϕ を減少させる。この現象を電池の分極という。

第 **2** 部

統計熱力学

第9章 統計熱力学とは

9.1 はじめに—原子論 vs. エネルギー論

　現代では，物質は原子・分子から構成されているというのは，中学校から学ぶので，誰も原子・分子の存在を疑わなくなっているが，今から百数十年前までは，原子・分子の実在を信じる科学者は多くはなかった。もちろん，化学の分野では19世紀の初めのドルトンの時代には原子説が提唱されていたが，あくまでも原子という仮想的モデルを想定すれば，色々な物理・化学現象をうまく説明できるという状況で，原子・分子の真の実在性については，それほど真剣に考察されていたわけではなかった。

　しかしながら，19世紀の後半になると，気体分子を非常に小さいパチンコ玉のようなものとして扱った気体分子運動論が現れ，分子の実在性が真剣に議論されるようになり，その後「原子論」と「エネルギー論」と呼ばれるようになる二つの立場に立つ科学者の間で激論が戦わされることになった。「エネルギー論」とは，原子・分子は小さくて，目視でも光学顕微鏡でも見えず，触って感じることもできないので，原子・分子そのものを実験的に調べる術がなく，リアルに考えるべきではないとする立場である。当時は，原子・分子の概念を必要としない熱力学が確立し，様々な化学現象に適用されて成功を収めていた時期だったため，「エネルギー論者」たちは原子・分子などという「虚構」は考える必要がないと主張した。

　これに対して，第1部で説明したように，理想気体の状態方程式(ボイル－シャルルの法則) や単原子分子の理想気体の内部エネルギーが $(3/2)RT$ となることは実験から経験的に得られたものであり，それ自身を熱力学だけからは説明できないという熱力学の欠点に不満を持つ人々が現れてくる。そのような人々によって，分子というモデルを用いた気体分子運動論が創始され，理想気体の状態方程式が導出され，その成功に勇気づけられて，分子の実在性を信じる「原子論者」の数が増えていった。そのような状況で，「エネルギー論者」はそれ自身実験により調べることのできない原子・分子などは，「幽霊」を研究対象とするようなもので，科学者たる者は議論の対象とすべきではないと主張し，両者の間で大論争となったわけである。

　この大論争に終止符を打つのに重要な貢献をしたのがアインシュタインであった。彼は相対性理論で有名であるが，その相対論の第1報を発表したのと同じ年に (奇跡の年と呼ばれる1905年)，液体の分子運動とコロイド粒子のブラウン運動を関係づけた理論を発表している。コロイド粒子は小さいが，光学顕微鏡あるいは限外顕微鏡によってそのブラウン運動を調べることができる。アインシュタインは，液体がそのコロイド粒子よりもずっと小さく，それ自身は直接には調べられない分子から構成されていると仮定した。そして，ランダムな熱運動を行っている分子の衝突によりコロイド粒子のブラウン運動が起こっているとして，ブラウン運動を定式化した。この理論の予想がコロイド粒子のブラウン運動の実験結果と見事に一致することをフランスの物理学者ペランが示して，「エネルギー論者」は消滅していった。その後，原子・分子を直接見たり実験したりできる手法が数々開発されて (それらの業績に対して多数のノーベル賞が授与された)，現在では原子・分子の実在を疑う科学者はいなくなった。

　気体分子運動論を発展させて成立したのが，「統計力学」あるいは「統計熱力学」である。歴史的には，「化学熱力学」を確立させたギブズが，20数年後に「統計熱力学」の教科書を出版し (1902年)，その確

立にも重要な貢献をしている（付録 A 参照）。ただし，彼の提案した統計熱力学は，古典力学に基づくもので，その後（1906 年）にアインシュタインは低温領域での固体の熱容量は，量子効果を考慮しなければ実験と一致しないことを指摘した。量子力学が確立するのは 1925 年以降であり，その量子力学に基づく「量子統計熱力学」がその後に確立する。ただし，室温ではギブズの提案した「古典統計熱力学」が成立する現象も多い。

　本章では，まず統計熱力学の目的を概説したのちに，統計熱力学の基礎としての「統計学」について簡単に説明する。そして，その「統計学」を利用しながら，「統計熱力学」の基本的な原理・概念について説明したのちに，それらの原理・概念をいくつかの簡単な分子の振舞いに応用する。これらの応用例から，「統計熱力学」はむずかし気な原理や概念に基づいた学問ではないことを実感していただきたい。そのうえで，次章以下のより複雑な分子の現象の取り扱いに進んでいってもらいたい。

9.2　統計熱力学の目的

　上述のようにして勝利した「原子論」であるが，「エネルギー論者」たちが懸念していた問題が完全に解決したわけではない。原子・分子論における困難は，以下の三つに大別される。

(1) 実験技術，特に新しい顕微鏡の進歩により，原子・分子を直接見ることができるようになったが，通常は原子・分子をある基板に吸着させた状態あるいは急速凍結した状態でしか観察できない。物質中の原子・分子を，興味のある状態のままで見ることを「その場観察」と呼ぶが，任意の条件下での「その場観察」はいまだに行えない（近い将来でも難しいだろう）。

(2) 20 世紀に入って，原子・分子の世界では巨視的世界で成立していた古典力学が使えないことがわかってきて，量子力学が創始された。この量子力学によれば，原子・分子の世界では，本質的に（実験手法が未発達なためではなく）現象を確率でしか議論できない。ある自然現象が起こるかどうかについて確定的なことが言えないというのは，古典力学に慣れ親しんできた者にとっては不満が残るし，現象を直観的に理解することを妨げる。

(3) 目で見える巨視的な物質を構成している原子・分子の数はアボガドロ数（6×10^{23}）程度で，その膨大な数のすべての原子・分子の状態を個々に考察することは困難である。最近のコンピュータの進歩により，ビッグデータを直接的に取り扱えるようになってきたが，アボガドロ数個の原子・分子の個々のデータをそのままの形で取り扱うことは，コンピュータでも難しいであろうし，そのビッグデータをそのままの形で（以下で述べる統計的処理を施さずに）人間が理解できるとも思えない。

　この第 2 部で扱う統計熱力学は，上記の困難 (3) を「統計学」の知識を利用して解決していこうという学問である。すなわち，統計熱力学では，熱力学的な系をアボガドロ数個ほど存在する分子の集まり（集団）と見なし，その集団の統計学的なふるまいを議論する。日本国内に住む人々の身長を議論するときには，その平均値や分散を考察の対象とし，一人一人の身長は考察しないのと同様に，統計熱力学では集団内の個々の分子の状態・ふるまいを直接には取り扱わない。

　上記の困難 (2) のために，統計熱力学では原理的には量子力学を用いて議論しなければならない。しかしながら，本書では統計熱力学をできるだけ直観的に理解していただきたいので，可能な限り原子・分子を古典力学が適用できる物体として扱っていきたい。その古典近似が誤った結論を導く場合にのみ，量子統計力学について言及する。

　また，上記の困難 (1) のために，統計熱力学ではまず考察の対象となる原子・分子に対してあるモデルを（直接的な実験的根拠なしに）仮定し，そのモデルに対して統計的な議論を行う（統計的議論を簡単にするために，単純化したモデルを用いることも多い）。そうして得られた統計熱力学の結論を巨視的な

102　第 9 章　統計熱力学とは

現象・物理量と比較して、初めに仮定した原子・分子モデルの妥当性を吟味する。したがって、統計熱力学の目的は、原子・分子の概念を使って巨視的な現象・物理量を理解することと、実測可能な巨視的な現象・物理量を利用して原子・分子の詳細を理解することの両面である。

9.3 統計学の基本

統計学の基本を紹介するために、まずサイコロを例として考える。サイコロの目は、$1 \sim 6$ までの 6 通りをとり、場合の数が有限個の 6 である（数学では、これを可算集合と呼ぶ）。サイコロが完全な立方体の場合、サイコロの目 i $(= 1 \sim 6)$ の出る確率 P_i はそれぞれ $1/6$ である。よって、サイコロを多数回振ったときに出る目の平均値（mean value）$\langle i \rangle$ と標準偏差（standard deviation）σ は次のようになる。

$$平均値：\langle i \rangle \equiv \sum_{i=1}^{6} i P_i = 3.5 ，標準偏差：\sigma \equiv \sqrt{\sum_{i=1}^{6} (i - \langle i \rangle)^2 P_i} = 1.71 \tag{9.1}$$

たとえば、サイコロを 1 回だけ振って、出た目の金額（出た目の千倍あるいは一万倍が賞金額という方が現実的）が得られるくじで、期待できる獲得賞金額を期待値（expected value）と呼ぶ。この期待値は、サイコロを多数回振って、出た目の平均値（平均値の千倍あるいは一万倍）に等しい。

次に第 2 の例として、6 年生男子児童 20 人の身長のデータを表 9.1 に掲げる。児童に番号付けをし、児童 i $(= 1 \sim 20)$ の身長を x_i と記すと、表 9.1 のデータから、身長の平均値 $\langle x \rangle$ と標準偏差 σ は次のようになる。

$$平均値：\langle x \rangle \equiv \frac{1}{20} \sum_{i=1}^{20} x_i = 136.3 \text{ cm} ，標準偏差：\sigma_x \equiv \sqrt{\frac{1}{20} \sum_{i=1}^{20} (x_i - \langle x \rangle)^2} = 5.2 \text{ cm} \tag{9.2}$$

表 9.1　6 年生男子 20 人の身長のデータ

サンプル i	1	2	3	4	5	6	7	8	9	10
身長 x_i/cm	131	144	141	129	142	135	145	131	132	138

サンプル i	11	12	13	14	15	16	17	18	19	20
身長 x_i/cm	136	126	133	140	136	133	144	134	140	136

i 番目の児童の身長の平均値からのずれ $x_i - \langle x \rangle$ は正負の値をとり、そのずれの平均値はゼロになり、その集団を特徴づける量とはならない。そこで、統計学では、ずれの二乗（これは常に正）の平均値（二乗平均値）の平方根を考える。これが、標準偏差の定義である。標準偏差はゼロとはならず、身長が平均値からどれくらいばらついているかを示す統計的な特性量となる。このように、二乗平均値の平方根を統計集団の特性量として用いる例は、今後もしばしば現れる。

上の例では児童の数（サンプル数）が 20 であったが、たとえば、日本全国の 6 年生男子全員の身長を考察する場合には、データ数が多すぎて、表 9.1 のような表の形でデータを表すことは実質上不可能となる。これに対して、表 9.2 のように、20 人の児童の中で身長がある範囲内にある児童の人数という形にすれば、日本全国の児童に関する身長のデータにも応用可能である。このように、ある集団の特性量（たとえば身長）がある範囲内にあるデータ数（人数）の表を、頻度分布あるいは度数分布と呼ぶ。身長がある範囲内の児童の頻度は、もちろん全サンプル数に依存する。サンプル数が十分多ければ、この頻度

は全サンプル数に比例すると予想される。そこで，表9.2の第3欄に掲げるように，各頻度を全サンプル数で割った量を考える。この量は，6年生男子の集団から無作為に一人を選んだときに，その男子の身長が各身長の範囲内にある確率と見なすことができる。ただし，この確率の値は頻度分布を作る際に選んだ身長幅（表9.2では5 cm）を小さくすると減少する。そのため，各確率をこの身長幅で割った量を表9.2の第4欄に掲げ，これを**確率密度**（probability density）と呼ぶ。確率密度は，考察の対象となる集団のサンプル数や，頻度分布作成の際に選んだ刻み幅に依存せず，統計学における基本量となる。

表9.2 表10.1から求めた身長の頻度分布，確率，および確率密度

身長	全体 頻度分布	確率	確率密度
125 cm 以上 130 cm 未満	2	0.1	0.02
130 cm 以上 135 cm 未満	6	0.3	0.06
135 cm 以上 140 cm 未満	5	0.25	0.05
140 cm 以上 145 cm 未満	6	0.3	0.06
145 cm 以上 150 cm 未満	1	0.05	0.01
合計	20	1	

　図9.1には，表9.2に掲げた確率密度の分布を，棒グラフの形で表す。この例では，サンプル数がそれほど多くないので，集計をとる際の身長幅を狭くすると，グラフがガタガタになってしまうが，以下で議論する熱力学的な系（分子の集団）では，アボガドロ数ほどのサンプル数を含んでおり，その分子集団を特徴づけるある物理量 x の確率密度の関数は，刻み幅を非常に小さくしてもスムーズな曲線となり，連続関数 $P(x)$ で表される。その集団から無作為に抽出したサンプルが物理量 x と $x + \mathrm{d}x$ の間の値をとる確率は，$P(x)\,\mathrm{d}x$ で与えられ，平均値 $\langle x \rangle$ と標準偏差 σ_x は $P(x)$ を使い次式より計算される。

$$\langle x \rangle = \int x P(x)\,\mathrm{d}x, \quad \sigma_x = \left[\int (x - \langle x \rangle)^2 P(x)\,\mathrm{d}x\right]^{1/2} \tag{9.3}$$

統計学的な集団を特徴づけるには，関数である確率密度の方がより詳細な情報を含んでいるが，その集団の大雑把な特徴を掴むには，数値である平均値や標準偏差を用いる方が便利である。

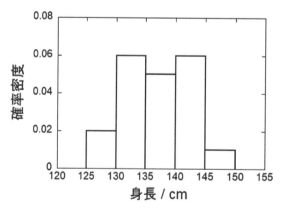

図9.1　表9.2で与えられた身長の確率密度分布

9.4 ある簡単な例 — n-ブタンの内部回転状態

まず，簡単な例として，絶対温度が T で 1 気圧の n-ブタン C_4H_{10} の気体を考える。ブタンは 100 円ライターの燃料で，数気圧に加圧されたライター内では液体となっているが，室温で 1 気圧下では気体である。よく知られているように，n-ブタン分子内の炭素－炭素単結合回りには回転が起こる。図 9.2 に図示するように，炭素原子 2 と 3 をつないだ中央の炭素－炭素単結合回りの回転により，トランス状態（t）とゴーシュ（+）状態（g^+）とゴーシュ（−）状態（g^-）が，熱力学的に安定な三つの内部回転状態となっている（両端の炭素－炭素単結合回りの回転も起こるが，ここではそれは考えない）。各分子は，周りの分子および容器の壁との衝突により，その内部回転状態を時々刻々と変化させ

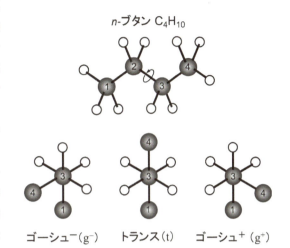

図 9.2 n-ブタン分子の熱力学的に安定な三つの内部回転状態

ている。もちろん，t, g^+, g^- からずれた内部回転状態もとることはあるが，そのような内部回転状態が出現する確率は低いので，ここでは無視する。

この気体中で，t, g^+, g^- の各状態をとる n-ブタン分子数の平均値はいくらになるかを計算しよう。上のサイコロのときの場合の数は 6 であったが，今の問題の場合の数は 3 である。ただし，サイコロの各目が出る確率は等しかったが，n-ブタン分子の三つの内部回転状態が出現する確率は等しくない。いま，n-ブタン分子が t, g^+, g^- の各状態をとる相対確率をそれぞれ p_t, p_{g+}, p_{g-} とする。すると，t, g^+, g^- の各状態をとる絶対確率（それぞれ P_t, P_{g+}, P_{g-}）は，表 9.3 のようになる。以下では，この絶対確率を求める式中の分母（すなわち規格化定数の逆数）を Z で表し，**分配関数**（partition function）あるいは状態和と呼ぶ。

$$Z = p_t + p_{g+} + p_{g-} \tag{9.4}$$

そして，全部で N 分子存在する中で，t, g^+, g^- の各状態をとる n-ブタン分子数の平均値（期待値）は，それぞれ NP_t, NP_{g+}, NP_{g-} より計算される。したがって，各状態の分子数の平均値を計算するためには，相対確率 p_t, p_{g+}, p_{g-} を知っておく必要がある。

表 9.3 サイコロの目と n-ブタン分子の内部回転状態の出現確率

	サイコロの目						n-ブタン分子 C_4H_{10} の内部回転状態		
	1	2	3	4	5	6	t	g^+	g^-
相対確率	1	1	1	1	1	1	p_t	p_{g+}	p_{g-}
絶対確率	$\frac{1}{6}$	$\frac{1}{6}$	$\frac{1}{6}$	$\frac{1}{6}$	$\frac{1}{6}$	$\frac{1}{6}$	$P_t = \frac{p_t}{p_t + p_{g+} + p_{g-}}$	$P_{g+} = \frac{p_{g+}}{p_t + p_{g+} + p_{g-}}$	$P_{g-} = \frac{p_{g-}}{p_t + p_{g+} + p_{g-}}$

n-ブタン分子の各内部回転状態が出現する相対確率は何で決まっているのであろうか？ 実は，相対確率は n-ブタン分子が各状態をとるときのエネルギー値で決まっているのである。いま，t, g^+, g^- の 3 状態をとる n-ブタン分子のエネルギーを，それぞれ E_t, E_{g+}, E_{g-} としよう。トランス状態と比べて

ゴーシュ (+) 状態とゴーシュ (−) 状態のときには，両末端（炭素原子 1 と 4）のメチル基が接近しており，そのため $E_t < E_{g+} = E_{g-}$ となっている（g^+ と g^- は互いに鏡像対称な形をしているので，$E_{g+} = E_{g-}$ である）。すると，n-ブタン分子が各内部回転状態をとる相対確率は以下で与えられる[注]。

$$p_t = \exp(-E_t/k_B T), \quad p_{g+} = \exp(-E_{g+}/k_B T), \quad p_{g-} = \exp(-E_{g-}/k_B T) \tag{9.5}$$

ここで，T はこの気体の絶対温度，k_B は気体定数をアボガドロ定数 N_A で割った量として定義される**ボルツマン定数**（Boltzmann constant）である。

$$k_B = \frac{R}{N_A} \tag{9.6}$$

式(9.5) の各式右辺を**ボルツマン因子**（Boltzmann factor）と呼ぶ。エネルギーが高い状態ほどボルツマン因子は小さく，出現しにくい。

表 9.3 に示した絶対確率を用いると，各内部回転状態をとる n-ブタン分子数の平均値は次式より計算される。

$$\langle N_i \rangle = \frac{N p_i}{p_t + p_{g+} + p_{g-}} = \frac{N e^{-E_i/k_B T}}{Z} \quad (i = t, g^+, g^-), \quad Z \equiv \sum_{i=t, g^+, g^-} \exp\left(-\frac{E_i}{k_B T}\right) \tag{9.7}$$

また，n-ブタン分子が持つエネルギーの平均値は次式より見積もられる。

$$\langle E \rangle = \frac{E_t p_t + E_{g+} p_{g+} + E_{g-} p_{g-}}{p_t + p_{g+} + p_{g-}} = \frac{E_t \langle N_t \rangle + E_{g+} \langle N_{g+} \rangle + E_{g-} \langle N_{g-} \rangle}{N} \tag{9.8}$$

図 9.3 には，それぞれ式(9.7) と (9.8) より計算したトランス状態をとる分子の平均数 $\langle N_t \rangle$ とエネルギーの平均値 $\langle E \rangle$ の温度依存性を示す。ただし，$(E_{g+} - E_t) N_A = 2.1$ kJ/mol とした。極低温では，ほとんどの n-ブタン分子はよりエネルギーの低いトランス状態をとっているが，温度が上昇するとゴーシュ (+) 状態とゴーシュ (−) 状態をとる分子が増えてくる（$T' \to \infty$ では，トランス状態をとる分子は 1/3 にまで減少する）。ゴーシュ (+) 状態とゴーシュ (−) 状態をとる分子数は等しい。それに伴って，分子の平均エネルギーも増加している。

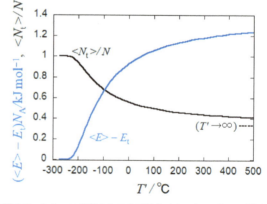

図 9.3 トランス状態をとる分子数 $\langle N_t \rangle$ とエネルギーの平均値 $\langle E \rangle$ の温度依存

以下の微分式を利用すると

$$\frac{d}{dT} \exp\left(-\frac{E_i}{k_B T}\right) = \frac{E_i}{k_B T^2} \exp\left(-\frac{E_i}{k_B T}\right) \tag{9.9}$$

式(9.8) は次のように書ける。

[注] ここでは，エネルギーと相対確率の関係を天下り的に導入している。通常の統計力学の教科書では，たとえば多数の調和振動子の集団（希ガスの結晶）を例として，このエネルギーと相対確率の関係を導出しているが，化学系の学生さんにはややレベルの高い数学が用いられており，本書ではその説明はしない。大沢文夫著「大沢流手づくり統計力学」（名古屋大学出版会，2011 年）では，この関係が成立することを実感できる，サイコロとチップを用いた簡単な実験が紹介されている。興味のある読者は，これを読まれることをお勧めする。

$$\langle E \rangle = \frac{1}{Z} \sum_{i=\mathrm{t},\mathrm{g}^+,\mathrm{g}^-} E_i \exp\left(-\frac{E_i}{k_\mathrm{B}T}\right) = \frac{k_\mathrm{B}T^2}{Z} \sum_{i=\mathrm{t},\mathrm{g}^+,\mathrm{g}^-} \frac{\mathrm{d}}{\mathrm{d}T} \exp\left(-\frac{E_i}{k_\mathrm{B}T}\right)$$

$$= \frac{k_\mathrm{B}T^2}{Z} \frac{\mathrm{d}}{\mathrm{d}T} \sum_{i=\mathrm{t},\mathrm{g}^+,\mathrm{g}^-} \exp\left(-\frac{E_i}{k_\mathrm{B}T}\right) = \frac{k_\mathrm{B}T^2}{Z} \frac{\mathrm{d}Z}{\mathrm{d}T} = k_\mathrm{B}T^2 \frac{\mathrm{d}}{\mathrm{d}T} \ln Z \tag{9.10}$$

式(9.4) で定義された 1 分子の分配関数 Z を，N 分子を含む n-ブタンの気体に拡張しよう。まず，$N = 2$ の場合は，2 分子それぞれが t，g^+，g^- の 3 状態をとるので，すべての場合の数は 9 で，分配関数 Z_2 はこのすべての場合の数にわたるボルツマン因子（相対確率）の和を計算する必要がある。2 分子の内部回転状態が互いに独立に生じるとすると，たとえば片方の分子が t 状態でもう片方の分子が g^+ 状態となる相対確率は $p_\mathrm{t} p_{\mathrm{g}+}$ で与えられるので，Z_2 は次式で与えられる。

$$Z_2 = p_\mathrm{t}p_\mathrm{t} + p_\mathrm{t}p_{\mathrm{g}+} + p_\mathrm{t}p_{\mathrm{g}-} + p_{\mathrm{g}+}p_\mathrm{t} + p_{\mathrm{g}+}p_{\mathrm{g}+} + p_{\mathrm{g}+}p_{\mathrm{g}-} + p_{\mathrm{g}-}p_\mathrm{t} + p_{\mathrm{g}-}p_{\mathrm{g}+} + p_{\mathrm{g}-}p_{\mathrm{g}-}$$

$$= (p_\mathrm{t} + p_{\mathrm{g}+} + p_{\mathrm{g}-})(p_\mathrm{t} + p_{\mathrm{g}+} + p_{\mathrm{g}-}) \tag{9.11}$$

$$= \left(\mathrm{e}^{-E_\mathrm{t}/k_\mathrm{B}T} + \mathrm{e}^{-E_{\mathrm{g}+}/k_\mathrm{B}T} + \mathrm{e}^{-E_{\mathrm{g}-}/k_\mathrm{B}T}\right)^2 = Z^2$$

これを一般の N 分子系に拡張すると，Z_N は 1 分子の Z から次のように計算できる。

$$Z_N = Z^N \tag{9.12}$$

この式を式(9.10) の最後の辺に代入すると，

$$k_\mathrm{B}T^2 \frac{\mathrm{d}}{\mathrm{d}T} \ln Z_N = k_\mathrm{B}T^2 N \frac{\mathrm{d}}{\mathrm{d}T} \ln Z = N\langle E \rangle \tag{9.13}$$

なる式が成り立ち，右辺は N 分子系全体の平均エネルギーとなる。

この n-ブタンの気体全体に関する内部回転エネルギーの平均値 $N\langle E \rangle$ を，熱力学における内部エネルギー U に対応させる。そして第 4 章で定義されたヘルムホルツエネルギー F は内部エネルギー U と次の関係にある[注]。

$$U = F + TS = F - T\left(\frac{\partial F}{\partial T}\right)_V = -T^2\left[\frac{\partial}{\partial T}\left(\frac{F}{T}\right)\right]_V \tag{9.14}$$

これを式(9.10) と比較すると，我々は統計熱力学と熱力学を結びつける次の重要な関係式を得る。

$$F = -k_\mathrm{B}T \ln Z_N \tag{9.15}$$

すなわち，式(9.4) において分配関数 Z は規格化定数の逆数として定義したが，統計熱力学では，分配関数 Z_N は F と直接関係づけられる重要な物理量としての役割を演じる。

次節では，上で説明した統計熱力学を大気中の分子に応用する。

[注] この式は，第 4 章のギブズエネルギー G に関する式 (4.9) と同様にして導出され，やはりギブズ-ヘルムホルツの式と呼ばれる。

9.5 大気中の分子について

大気の主要成分である窒素 N₂ と酸素 O₂ の分子振動を考えよう。これら等核二原子分子は，原子間の結合が伸び縮みする振動運動を行っている。図9.4 に模式的に示すように，原子の質量を m_1，原子間をつなぐ結合のバネ定数を k とすると，各原子は振幅 A，振動数 ν で調和振動する[注1]。分子固有の振動数 ν は次式から計算される。

$$\nu \equiv \frac{1}{2\pi}\sqrt{\frac{2k}{m_1}} \tag{9.16}$$

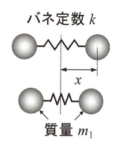

図9.4 振動する窒素 N₂ 分子および酸素 O₂ 分子の模式図

古典力学によれば，その振動のエネルギー E は $(1/2)kA^2$ で与えられ，振幅の連続的な変化とともに，任意の正の整数値をとれる。しかしながら，量子力学によれば，振動エネルギーは次式で与えられる離散的な値しか取れない。

$$E_i = \left(\tfrac{1}{2}+i\right)h\nu \quad (i=0,\ 1,\ 2,\ \cdots) \tag{9.17}$$

ここで，i はゼロまたは正の整数しか取れない量子数，h はプランク定数である。したがって，N₂ および O₂ 分子の振動状態は量子数 i で規定され，その状態の数は離散的ではあるが無限にある（前節の n-ブタン分子の内部回転状態は有限の 3 通りであった）。量子状態 i をとる相対確率は式(9.5) より，次の式で書けるであろう。

$$p_i = \exp(-E_i/k_\mathrm{B}T) \tag{9.18}$$

さらに，分配関数 Z は，式(9.4) より次のように計算される[注2]。

$$Z = \sum_{i=0}^{\infty}\exp\left(-\frac{E_i}{k_\mathrm{B}T}\right) = \sum_{i=0}^{\infty}\exp\left(-\frac{\left(\tfrac{1}{2}+i\right)h\nu}{k_\mathrm{B}T}\right) = \frac{\mathrm{e}^{-h\nu/2k_\mathrm{B}T}}{1-\mathrm{e}^{-h\nu/k_\mathrm{B}T}} \tag{9.19}$$

そして，状態 i が出現する絶対確率 P_i は p_i/Z から計算される。

図9.5 に，式(9.18) と (9.19) から計算された N₂ 分子と O₂ 分子に関する振動状態 i の出現確率 P_i の分布を示す。ただし，N₂ 分子については $m_1 = 0.014/N_\mathrm{A}$ kg $= 2.33 \times 10^{-26}$ kg，$k = 2294$ N/m（固有振動数 $\nu = 7.07 \times 10^{13}$ s^{-1}），O₂ 分子については $m_1 = 0.016/N_\mathrm{A}$ kg $= 2.66 \times 10^{-26}$ kg，$k = 1177$ N/m（固有振動数 $\nu = 4.74 \times 10^{13}$ s^{-1}）を用いた。25℃においては，両分子とも実質的に $i = 0$ の最低エネルギー状態（ゼロ点振動状態）しか取れない。温度を 2000℃まで上げると，$i = 4$ 近くの振動状態までとる

[注1] 各原子は，分子の重心を固定点として単振動する。図9.4 に示すように，右側の原子の固定点からの距離を x ［ばねの長さ（原子核間距離）$= 2x$］とすると，この原子は次のニュートンの運動方程式に従う（右辺がばねによる弾性力を表す）。

$$m_1\frac{\mathrm{d}^2x}{\mathrm{d}t^2} = -k(2x - 2x_0) = -2k(x - x_0) \tag{9.N1}$$

ただし，t は時間，$2x_0$ はばねの自然長を表す。この x に関する微分方程式は，次の解を持つ（A が振幅，ν は振動数を表す）。

$$x = x_0 + A\sin(2\pi\nu t) \tag{9.N2}$$

式(9.N2) を式(9.N1) に代入すると，方程式(9.N1) が成立することが確かめられ，式(9.16) の関係が得られる。また，ばねが最も伸びたときに $(x - x_0 = A)$，両原子の運動エネルギーはゼロとなり，この等核二原子分子の全エネルギーはばねの弾性エネルギー $(1/2)kA^2$ に等しい。さらに，力学のエネルギー保存則より，この全エネルギーは t によらず一定である。

[注2] 次の等比級数の公式を用いた（$r \equiv \mathrm{e}^{-h\nu/k_\mathrm{B}T}$）。

$$\sum_{i=0}^{\infty}\exp\left[-\frac{\left(\tfrac{1}{2}+i\right)h\nu}{k_\mathrm{B}T}\right] = \mathrm{e}^{-h\nu/2k_\mathrm{B}T}\sum_{i=0}^{\infty}\exp\left(-\frac{h\nu}{k_\mathrm{B}T}i\right) = \mathrm{e}^{-h\nu/2k_\mathrm{B}T}\sum_{i=0}^{\infty}r^i = \mathrm{e}^{-h\nu/2k_\mathrm{B}T}\frac{1}{1-r}$$

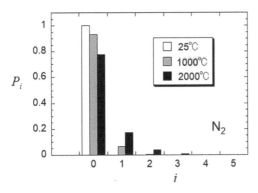
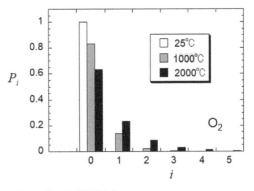

図 9.5 N₂ 分子と O₂ 分子に関する振動状態の出現確率分布

ことができるようになる。固有振動数のより低い O₂ 分子の方が，N₂ 分子より量子数の大きい振動状態をとる確率が増えている。N₂ も O₂ も分子振動により光を吸収しないが（分子振動により双極子モーメントを誘起しないので），もし吸収したならば，光の吸収波長はそれぞれ，424 nm と 633 nm で可視領域にあり，大気には色がついていたであろう。

大気は，地球の重力があるために地表付近に存在でき，大気の圧力は地表から離れるに従い減少する。図 9.6 に示すように，地表上で重力を感じている大気中の N₂ あるいは O₂ 分子の存在確率について考えよう。大気中の N₂ あるいは O₂ 分子の質量を m（$= 2m_1$）とすると，高度 z（地表からの高さ）においてその分子が持つ重力の位置エネルギー $L(z)$ は

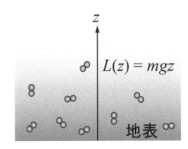

図 9.6 地表上に存在する大気中の分子

$$L(z) = mgz \tag{9.20}$$

で与えられる。ここで，g（$= 9.8$ m/s²）は重力加速度である。各分子は運動エネルギーも持つが（以下参照），いまは運動エネルギーの高度依存性を無視する。

高度 z は連続的な正の実数値をとるので，各分子の存在確率は 9.3 節で説明した確率密度関数を用いて表す必要がある。すなわち，高度が z から $z + \mathrm{d}z$ の間に存在する相対確率は，$p(z)\mathrm{d}z$ で表される。ふたたび式(9.5)を応用すると，この相対確率は

$$p(z)\mathrm{d}z = \exp[-L(z)/k_\mathrm{B}T]\mathrm{d}z = \exp(-mgz/k_\mathrm{B}T)\mathrm{d}z \tag{9.21}$$

で与えられる（分子の運動エネルギーも考慮すると，運動エネルギーのボルツマン因子が定数因子として上式にかかるが，以下の議論には影響しない）。この相対確率は，高度 z における単位体積の大気に含まれるその分子の物質量 $n(z)$ に比例するはずで，地表（$z = 0$）における単位体積中の物質量を $n(0)$ とすると，次式が成立する。

$$n(z) = n(0)\exp(-mgz/k_\mathrm{B}T) \tag{9.22}$$

いま，分子の運動エネルギーの高度依存性，すなわち大気温度の高度依存性を無視しているので，上式と理想気体の状態方程式(式(1.5))を組み合わせると，大気圧の高度依存性に関する次式が得られる。

$$P(z) = P(0)\exp(-mgz/k_\mathrm{B}T) \tag{9.23}$$

ここで，$P(z)$ と $P(0)$ は，それぞれ高度 z と地表における大気圧を表す。図9.7 には，N_2，O_2，および大気全体（N_2 と O_2 のモル比 $= 8:2$）の圧力の高度依存性を示す。ただし，大気温度は 0°C とした。富士山頂での大気圧は約 0.62 atm となる。

最後に，図9.8(a) に示すような容器内に密封された気体 N_2 あるいは O_2 を考えよう。この気体の絶対温度を T とする。容器内で各分子は，でたらめに飛び回り，ときどき容器の壁や他の分子と衝突して，エネルギーのやり取りをしながら，速度や運動方向を変化させている。この気体中に存在する分子の速度の分布を考えよう。図9.8(b) に示すように，容器に固定された直交座標系を基準に分子速度の x, y, z 成分を，それぞれ v_x, v_y, v_z とする。分子の速度成分 v_x, v_y, v_z は連続的な実数値をとるので，ある速度状態が出現する確率は，確率密度関数で表す必要があるが，先の重力下にある大気の確率密度関数が1変数関数であったのに対して，分子速度に対する確率密度関数は3変数関数となる。すなわち，ある分子の x 軸方向の速度成分が v_x から $v_x + dv_x$ までの間，y 軸方向の速度成分が v_y から $v_y + dv_y$ までの間，そして z 軸方向の速度成分が v_z から $v_z + dv_z$ までの間にある確率は，$P(v_x, v_y, v_z)$

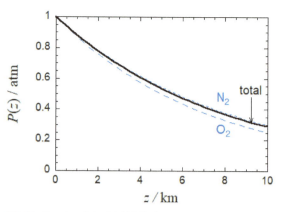

図9.7　N_2，O_2，および大気全体（N_2 と O_2 のモル比 $= 8:2$）の圧力の高度依存性

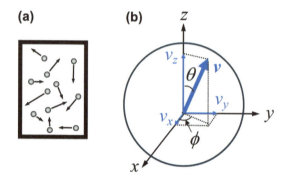

図9.8　分子の並進運動と速度ベクトル

$dv_x dv_y dv_z$ で与えられる。また，そのような速度を持つ分子のエネルギー $E(v_x, v_y, v_z)$ は次式で与えられる（ただし，壁や他の分子との衝突の瞬間を除く）。

$$E(v_x, v_y, v_z) = \frac{1}{2} m \left(v_x^2 + v_y^2 + v_z^2 \right) \tag{9.24}$$

ここで，m は分子の質量を表す（二原子分子の場合，$m = 2m_1$）。再度式(9.5) で与えられた確率とエネルギーの関係を利用すると，次の関係が得られる（式(9.4) も参照）。

$$P(v_x, v_y, v_z) dv_x dv_y dv_z = \frac{1}{Z} \exp\left[-\frac{\frac{1}{2} m \left(v_x^2 + v_y^2 + v_z^2 \right)}{k_B T} \right] dv_x dv_y dv_z \tag{9.25}$$

これをマックスウェル分布と呼ぶ。

いま，図9.8(b) に示すように，分子の速度ベクトル **v** を直交座標ではなく，極座標で表すと，**v** は速度の絶対値 $v\ [=(v_x^2 + v_y^2 + v_z^2)^{1/2}]$ と，運動方向を指定する極角 θ および方位角 ϕ の3変数で表される（$0 \leq \theta \leq \pi$，$0 \leq \phi \leq 2\pi$）。速度の出現確率は，式(9.25) の代わりに

$$P(v_x, v_y, v_z) dv_x dv_y dv_z = \frac{1}{Z} \exp\left(-\frac{mv^2}{2k_B T} \right) v^2 \sin\theta \, dv \, d\theta \, d\phi \tag{9.26}$$

で表される（$v^2 \sin\theta \, dv \, d\theta \, d\phi$ が体積要素 $dv_x dv_y dv_z$ に対応する）。上式の確率密度関数は v だけの関数で，θ と ϕ には依存しない（系が等方的なので，速度の出現確率は，運動方向には依存しない）。そこで，

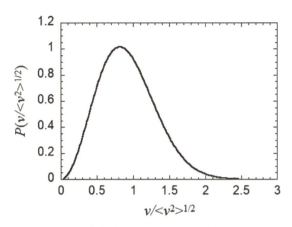

図 9.9 気体中の分子の並進運動の速度分布

式(9.26) の右辺で v に関係する部分だけを抜き出して，v に関する確率密度関数 $P(v)$（すなわち，分子速度の絶対値が v から $v + dv$ までの間にある確率密度）として再定義すると，次式が得られる。

$$P(v)dv = 4\pi \left(\frac{m}{2\pi k_B T}\right)^{3/2} v^2 \exp\left(-\frac{mv^2}{2k_B T}\right) dv \tag{9.27}$$

ただし，規格化条件より係数を定めた。この確率密度関数は，速度方向の情報が欠落しているが，1変数関数であり，数学的に取り扱いやすい（たとえば，3変数関数 $P(v_x, v_y, v_z)$ をグラフで表そうとすると，4次元空間が必要となる）。

式(9.27) で与えられる確率密度関数を用いて，分子の平均二乗速度 $\langle v^2 \rangle$ を求めると

$$\langle v^2 \rangle = \frac{4}{\sqrt{\pi}} \left(\frac{m}{2k_B T}\right)^{3/2} \int_0^\infty v^4 \exp\left(-\frac{mv^2}{2k_B T}\right) dv = \frac{3k_B T}{m} \tag{9.27}$$

なる式が得られる。この式より 25℃における大気中の N_2 分子と O_2 分子の平均二乗速度の平方根 $\langle v^2 \rangle^{1/2}$ を計算すると，それぞれ 1850 km/h と 1730 km/h となる。音速が 1250 km/h なので，大気中の気体分子は超音速で飛び回っていることになる。また，速度分布は式(9.27) より，図 9.9 で与えられる。統計学では，確率密度関数が極大となるところを最頻値と呼ぶが，図 9.9 では，平均二乗速度の平方根 $\langle v^2 \rangle^{1/2}$ より少し小さいところに最頻値が来ている。

9.6 統計熱力学と計算機実験

人間の頭脳は，複雑なものを取り扱うことを苦手としている。一方，コンピュータは複雑なものの取り扱いが得意である。したがって，最近のコンピュータの発達に伴い，統計熱力学の問題を分子動力学シミュレーションなどの計算機実験に任せてしまう傾向にある。この傾向から，もはや統計熱力学は学ぶ必要がないのではないかと思われる読者がいるかもしれない。しかしながら，統計熱力学の知識がなければ，計算機実験では具体的にどのような計算を行っているのかが理解できず，計算機実験の結果はリアルな実験結果と何ら変わらないことになってしまい，その分子論的な解釈ができない。計算機実験の結果の分子論的意味を十分理解するには，統計熱力学を学ぶ必要がある。

第1部で熱力学を用いて取り扱ってきた多数の分子を含む巨視的な系を統計熱力学で考察する際，特

に分子間に相互作用が働く系では，何らかの数学的近似や単純化された分子モデルを用いる必要が生じる。そのような場合には，考察の対象の系に対して計算機実験を行い，得られた結果を統計熱力学の近似理論から出てくる結果と比較して，統計熱力学理論の妥当性を吟味することがしばしばある。現在では，統計熱力学と計算機実験とは，互いに補い合う関係にある。

第10章 気　体

10.1 はじめに

前章では，統計学の基礎と統計熱力学の基本原理を，気体中での1分子に関する内部回転状態，分子振動，並進運動の速度，および重力下での存在確率を例にして説明した。n-ブタンの内部回転状態はトランス，ゴーシュ (+)，ゴーシュ (−) の3状態をとり，微視的状態数は3であったが，分子の並進運動の速度は，それぞれ連続的な実数値をとる x, y, z 方向の速度成分により規定され，微視的状態数は無限にある。当然ながら，微視的状態数が増えてくると，統計学的な取り扱いは複雑になる。

本章では，第1部の熱力学のところで最も頻繁に扱った巨視的なサイズの容器内に密封されている気体を考察の対象とする。歴史的にも，気体分子運動論の発展形として，まず気体の統計熱力学が最初に確立していく。考察の対象となる容器内にはアボガドロ数ほどの分子が存在し，個々の分子は並進・回転・振動運動を行っており，この系の微視的状態数は非常に多い（加えて，量子効果も考慮する必要がある）。しかしながら，気体中の各分子が互いに独立に並進・回転・振動運動を行っていれば（理想気体の場合），その統計熱力学的な取り扱いは，前章の1分子の場合と同様な取扱いができる。ただし，本章の最後の**10.7節**に出てくる非理想気体においては，気体中の分子は互いに相互作用しあっていて，それらは互いに独立に運動しているとは見なせない。そのような系では，相互作用する分子の組み合わせがたくさんあって，統計熱力学的な議論は複雑になる。同節では，気体の密度が十分低い場合（すなわち，理想気体に近い場合）のみを考察する。

第一部の熱力学のところで例示した理想気体の状態方程式からのずれ（図 1.4）と二原子分子気体の熱容量（図 2.2）の実験結果が，本章において，分子論に基づく統計熱力学の計算から再現されている（図 10.2 と図 10.11 を参照）。このように，分子モデルに基づいて，気体の固有の振舞いを予言できるのが，統計熱力学の強みである。

10.2 二原子分子の理想気体

統計熱力学において，最も基本的な量は式(9.4)や(9.11)や(9.19)で与えられた分配関数 Z である。本節では，二原子分子の理想気体に対する分配関数を定式化しよう。前章の9.5節の最後では，図 9.8(a)に示すような容器内の気体分子の並進運動を取り扱った。気体中の各分子の重心の状態は，その分子重心の速度 (v_x, v_y, v_z) と位置座標 (x, y, z) によって規定される。各分子が一辺の長さ L の立方体容器に閉じ込められているならば，座標 x, y, z は 0 から L までの範囲の実数をとり，速度成分 v_x, v_y, v_z は $-\infty$ から $+\infty$ までの実数をとりうるので，容器内の3次元空間中を自由に飛び回っている質量 m の分子の並進自由度に関する分配関数 Z_{tr} は，式(9.4)の和を積分で置き換えて，少し複雑になるが次式のように表される。

$$Z_{\mathrm{tr}} = \int_0^L \mathrm{d}x \int_0^L \mathrm{d}y \int_0^L \mathrm{d}z \int_{-\infty}^\infty \mathrm{d}v_x \int_{-\infty}^\infty \mathrm{d}v_y \int_{-\infty}^\infty \mathrm{d}v_z \exp\left[-\frac{\frac{1}{2}m\left(v_x^2 + v_y^2 + v_z^2\right)}{k_\mathrm{B}T}\right] \tag{10.1}$$

ただし，分子が容器の壁にぶつかったり，他の分子と衝突するときのエネルギーは無視した．積分を実行すると，次のように簡単化される．

$$Z_{\mathrm{tr}} = \left(\frac{2\pi k_{\mathrm{B}} T}{m}\right)^{3/2} V \tag{10.2}$$

ただし，V は容器の体積（$= L^3$）である．

量子力学における不確定性原理によれば，分子の位置座標と速度は無限の精度では決められず，プランク定数を h，分子の質量を m として

$$\Delta x \Delta v_x < h/m \tag{10.3}$$

の範囲内にある x と v_x は区別ができない（y と v_y，z と v_z についても同様）．よって，式(10.1) の計算では，各座標と速度成分は任意の実数をとれるとしたが，この不確定性原理の要請に従うならば，式(10.2) は $(h/m)^3$ で割っておく必要がある．すなわち，

$$Z_{\mathrm{tr}} = \frac{1}{(h/m)^3}\left(\frac{2\pi k_{\mathrm{B}} T}{m}\right)^{3/2} V = \left(\frac{2\pi m k_{\mathrm{B}} T}{h^2}\right)^{3/2} V \tag{10.4}$$

このように，古典力学を用いて計算した分配関数から量子効果を加味する方法を古典的近似と呼ぶ．通常の気体の Z_{tr} に関しては，この古典的近似がよく成立する．

二原子分子は，並進の自由度以外に回転と振動の自由度を持っている．まず，古典力学を用いて，等核二原子分子の回転運動に関する分配関数 Z_{rot} を求めよう．各原子の質量を m_1，結合長（原子核間距離）を b とする．図 10.1 に示すように，極座標を用いると，この分子の方向は θ と ϕ，回転速度は θ が変化する方向の回転角速度 ω_θ と ϕ が変化する方向の回転角速度 ω_ϕ によって規定される．この回転状態における分子の回転エネルギーは次式で与えられる．

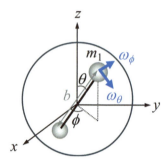

図 10.1　極座標を用いた等核二原子分子の回転状態の規定

$$E = 2 \times \left[\frac{1}{2}m_1\left(\frac{b}{2}\omega_\theta\right)^2 + \frac{1}{2}m_1\left(\frac{b}{2}\sin\theta\omega_\phi\right)^2\right] = \frac{I}{2}(\omega_\theta^2 + \sin^2\theta\omega_\phi^2) \tag{10.5}$$

ただし，I は次式で定義される分子の重心を中心とする分子軸に垂直方向の周りの慣性モーメントである．

$$I \equiv 2m_1(b/2)^2 = \tfrac{1}{2}m_1 b^2 \tag{10.6}$$

したがって，二原子分子の回転に関する分配関数は

$$\begin{aligned}Z_{\mathrm{rot}} &= \int_0^\pi \mathrm{d}\theta \int_0^{2\pi}(\sin\theta \mathrm{d}\phi)\int_{-\infty}^\infty \mathrm{d}\omega_\theta \int_{-\infty}^\infty (\sin\theta \mathrm{d}\omega_\phi)\exp\left[-\frac{I(\omega_\theta^2 + \sin^2\theta\omega_\phi^2)}{2k_{\mathrm{B}}T}\right] \\ &= \frac{8\pi^2 k_{\mathrm{B}} T}{I}\end{aligned} \tag{10.7}$$

で与えられる．ただし，すべての回転状態にわたる積分の体積要素は $\mathrm{d}\theta\cdot\sin\theta\mathrm{d}\phi\cdot\mathrm{d}\omega_\theta\cdot\sin\theta\mathrm{d}\omega_\phi$ であることを用いた．不確定性原理より，次の範囲内の回転状態は区別できない．

$$\Delta\theta\Delta\omega_\theta\Delta\phi\Delta\omega_\phi < (h/I)^2 \tag{10.8}$$

よって古典的近似を用いれば，Z_{rot} は次のように表される[注1]。

$$Z_{\text{rot}} = \frac{8\pi^2 I k_{\text{B}} T}{h^2} \tag{10.9}$$

等核二原子分子の振動運動については，量子力学に基づいた計算がすでに前章の 9.5 節で行われ，振動に関する分配関数 Z_{vib} として，次式が得られている。

$$Z_{\text{vib}} = \sum_{i=0}^{\infty} \exp\left(-\frac{E_i}{k_{\text{B}} T}\right) = \sum_{i=0}^{\infty} \exp\left[-\frac{\left(\frac{1}{2}+i\right)h\nu}{k_{\text{B}} T}\right] = \frac{\mathrm{e}^{-h\nu/2k_{\text{B}}T}}{1-\mathrm{e}^{-h\nu/k_{\text{B}}T}} \tag{9.19}$$

ただし，ν は分子の固有振動数で次式より計算される（k は結合のバネ定数）。

$$\nu \equiv \frac{1}{2\pi}\sqrt{\frac{2k}{m_1}} \tag{9.16}$$

Z_{vib} についても，古典力学に基づいた計算が可能であるが，古典的近似はよい近似ではないことが知られている。

理想気体中の各分子は，並進・回転・振動運動を独立に行っていると考えてよいので，1 分子の分配関数 Z_1 は次式で与えられる。

$$Z_1 = Z_{\text{tr}}Z_{\text{rot}}Z_{\text{vib}} = \left(\frac{2\pi m k_{\text{B}} T}{h^2}\right)^{3/2} V \frac{8\pi^2 I k_{\text{B}} T}{h^2} \frac{\mathrm{e}^{-h\nu/2k_{\text{B}}T}}{1-\mathrm{e}^{-h\nu/k_{\text{B}}T}} \tag{10.10}$$

さらに，容器中に N 分子存在する理想気体全体に対する分配関数 Z_N は，各分子が独立に存在するとして式 (9.12) を利用するならば，$Z_N = Z_1^N$ で与えられる。しかしながら，量子力学では，N 個の同種の分子は互いに区別できない（区別してはいけない）。古典的な統計学に基づく式 (9.12) の導出においては，N 分子を区別できると仮定し，1 番目から N 番目まで番号付けしてから各分子についての Z を計算した上で Z^N を計算した[注2]。N 個の分子が互いに区別できないならば，この計算法では場合の数を数え過ぎである。分子を 1 番目から N 番目まで番号付けする仕方は全部で $N!$ 通りあるので（N 個の分子から 1 番目の分子を選び，$N-1$ 個の分子から 2 番目の分子を選ぶという操作を繰り返す），この数え過ぎは Z_N を $N!$ で割ることにより補正できる。したがって，N 分子存在する理想気体全体に対する分配関数 Z_N は次式で与えられる。

$$Z_N = \frac{1}{N!}\left[\left(\frac{2\pi m k_{\text{B}} T}{h^2}\right)^{3/2} V \frac{8\pi^2 I k_{\text{B}} T}{h^2} \frac{\mathrm{e}^{-h\nu/2k_{\text{B}}T}}{1-\mathrm{e}^{-h\nu/k_{\text{B}}T}}\right]^N \tag{10.11}$$

式 (10.11) を式 (9.15) に代入して，ヘルムホルツエネルギー F を求めると次のようになる[注3]。

[注1] 二原子分子の回転運動を量子力学に基づいて定式化すると，回転状態は量子数 $j\ (= 0, 1, 2, \cdots)$ を用いて規定され，量子論的な分配関数は

$$Z_{\text{rot}} = \sum_{j=0}^{\infty}(2j+1)\exp\left[-\frac{h^2 j(j+1)}{8\pi^2 I k_{\text{B}} T}\right]$$

で与えられる（量子数 j の状態は $2j+1$ 個の準位が重なっている）。この式は，$h^2/8\pi^2 I k_{\text{B}} T \ll 1$ のときには，式 (10.9) に漸近し，古典的近似がよく成り立つ。

[注2] たとえば，2 個の同種のサイコロを振って両方共が 1 の目が出る確率は，1/36 である。これは，たとえ区別ができなくても 2 個のサイコロを番号付けし，それぞれのサイコロが 1 から 6 の目が出るとして，すべての場合の数を $6^2 = 36$ とすることにより得られる。古典的な統計学では，式 (9.12) の方が正しい。

[注3] 2 mol の理想気体の F は 1 mol の同種の理想気体の F の 2 倍となっているはずで，F は示量性の状態量である。式 (10.12) において，N と V を 2 倍にすると，F も 2 倍となり，この条件を満たしていることに注意されたい。これに対して，古典的な統計を用いて導出した式 (9.12) を用いて，理想気体の F を求めると，式 (10.12) 右辺のカッコ内の $\ln\ (V/N)$ が $\ln\ V$ に代わる。この式で，N と V を 2 倍にすると，F は 2 倍とはならず，示量性の状態量となっていない。これを，古典統計力学におけるギブズのパラドックスという（式 (10.17) で与えられる S についても同様のパラドックスが生じるが，式 (10.15) で与えられる U については生じない）。量子統計に基づき，分子の非identity性を導入すると，このパラドックスは解消される。なお，9.4 節で述べた n-ブタンの内部回転に関するヘルムホルツエネルギー F は式 (9.12) を用いても，示量性の条件を満たしている。

第 2 部　統計熱力学　115

$$F = -Nk_{B}T\left\{\ln\left(\frac{V}{N}\right) + 1 + \ln\left[\left(\frac{2\pi mk_{B}T}{h^{2}}\right)^{3/2} \frac{8\pi^{2}Ik_{B}T}{h^{2}} \frac{e^{-h\nu/2k_{B}T}}{1 - e^{-h\nu/k_{B}T}}\right]\right\} \tag{10.12}$$

ただし，N は非常に大きい数字なので，次のスターリングの近似式を用いた．

$$\ln N! \approx N\ln N - N \tag{10.13}$$

さらに，得られた F から理想気体の圧力 P（式(4.16)より），内部エネルギー U（式(9.14)より），定積熱容量 C_V（式(2.9)より），およびエントロピー S（式(4.16)より）は次のようにして計算される．

$$P = -\left(\frac{\partial F}{\partial V}\right)_{T} = \frac{Nk_{B}T}{V} \tag{10.14}$$

$$U = -T^{2}\left[\frac{\partial}{\partial T}\left(\frac{F}{T}\right)\right]_{V} = N\left(\frac{5}{2}k_{B}T + \frac{h\nu}{2}\frac{1 + e^{-h\nu/k_{B}T}}{1 - e^{-h\nu/k_{B}T}}\right) \tag{10.15}$$

$$C_{V} = \left(\frac{\partial U}{\partial T}\right)_{V} = Nk_{B}\left[\frac{5}{2} + \left(\frac{h\nu}{k_{B}T}\frac{e^{-h\nu/2k_{B}T}}{1 - e^{-h\nu/k_{B}T}}\right)^{2}\right] \tag{10.16}$$

$$\begin{aligned}S &= -\left(\frac{\partial F}{\partial T}\right)_{V} \\ &= Nk_{B}\left\{\ln\left[\frac{V}{N}\left(\frac{2\pi mk_{B}}{h^{2}}\right)^{3/2}\frac{8\pi^{2}Ik_{B}T}{h^{2}}\right] + \ln\left(\frac{e^{-h\nu/2k_{B}T}}{1 - e^{-h\nu/k_{B}T}}\right) + \frac{h\nu}{2k_{B}T}\frac{1 + e^{-h\nu/k_{B}T}}{1 - e^{-h\nu/k_{B}T}} + \frac{7}{2}\right\}\end{aligned} \tag{10.17}$$

式(10.14) は，理想気体の状態方程式(式(1.5)) を表している．

図 10.2 に，式(10.16) とマイヤーの関係式（$\bar{C}_P - \bar{C}_V = R$：表 2.1 参照）を用いて計算した二原子分子 H$_2$，N$_2$，および O$_2$ の定圧モル熱容量 $\bar{C}_P$ を単原子分子気体であるアルゴン Ar の $\bar{C}_P$ と比較する．単原子分子には，回転と振動の自由度がないので，その分配関数は Z_{tr} のみで表され，$\bar{C}_V = (3/2)R$ となる．また，式(10.16) に含まれる二原子分子の固有振動数 ν は，N$_2$ と O$_2$ についてはすでに 9.5 節で与えてあり，H$_2$ 分子については $m_1 = 0.010/N_A$ kg $= 1.66 \times 10^{-27}$ kg，$k = 574.9$ N/m（固有振動数 $\nu = 1.32 \times 10^{14}$ s^{-1}）より計算された．二原子分子の場合は回転と振動の自由度が熱容量に寄与するので，Ar の $\bar{C}_P$ より大きくなり，二原子分子間では ν が小さいほど（原子量が大きいほど）$\bar{C}_P$ は大きくなっている．第 2 章の図 2.2 と比較すると，上で説明した統計熱力学理論は $\bar{C}_P$ の実測値をよく再現していることがわかる．

二原子分子の場合，各分子が持つエネルギーは，v_x と v_y と v_z（並進），ω_θ と ω_ϕ（回転），および x と dx/dt（振動）で古典力学では表される．そして，古典論が成り立つ十分高温において，各自由度当たり $k_B T/2$ のエネルギーが与えられ，式(10.15) で与えられる U は高温極限では $(7/2)Nk_BT$ に漸近する（$\bar{C}_P$ は 37.4 Jk^{-1} mol^{-1} に漸近）．1 自由度当たり $k_B T/2$ の熱エネルギーを持つことを**エネルギー等分配則**（law of equipartition of energy）と呼ぶ．

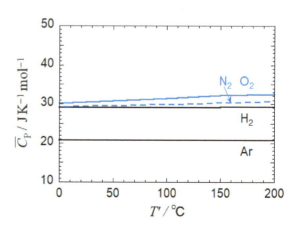

図 10.2 二原子分子気体と単原子分子気体の定圧モル熱容量 $\bar{C}_P$ の温度依存性

以上の議論は，異核の二原子分子や三原子以上の多原子分子にも拡張できるが，ここではその議論は省略する。

10.3 極性分子の気体

次に，極性分子である塩化水素 HCl の気体を考える。図 10.3(a) に示すように，HCl の Cl 原子は H 原子よりも電気陰性度が強いので，Cl 原子には負電荷が，H 原子には正電荷がわずかに過剰存在し，HCl 分子は図中に青の矢印で示した双極子モーメントを有している。双極子モーメントの大きさ μ は，Cl 原子と H 原子が持つ過剰電荷をそれぞれ $-\delta q$ と $+\delta q$，両原子核間の距離を l とすると

$$\mu = \delta q \cdot l \tag{10.18}$$

で定義される。この HCl の気体に外部から電場 $\tilde{E}$ を印加すると，双極子モーメント（すなわち HCl 分子）は，静電相互作用により，外部電場方向に配向しようとする。この双極子モーメントの配向状態は，図 10.3(b) に示す極座標により指定できる。いま，外部電場の方向を z 軸の正の方向に選び，図に示すように極角 θ と方位角 ϕ を定義する。双極子モーメントの方向は，この θ と ϕ で規定されるが ($0 \leq \theta \leq \pi$, $0 \leq \phi \leq 2\pi$)，外部電場の影響は θ だけに依存し，ϕ には依存しない。

HCl 分子の配向状態に関しては，量子効果は重要ではなく，古典的な力学と電磁気学によって取り扱うことができる。電磁気学によれば，電場 $\tilde{E}$ との相互作用により，大きさが μ の双極子モーメントは

$$E = -\tilde{E}\mu \cos\theta \tag{10.19}$$

なる静電エネルギー E を持つ[注1]。よって，HCl 分子が (θ, ϕ) により指定された配向状態をとる相対確率密度関数 $p(\theta, \phi)$ は，式(9.5) を利用すれば次式で表される（単位球面上の面積要素は $\sin\theta\, d\theta d\phi$）。

$$p(\theta,\phi)\sin\theta\, d\theta d\phi = \exp\left(\frac{\tilde{E}\mu\cos\theta}{k_B T}\right)\sin\theta\, d\theta d\phi \tag{10.20}$$

さらに，分配関数 Z は，式(9.4) より次のように計算される[注2]。

$$Z = \int_0^\pi \sin\theta\, d\theta \int_0^{2\pi} d\phi\, p(\theta,\phi) = \frac{2\pi k_B T}{\tilde{E}\mu}\left(e^{\tilde{E}\mu/k_B T} - e^{-\tilde{E}\mu/k_B T}\right) \tag{10.21}$$

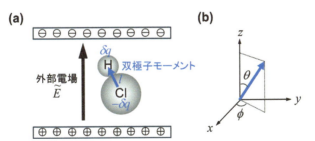

図 10.3 外部電場内の極性分子 HCl の配向状態と極座標

[注1] いま，双極子モーメントベクトルの始点を座標原点に選ぶと，高さ z における静電ポテンシャル $\phi(z)$ は

$$\phi(z) = -\tilde{E}z$$

で与えられ，双極子モーメントベクトルの終点に位置する正電荷 δq の静電ポテンシャルは $z = l\cos\theta$ を代入して計算され，それに δq を掛けると静電エネルギー式 (10.19) が得られる。

[注2] $t \equiv \cos\theta$，$dt = -\sin\theta d\theta$ という変数変換をして積分を実行した。

そして，HCl 分子の双極子モーメントベクトルの電場方向の成分の平均値$\langle \mu_z \rangle$は次のようにして計算される[注]。

$$\langle \mu_z \rangle = \frac{1}{Z} \int_0^{2\pi} d\phi \int_0^{\pi} \mu \cos\theta p(\theta) \sin\theta \, d\theta$$
$$= \mu \left[\frac{e^{\tilde{E}\mu/k_B T} + e^{-\tilde{E}\mu/k_B T}}{e^{\tilde{E}\mu/k_B T} - e^{-\tilde{E}\mu/k_B T}} - \frac{k_B T}{\tilde{E}\mu} \right] \quad (10.22)$$

図 10.4 には，上式より計算された$\langle \mu_z \rangle$（すなわち，HCl 分子の配向度）の電場依存性を示す。外部電場$\tilde{E}$を強くしていくと，HCl 分子は次第に電場方向に配向し，$\langle \mu_z \rangle$は大きくなっていく。低温ほど配向しやすい。

図 10.3(a) に示すように，平板コンデンサーの電極間に HCl の気体を満たして，静電容量を測定すると，その気体の比誘電率εが実験的に決定される。電磁気学によれば，この比誘電率は気体分子の双極子モーメントと次式で関係づけられる。

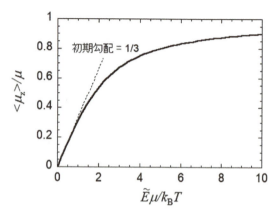

図 10.4 双極子モーメントベクトルの電場方向成分の平均値$\langle \mu_z \rangle$の電場依存性

$$\varepsilon - 1 = 4\pi \frac{N}{V} \left(\frac{\langle \mu_z \rangle}{\tilde{E}} + \alpha_d \right) \approx 4\pi \frac{N}{V} \left(\frac{\mu^2}{3k_B T} + \alpha_d \right) \quad (10.23)$$

ここで，N/Vは気体中の HCl 分子の数密度，α_dは外部電場により誘起された HCl 分子の分極率を表し，第 3 辺は電場が十分弱く図 10.4 の初期勾配の範囲内にあるときに成立する式である。一般に，誘起分極率は温度にほとんど依存しないので，εの温度依存性は式(10.23) 第 3 辺の第 1 項目で決まり，εの温度依存性の実験結果よりμの値を抽出できる。HCl 分子については，$\mu = 3.6 \times 10^{-30}$ Cm と報告されている。HCl 分子の結合長 0.127 nm を式(10.18) のlに代入すると，δqは電気素量eの 18% となる。

10.4 理想混合気体

分子数N_aの二原子分子気体 a と分子数N_bの二原子分子気体 b の理想混合気体に対する分配関数$Z_{N_a+N_b}$は，すべての分子対間に相互作用が働かず，各分子の並進・回転・振動運動が独立に起こるとするならば，式(10.11) を単純に拡張して，次式で与えられる。

$$Z_{N_a+N_b} = \frac{1}{N_a! N_b!} \left[\left(\frac{2\pi m_a k_B T}{h^2} \right)^{3/2} \frac{8\pi^2 I_a k_B T}{h^2} \frac{e^{-h\nu_a/2k_B T}}{1 - e^{-h\nu_a/k_B T}} V \right]^{N_a}$$
$$\times \left[\left(\frac{2\pi m_b k_B T}{h^2} \right)^{3/2} \frac{8\pi^2 I_b k_B T}{h^2} \frac{e^{-h\nu_b/2k_B T}}{1 - e^{-h\nu_b/k_B T}} V \right]^{N_b} \quad (10.24)$$

ただし，m_iとI_iとν_i ($i =$ a, b) はそれぞれ成分iの分子の質量，慣性モーメント，および固有振動数を表す（分子 a と分子 b は区別できるので，$(N_a + N_b)!$ ではなく，$N_a! N_b!$で割らなければならない）。この

[注] $t \equiv \cos\theta$, $dt = -\sin\theta d\theta$ という変数変換をして積分を実行した。

式を式(9.15)に代入すれば，混合気体のヘルムホルツエネルギーFとして，次式が得られる。

$$\begin{aligned}F &= -k_\mathrm{B}T \ln Z_{N_\mathrm{a}+N_\mathrm{b}} \\ &= -N_\mathrm{a}k_\mathrm{B}T\left\{\ln\left(\frac{V}{N_\mathrm{a}}\right)+1+\ln\left[\left(\frac{2\pi m_\mathrm{a}k_\mathrm{B}T}{h^2}\right)^{3/2}\frac{8\pi^2 I_\mathrm{a}k_\mathrm{B}T}{h^2}\frac{\mathrm{e}^{-h\nu_\mathrm{a}/2k_\mathrm{B}T}}{1-\mathrm{e}^{-h\nu_\mathrm{a}/k_\mathrm{B}T}}\right]\right\} \\ &\quad -N_\mathrm{b}k_\mathrm{B}T\left\{\ln\left(\frac{V}{N_\mathrm{b}}\right)+1+\ln\left[\left(\frac{2\pi m_\mathrm{b}k_\mathrm{B}T}{h^2}\right)^{3/2}\frac{8\pi^2 I_\mathrm{b}k_\mathrm{B}T}{h^2}\frac{\mathrm{e}^{-h\nu_\mathrm{b}/2k_\mathrm{B}T}}{1-\mathrm{e}^{-h\nu_\mathrm{b}/k_\mathrm{B}T}}\right]\right\}\end{aligned} \tag{10.25}$$

この式は，理想混合気体のFが，同じ体積Vの純成分aだけを含む理想気体のFと純成分bだけを含む理想気体のFと和で与えられることを示している[注]。式(10.14)，(10.15)，(10.17)と同様にして，理想混合気体のP, U, Sを求めることができる。例としてSに関する式のみを示すが，Fと同じように，いずれも純成分aだけを含む理想気体の状態量と純成分bだけを含む理想気体の状態量の和の形で表される。

$$\begin{aligned}S &= -\left(\frac{\partial F}{\partial T}\right)_V \\ &= N_\mathrm{a}k_\mathrm{B}\left\{\ln\left[\frac{V}{N_\mathrm{a}}\left(\frac{2\pi m_\mathrm{a}k_\mathrm{B}}{h^2}\right)^{3/2}\frac{8\pi^2 I_\mathrm{a}k_\mathrm{B}T}{h^2}\frac{\mathrm{e}^{-h\nu_\mathrm{a}/2k_\mathrm{B}T}}{1-\mathrm{e}^{-h\nu_\mathrm{a}/k_\mathrm{B}T}}\right]+\frac{h\nu_\mathrm{a}}{2k_\mathrm{B}T}\frac{1+\mathrm{e}^{-h\nu_\mathrm{a}/k_\mathrm{B}T}}{1-\mathrm{e}^{-h\nu_\mathrm{a}/k_\mathrm{B}T}}+\frac{7}{2}\right\} \\ &\quad +N_\mathrm{b}k_\mathrm{B}\left\{\ln\left[\frac{V}{N_\mathrm{b}}\left(\frac{2\pi m_\mathrm{b}k_\mathrm{B}}{h^2}\right)^{3/2}\frac{8\pi^2 I_\mathrm{b}k_\mathrm{B}T}{h^2}\frac{\mathrm{e}^{-h\nu_\mathrm{b}/2k_\mathrm{B}T}}{1-\mathrm{e}^{-h\nu_\mathrm{b}/k_\mathrm{B}T}}\right]+\frac{h\nu_\mathrm{b}}{2k_\mathrm{B}T}\frac{1+\mathrm{e}^{-h\nu_\mathrm{b}/k_\mathrm{B}T}}{1-\mathrm{e}^{-h\nu_\mathrm{b}/k_\mathrm{B}T}}+\frac{7}{2}\right\}\end{aligned} \tag{10.25}$$

Pに関する式は，ドルトンの分圧の法則が成立していることを意味している。

第5章の5.3節で説明した混合エントロピーΔSを統計熱力学より求めよう。考える過程は，図10.5に示すように，温度と圧力が等しい二種類の理想気体aとbを隔てている仕切りを取り除き，理想混合気体となる過程である。混合前後で系の体積・圧力・温度に変化はないものとする。理想気体の状態方程式(10.14)すなわち式(1.5)より，次式が成立している。

$$V_\mathrm{a} = \frac{N_\mathrm{a}k_\mathrm{B}T}{P}, \quad V_\mathrm{b} = \frac{N_\mathrm{b}k_\mathrm{B}T}{P} \tag{10.26}$$

式(10.17)と(10.25)より，混合エントロピーΔSは次式で与えられる。

$$\begin{aligned}\Delta S &\equiv S - S_\mathrm{a} - S_\mathrm{b} = -N_\mathrm{a}k_\mathrm{B}\ln\left(\frac{V_\mathrm{a}}{V_\mathrm{a}+V_\mathrm{b}}\right) - N_\mathrm{b}k_\mathrm{B}\ln\left(\frac{V_\mathrm{b}}{V_\mathrm{a}+V_\mathrm{b}}\right) \\ &= -k_\mathrm{B}(N_\mathrm{a}\ln x_\mathrm{a} + N_\mathrm{b}\ln x_\mathrm{b})\end{aligned} \tag{10.27}$$

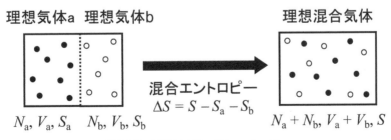

図10.5 理想混合気体の混合エントロピー

[注] ただし，純成分aだけおよび純成分bだけを含む体積Vの理想気体の圧力は，それぞれ$P_\mathrm{a} = N_\mathrm{a}k_\mathrm{B}T/V$と$P_\mathrm{b} = N_\mathrm{b}k_\mathrm{B}T/V$で，混合気体の圧力$P = (N_\mathrm{a}+N_\mathrm{b})k_\mathrm{B}T/V$とは異なっていることに注意されたい（後の図10.5とは混合前の条件が違う）。

ただし，最後の辺には式(10.26)を用い，成分aとbのモル分率をx_aとx_bで表した。

$$x_a = 1 - x_b = \frac{N_a}{N_a + N_b} = \frac{V_a}{V_a + V_b} \tag{10.28}$$

式(10.27)は，第5章の式(5.11)と同一の式となる。

第4章の式(4.15)を利用すると，ヘルムホルツエネルギーFがギブズエネルギーGと関係づけられる。また，各成分の化学ポテンシャルは第6章の式(6.4)で定義される。

$$\mu_a \equiv \left(\frac{\partial G}{\partial n_a} \right)_{T,P,n_b}, \quad \mu_b \equiv \left(\frac{\partial G}{\partial n_b} \right)_{T,P,n_a} \tag{6.4}$$

ただし，n_aとn_bはそれぞれ系中に存在する成分aとbの物質量で，アボガドロ定数N_Aを用いて，$n_a = N_a/N_A$，$n_b = N_b/N_A$により分子数N_aおよびN_bと関係づけられる。2成分の理想混合気体の場合には，第6章の式(6.10)に対応する次式を得る。

$$\mu_a = \bar{G}_a^\circ + RT \ln x_a, \quad \mu_b = \bar{G}_b^\circ + RT \ln x_b \tag{10.29}$$

ただし，$\bar{G}_a^\circ$と$\bar{G}_b^\circ$はそれぞれ成分aとbの純状態のときのモルギブズエネルギーを表し，ボルツマン定数k_Bと気体定数Rとは，$R = k_B N_A$で結び付けられる。二原子分子気体の場合，$\bar{G}_a^\circ$と$\bar{G}_b^\circ$の具体的な表式は式(10.12)，(10.14)，および(4.15)を利用すると求められる。ただし，ここで各分子のエネルギーの基準に注意する必要がある。式(10.12)では，各分子の並進・回転・振動のエネルギーが最低になる状態を基準としていたが，化学反応が起こる場合には，各分子が持つ結合エネルギーの違いを考慮しなければならない。成分aとbの分子を構成原子から合成すると化学結合が形成される。その結合エネルギーを，それぞれε_aとε_bで表すと，$\bar{G}_a^\circ$と$\bar{G}_b^\circ$は次のように書ける。

$$\begin{cases} \dfrac{\bar{G}_a^\circ}{RT} = -\ln\left(\dfrac{k_B T}{P}\right) - \ln\left[\left(\dfrac{2\pi m_a k_B T}{h^2}\right)^{3/2} \dfrac{8\pi^2 I_a k_B T}{h^2} \dfrac{e^{-h\nu_a/2k_B T}}{1 - e^{-h\nu_a/k_B T}} \right] - \dfrac{\varepsilon_a}{k_B T} \\[3mm] \dfrac{\bar{G}_b^\circ}{RT} = -\ln\left(\dfrac{k_B T}{P}\right) - \ln\left[\left(\dfrac{2\pi m_b k_B T}{h^2}\right)^{3/2} \dfrac{8\pi^2 I_b k_B T}{h^2} \dfrac{e^{-h\nu_b/2k_B T}}{1 - e^{-h\nu_b/k_B T}} \right] - \dfrac{\varepsilon_b}{k_B T} \end{cases} \tag{10.30}$$

上の議論を3成分以上の理想混合気体に拡張することは容易である。

10.5 気相中での化学平衡

第8章では，熱力学を用いて化学平衡の問題を議論した。本節では，これまでに統計熱力学によって導出してきた熱力学量を用いて，気相反応の平衡の問題を取り扱ってみよう。例として，第8章で出てきた反応式(8.1)の二原子分子間反応を考える。

$$\mathsf{H_2(g) + Cl_2(g) \rightleftharpoons 2HCl(g)} \tag{10.31}$$

第8章の8.2節で行ったのと同じ議論より，この化学反応の温度体積一定の条件下での平衡条件より，次の化学平衡の法則（式(8.4)に対応する）が成立する。

$$\frac{x_{HCl}^2}{x_{H_2} x_{Cl_2}} = \exp\left[-\frac{2\bar{G}_{HCl}^\circ(g) - \bar{G}_{H_2}^\circ(g) - \bar{G}_{Cl_2}^\circ(g)}{RT} \right] \equiv K_x \tag{10.32}$$

ここで，各成分の純状態のときのモルギブズエネルギーは，式(10.30)より次のように表される。

120 第10章 気体

$$\begin{cases} \dfrac{\bar{G}^\circ_{H_2}}{RT} \approx -\ln\left(\dfrac{k_B T}{P}\right) - \ln\left[\left(\dfrac{2\pi m_{H_2} k_B T}{h^2}\right)^{3/2} \dfrac{8\pi^2 I_{H_2} k_B T}{h^2}\, \mathrm{e}^{-h\nu_{H_2}/2k_B T}\right] - \dfrac{\varepsilon_{H_2}}{k_B T} \\[3mm] \dfrac{\bar{G}^\circ_{Cl_2}}{RT} \approx -\ln\left(\dfrac{k_B T}{P}\right) - \ln\left[\left(\dfrac{2\pi m_{Cl_2} k_B T}{h^2}\right)^{3/2} \dfrac{8\pi^2 I_{Cl_2} k_B T}{h^2}\, \mathrm{e}^{-h\nu_{Cl_2}/2k_B T}\right] - \dfrac{\varepsilon_{Cl_2}}{k_B T} \\[3mm] \dfrac{\bar{G}^\circ_{HCl}}{RT} \approx -\ln\left(\dfrac{k_B T}{P}\right) - \ln\left[\left(\dfrac{2\pi m_{HCl} k_B T}{h^2}\right)^{3/2} \dfrac{8\pi^2 I_{HCl} k_B T}{h^2}\, \mathrm{e}^{-h\nu_{HCl}/2k_B T}\right] - \dfrac{\varepsilon_{HCl}}{k_B T} \end{cases} \tag{10.33}$$

ただし，ε_{H_2}，ε_{Cl_2}，および ε_{HCl} は，それぞれ H_2，Cl_2，HCl の結合エネルギーを表し，各成分の分子振動の振動数 ν は，$\nu \gg k_B T/h$ と仮定した。

第 8 章の 8.3 節で導入したように，反応 (10.31) に対する 1 気圧，25℃（= 298.15 K）の標準状態における標準反応ギブズエネルギー $\Delta_r \bar{G}^*$ は式(8.14) で与えられ，式(10.33) を利用すれば，次式のように分子パラメータを用いて表現できる。

$$\frac{\Delta_r \bar{G}^*}{RT^*} = -\frac{3}{2}\ln\left(\frac{m_{HCl}^2}{m_{H_2} m_{Cl_2}}\right) - \ln\left(\frac{I_{HCl}^2}{I_{H_2} I_{Cl_2}}\right) + \frac{h(2\nu_{HCl} - \nu_{H_2} - \nu_{Cl_2})}{2k_B T^*} - \frac{2\varepsilon_{HCl} - \varepsilon_{H_2} - \varepsilon_{Cl_2}}{k_B T^*} \tag{10.34}$$

上式の右辺第 1 項目が並進運動，第 2 項目が回転運動，第 3 項目が振動運動，そして第 4 項目が結合エネルギーの $\Delta_r \bar{G}^*$ への寄与を表す。成分 i (= H_2, Cl_2, HCl) の m_i, I_i, および ν_i の値と式(10.34) の右辺の各項の寄与を表 10.1 に掲げる。分子の並進運動はこの反応を促進させるが，回転運動と振動運動に関しては逆反応を促進させる。ただし，結合エネルギーを含めた $\Delta_r \bar{G}^*/RT^*$ の合計は -76.9 で（表 8.1 参照），この反応の平衡を決めているのは，主として結合の組み換えによる結合エネルギー変化である。

表 10.1　塩化水素の合成反応に対する標準反応ギブズエネルギーへの並進，回転，および振動運動の寄与（25℃）

成分 i	$m_i/10^{-26}$ kg	$I_i/10^{-46}$ kg m^2	$\nu_i/10^{13}$ s^{-1}	
H_2	0.332	0.0933	0.132	
Cl_2	11.6	11.5	1.68	
HCl	5.98	0.262	8.97	
$\Delta_r \bar{G}^*/RT^*$	並進運動	回転運動	振動運動	合計（含結合エネルギー）
式 (10.34) の右辺への寄与	-3.34	2.75	2.48	-76.9

10.6　分子間相互作用

10.2 節では，気体中に存在する分子は互いに独立に配置・運動していると仮定して，式(10.11) を利用して N 粒子系の理想気体に対する分配関数 Z_N を求めた。しかしながら，第 1 章の 1.2 節で述べたように，圧力が増加したり，温度が低下したりすると，気体は理想気体として振る舞わなくなる。この気体の非理想性は，気体中の分子間に相互作用が働き，Z_N を得るのに，式(10.11) が利用できなくなることに起因している。ここでは，二原子分子間に働く相互作用について考察する。

まず，10.3 節で取り上げた HCl 分子間の相互作用を考える。図 10.6 で示すように，各 HCl 分子は双極子モーメントベクトル $\boldsymbol{\mu}_i$ ($i = 1, 2$) で表し，両ベクトルの中点間の距離を r，その中点を結んだ方向を z 軸に選ぶ。ベクトル $\boldsymbol{\mu}_1$ が xz 面上に乗るように x 軸を，また xyz 座標が右手直交座標系となるように y 軸を選ぶ。すると，ベクトル $\boldsymbol{\mu}_1$ と $\boldsymbol{\mu}_2$ の向きは，θ_1, θ_2, ϕ_2 で指定される（$\boldsymbol{\mu}_1$ の方位角はゼロ）。このよ

第 2 部　統計熱力学

うに配置された双極子モーメント間の静電エネルギー E_{el} は，少し複雑になるが次式で表される[注]。

$$E_{el} = -\frac{\mu^2}{r^3}(2\cos\theta_1\cos\theta_2 - \sin\theta_1\sin\theta_2\cos\phi_2) \quad (10.35)$$

双極子モーメントの大きさ μ は式(10.18) で与えられている。

いま，r を固定して，E_{el} の両双極子モーメントの向きについて，すなわち θ_1, θ_2, ϕ_2 に関する平均値を求める。今の場合の分配関数 Z は，次式で与えられる。

$$Z \equiv \int_0^\pi \sin\theta_1\,d\theta_1 \int_0^\pi \sin\theta_2\,d\theta_2 \int_0^{2\pi} d\phi_2 \exp\left(-\frac{E_{el}}{k_B T}\right) \quad (10.36)$$

系の温度 T が十分高温ならば，指数関数をべき級数展開し，ボルツマン因子は次のように近似できる。

$$\exp\left(-\frac{E_{el}}{k_B T}\right) \approx 1 - \frac{E_{el}}{k_B T} + \frac{1}{2}\left(\frac{E_{el}}{k_B T}\right)^2 \quad (10.37)$$

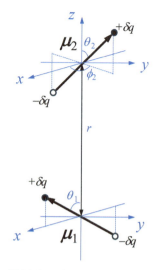

図10.6 双極子-双極子相互作用

この近似を用いて，式(10.36) の積分は実行できて，最終的に次式が得られる。

$$Z \approx 8\pi\left[1 + \frac{\mu^4}{4(k_B T)^2 r^6}\right] \quad (10.38)$$

これから，双極子モーメントの向きに関して平均化した静電エネルギー $\langle E_{el}\rangle$ は

$$\langle E_{el}\rangle = k_B T^2 \frac{d}{dT}\ln Z \approx -\frac{\mu^4}{3k_B T r^6} \quad (10.39)$$

で与えられる。HCl のような極性の分子間の相互作用エネルギー $\langle E_{el}\rangle$ は，分子間距離 r の 6 乗に逆比例して減少する。2 分子が接近するほど $\langle E_{el}\rangle$ は低くなり，分子間には強い引力が働く。

N_2 などの非極性分子は，永続的な双極子モーメント（永久双極子モーメント）を持たないが，分子内における電荷（電子）の分布は，瞬間的には偏りを生じ，分子は過渡的な双極子モーメントを持つ。ただし，その双極子モーメントの向きは無秩序で分子に固定されていない。そこで，式(10.35) で与えられる E_{el} を（ボルツマン因子を掛けずに）等方的に平均すると

$$\langle E_{el}\rangle_{iso} \equiv \int_0^\pi \sin\theta_1\,d\theta_1 \int_0^\pi \sin\theta_2\,d\theta_2 \int_0^{2\pi} d\phi\, E_{el} = 0 \quad (10.40)$$

となり，ランダムな向きに誘起された双極子モーメント間には平均的な相互作用は働かない。

しかしながら，10.3 節で述べたように，外部から電場が印加されると，非極性分子でも式(10.23) 中の α_d で表されるような分極，すなわち誘起双極子モーメントが生じる。いま，二つの無極性分子のうちの片方に電荷の偏りによる瞬間的な双極子モーメントが生じると，もう一方の分子にはその瞬間的な双極子モーメントにより発生した"（外部）電場"の影響を受けて双極子モーメントが誘起される。この後者の分子に誘起された双極子モーメントの向きは無秩序ではなく，瞬間的に生じた前者の分子の双極子モーメ

[注] ここでは，静電単位系を用いた。標準的な SI 単位系を用いると，式(10.35) は

$$E_{el} = -\frac{\mu^2}{4\pi\varepsilon_0 r^3}(2\cos\theta_1\cos\theta_2 - \sin\theta_1\sin\theta_2\cos\phi_2)$$

と書ける。ただし，ε_0 は真空の誘電率を表す。

ントの向きと相関している。その結果，無極性分子間にも式(10.39) で与えられ静電エネルギーと類似の相互作用が生じる。

上述のような二つの無極性分子間の静電相互作用を量子力学を用いて定式化すると，極性分子に対する式(10.39) と同様，分子間距離 r の6乗に逆比例する静電エネルギー $\langle E_{\rm el} \rangle$ が得られる。その結果を利用し，レナード・ジョーンズは，極性・非極性分子共通の分子間ポテンシャルエネルギー $u(r)$ として次の式を提案した。

$$u(r) = 4u_0 \left[\left(\frac{r_0}{r} \right)^{12} - \left(\frac{r_0}{r} \right)^{6} \right] \tag{10.41}$$

ここで，r は分子間距離であり，u_0 と r_0 は各分子固有のパラメータである。右辺の第2項が式(10.39) に示したような r^{-6} に比例する引力ポテンシャルを表す。これに対して第1項目は分子が接近すると（r が小さくなると）急激に大きくなる斥力ポテンシャルを表している。2分子が非常に接近すると，両分子の電子雲が重なりだして強い静電反発力が生じることに対応している。この斥力項に関しては，数学的に取り扱いやすいように導入された経験式である。レナード・ジョーンズのポテンシャルエネルギー関数は，図 10.7 に示すように，$r = r_0$ で0となり，$r = 2^{1/6} r_0$ で極小値 $-u_0$ をとり，それ以上に離れる

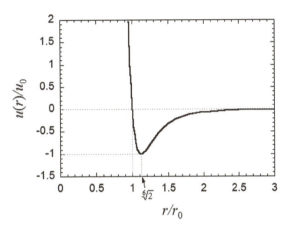

図 10.7　レナード・ジョーンズのポテンシャルエネルギー

と増加しゼロに漸近する。二分子間には，$r < 2^{1/6} r_0$ では斥力，$r > 2^{1/6} r_0$ では引力が働く（曲線の傾きが斥力・引力の強さを表す）。

以下では，しばしばこのポテンシャルを用いて分子間相互作用が議論される。代表的な単原子分子と二原子分子に関して報告されているレナード・ジョーンズポテンシャルのパラメータ r_0 と u_0 の値を付録の表 B.4 に掲げる。これらのパラメータ値は，各気体の非理想性の実験結果より決定された。斥力が急激に強くなる距離 r_0 は，分子の大きさの目安となる。上の議論からわかるように，このポテンシャルエネルギーは2分子の向きに関しては平均化されているので，分子間相互作用における分子の配向依存性については，レナード・ジョーンズのポテンシャルでは議論できない。

10.7　非理想気体

話を簡単にするために，ここでは単原子分子気体を考える。ただし，気体中の任意の分子対間には式(10.41) で与えられる相互作用ポテンシャル $u(r)$ が働いているとする。気体中に存在する分子数 N が2の場合（図 10.8 参照），気体の総エネルギー E_2 は次式で与えられる。

$$E_2 = \tfrac{1}{2} m \left(v_{1,x}^2 + v_{1,y}^2 + v_{1,z}^2 \right) + \tfrac{1}{2} m \left(v_{2,x}^2 + v_{2,y}^2 + v_{2,z}^2 \right) + u(r_{12}) \tag{10.42}$$

ただし，$v_{i,x}, v_{i,x}, v_{i,x}$ は分子 i の速度の x, y, z 成分，r_{12} は分子1と2の重心間距離を表す。よって，この系の分配関数 Z_2 は，（並進の自由度のみを考慮して）少し複雑だが次のように書ける。

$$Z_2 = \int_{-\infty}^{\infty} dv_{1,x} \int_{-\infty}^{\infty} dv_{1,y} \int_{-\infty}^{\infty} dv_{1,z} \int_{-\infty}^{\infty} dv_{2,x} \int_{-\infty}^{\infty} dv_{2,y} \int_{-\infty}^{\infty} dv_{2,z}$$
$$\times \int_0^L dx_1 \int_0^L dy_1 \int_0^L dz_1 \int_0^L dx_2 \int_0^L dy_2 \int_0^L dz_2 \exp\left(-\frac{E_2}{k_B T}\right) \quad (10.43)$$

上式において,積分変数の数は多いが,速度成分に関する積分は式(10.2)と同様に独立に行える。他方,両分子の位置座標に関する積分は,$r_{12}{}^2 = (x_2 - x_1)^2 + (y_2 - y_1)^2 + (z_2 - z_1)^2$ であることに留意すると,独立には行えない。そこで,次のような座標変換を行う。まず,図10.8 に示すように,容器に固定された xyz 座標系から分子1の重心位置を原点とする $x'y'z'$ 座標系に移り,分子2の重心位置を (x'_2, y'_2, z'_2) で表す。さらに,この $x'y'z'$ 座標系を極座標系に変換すると,分子2の重心位置は r_{12}, θ, ϕ で表される。

また,式(10.43) に出てくるボルツマン因子のうちの因子 $\exp[-u(r_{12})/k_B T]$ は,図10.9 の黒の実線と点線で示すように,r_{12} が大きいと1に漸近する。これに対して,この因子から1を引いた関数

$$f(r_{12}) \equiv \exp\left[-\frac{u(r_{12})}{k_B T}\right] - 1 \quad (10.44)$$

は,図10.9 の青線で示すように,r_{12} が大きいところでゼロに漸近し,式(10.43) における r_{12} に関する積分が容易になる。上述の座標変換と関数 $f(r_{12})$ を用いると式(10.43) の Z_2 は,次のように書ける(極座標の体積要素は $r_{12}{}^2 \sin\theta dr_{12} d\theta d\phi$:この座標変換により被積分関数は x_1, y_1, z_1 には依存しなくなるので,x_1, y_1, z_1 に関する積分が実行できて $L^3 = V$ を得る)。

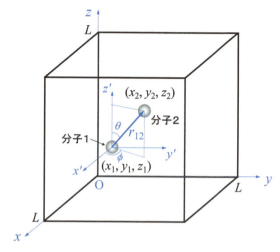

図10.8 $N = 2$ の場合の単原子分子気体

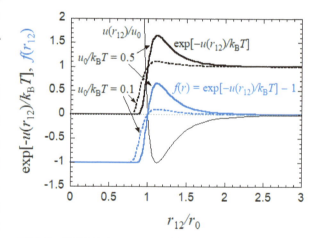

図10.9 相互作用ポテンシャルに関するボルツマン因子と関数 $f(r_{12})$

$$\begin{aligned} Z_2 &= \left(\frac{2\pi k_B T}{m}\right)^3 V \int_0^L dx'_2 \int_0^L dy'_2 \int_0^L dz'_2 [1 + f(r_{12})] \\ &= \left(\frac{2\pi k_B T}{m}\right)^3 V \left[V + \int_0^{\infty} r_{12}{}^2 f(r_{12}) dr_{12} \int_0^{\pi} \sin\theta d\theta \int_0^{2\pi} d\phi\right] \\ &= \left(\frac{2\pi k_B T}{m}\right)^3 V(V + 2b_2) \end{aligned} \quad (10.45)$$

ただし,最後の辺中の b_2 は次式で定義され,2体クラスター積分と呼ばれる量である。

$$b_2 \equiv \frac{1}{2!} \cdot 4\pi \int_0^{\infty} r_{12}{}^2 f(r_{12}) dr_{12} \quad (10.46)$$

(r_{12} に関する積分の上限は，被積分関数がゼロに漸近するので，無限大まで延長した．)

次に，$N = 3$ の系の全エネルギー E_3 は

$$E_3 = \sum_{i=1}^{3} \frac{1}{2} m \left(v_{i,x}^2 + v_{i,y}^2 + v_{i,z}^2 \right) + u(r_{12}) + u(r_{13}) + u(r_{23}) \tag{10.47}$$

分配関数 Z_3 は，次式のように書ける．

$$Z_3 = \left(\frac{2\pi k_\mathrm{B} T}{m} \right)^{9/2} \prod_{i=1}^{3} \int_0^L dx_i \int_0^L dy_i \int_0^L dz_i [1 + f(r_{12})][1 + f(r_{13})][1 + f(r_{23})] \tag{10.48}$$

すべての分子の位置座標に関する9重積分における被積分関数を展開すると，

$$\text{被積分関数} = [1 + f(r_{12})][1 + f(r_{13})][1 + f(r_{23})] = 1 + f(r_{12}) + f(r_{13}) + f(r_{23}) \\ + f(r_{12})f(r_{13}) + f(r_{13})f(r_{23}) + f(r_{23})f(r_{12}) + f(r_{12})f(r_{13})f(r_{23}) \tag{10.49}$$

という 8 項が得られる．図 10.9 に示したように，関数 $f(r)$ は 2 分子が接近して相互作用しているときにのみゼロでない値をとる．これより，式(10.49) の第 3 辺の第 1 項は，系中に存在する分子対 (1,2)，(1,3)，(2,3) のどの対も相互作用していないとき，第 2 項は分子対 (1,2) のみが相互作用しているとき，第 5 項は分子対 (1,2) と (1,3) が相互作用しているとき，そして第 8 項は三つの分子対 (1,2)，(1,3)，(2,3) のいずれもが相互作用しているときに対応している．これを図形で表したものが，図 10.10 である．丸で示した分子をつないだ線分が相互作用を表し，線分でつながれた分子の集まりをクラスター

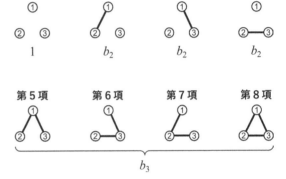

図 10.10　式 (10.49) に対応するクラスター図形 ($N = 3$)

と呼ぶ．また，第 2～4 項に現れるクラスターを 2 体クラスター，第 5～8 項に現れるクラスターを 3 体クラスターと呼ぶ．これらの各項を式(10.48) に代入して積分を実行すると，式(10.46) で定義される 2 体クラスター積分 b_2 や次式で定義される 3 体クラスター積分 b_3 が現れる．

$$b_3 \equiv \frac{1}{3!V} \prod_{i=1}^{3} \int_0^L dx_i \int_0^L dy_i \int_0^L dz_i [f(r_{12})f(r_{13}) + f(r_{13})f(r_{23}) \\ + f(r_{23})f(r_{12}) + f(r_{12})f(r_{13})f(r_{23})] \tag{10.50}$$

これらのクラスター積分を用いて Z_3 は次のように表される．

$$Z_3 = \left(\frac{2\pi k_\mathrm{B} T}{m} \right)^{3 \cdot 3/2} V^3 \left(1 + 3 \cdot \frac{2! b_2}{V} + \frac{3! b_3}{V^2} \right) \tag{10.51}$$

以上の議論を，N がアボガドロ数ほどになる巨視的な気体の系に拡張する[注]．この N 粒子系の分配関数 Z_N には，式(10.49) に対応する，非常に多数の相互作用する分子対の組み合わせの項が現れる．相互作用する分子対の総数は $N(N-1)/2$ であり ($N = 3$ のときの分子対は，上述のように (1,2)，(1,3)，(2,3) の 3 対)，その数だけの種類の関数 $f(r)$ が Z_N の被積分関数に含まれる．N がアボガドロ数ほどになるとき，Z_N のすべての項を一つずつ計算することは不可能となる．この困難を回避する高度な技法が提

[注] このあたりから，議論が込み入ってくる．とりあえず結果が知りたい方は，式 (10.54) まで飛ばしてください．

案されているが，ここではその説明はやめて，次の近似を用いて Z_N を求めてみよう。いま，$i \neq j \neq k \neq l$ なる4分子を選び出し，Z_N の被積分関数に含まれる $f(r_{ij})f(r_{kl})$ を4分子の位置座標に関して積分すると，次の項が得られる。

$$\int \mathrm{d}\mathbf{x}_i \int \mathrm{d}\mathbf{x}_j \int \mathrm{d}\mathbf{x}_k \int \mathrm{d}\mathbf{x}_l f(r_{ij})f(r_{kl}) = V^2 \cdot (2b_2)^2 \tag{10.52}$$

ただし，分子 i の位置座標に関する積分をまとめて $\int \mathrm{d}\mathbf{x}_i \,(= \int \mathrm{d}x_i \int \mathrm{d}y_i \int \mathrm{d}z_i)$ で表した。このような4分子の選び方は $N(N-1)(N-2)(N-3)/8$ 通りある。同様にして，すべて異なる6分子が三つの2体クラスターを形成する場合等も計算していくと，最終的に N 粒子系の分配関数 Z_N は次式で近似される[注]。

$$\begin{aligned} Z_N &\approx \left(\frac{2\pi k_{\mathrm{B}}T}{m}\right)^{(3/2)N} V^N \left[1 + \frac{N(N-1)}{2}\left(\frac{2b_2}{V}\right) + \frac{N\cdots(N-3)}{8}\left(\frac{2b_2}{V}\right)^2 + \cdots\right] \\ &\approx \left(\frac{2\pi k_{\mathrm{B}}T}{m}\right)^{(3/2)N} V^N \left(1 + \frac{b_2 N}{V}\right)^N \end{aligned} \tag{10.53}$$

ただし，3体以上のクラスター積分の項は無視された。気体の密度 N/V が低ければ，3分子以上が一所で同時に相互作用するように集まる（すなわち3体以上のクラスターが形成される）可能性は低いと考えられるので，低密度の気体において，式(10.53) はよい近似式だといえる。

式(10.53) で与えられた分配関数 Z_N から，この非理想気体のヘルムホルツエネルギー F は

$$\begin{aligned} F &= -k_{\mathrm{B}}T \ln Z_N \approx -N k_{\mathrm{B}}T\left[\frac{3}{2}\ln\left(\frac{2\pi k_{\mathrm{B}}T}{m}\right) + \ln V + \ln\left(1 + \frac{N b_2}{V}\right)\right] \\ &\approx -N k_{\mathrm{B}}T\left[\frac{3}{2}\ln\left(\frac{2\pi k_{\mathrm{B}}T}{m}\right) + \ln V + \frac{N b_2}{V}\right] \quad \left(\frac{N b_2}{V} \ll 1\right) \end{aligned} \tag{10.54}$$

で与えられ，内部エネルギー U は，$u(r_{12}) \ll k_{\mathrm{B}}T$ の条件下では

$$U = -T^2\left[\frac{\partial}{\partial T}\left(\frac{F}{T}\right)\right]_V \approx N k_{\mathrm{B}}T\left(\frac{3}{2} - \frac{N b_2}{V}\right) \tag{10.55}$$

で表される（式(9.14) 参照）。

また圧力 P，すなわち状態方程式は，次のように書ける（式(10.14) 参照）。

$$P = -\left(\frac{\partial F}{\partial V}\right)_T \approx \frac{N k_{\mathrm{B}}T}{V}\left(1 - \frac{N b_2}{V}\right) \tag{10.56}$$

多原子分子では，分配関数 Z_N に分子の回転と振動の自由度も寄与するが，式(10.11) からわかるように，回転と振動に関する分配関数は系の V には依存しないので，分子の回転と振動は非理想気体の P には寄与しない。よって，多原子分子の気体についても式(10.56) を利用できる。

付録の表 B.4 に掲げたレナード・ジョーンズポテンシャルの定数 r_0 と u_0 を用いて2体クラスター積分 b_2 を式(10.46) より見積もり，それを式(10.56) に代入すると $PV/N k_{\mathrm{B}}T$ を T と P の関数として求めるこ

[注] 次の二項定理を利用した。

$$\begin{aligned} \left(1 + \frac{b_2 N}{V}\right)^N &= 1 + N\left(\frac{b_2 N}{V}\right) + \frac{N(N-1)}{2!}\left(\frac{b_2 N}{V}\right)^2 + \frac{N(N-1)(N-2)}{3!}\left(\frac{b_2 N}{V}\right)^3 + \cdots \\ &= 1 + \frac{N^2}{2}\frac{2b_2}{V} + \frac{N^3(N-1)}{2! \times 4}\left(\frac{2b_2}{V}\right)^2 + \frac{N^4(N-1)(N-2)}{3! \times 8}\left(\frac{2b_2}{V}\right)^3 + \cdots \end{aligned}$$

展開係数の違いは，$N \gg 1$ ならば無視できる。また，ここでは，量子力学の要請による補正因子を無視した。以下の議論において，この補正因子は重要ではない。

とができる。図 10.11 に，そのようにして計算した単原子分子アルゴン Ar と二原子分子の水素 H_2，窒素 N_2，および酸素 O_2 の気体に関する非理想性の $P \cdot T$ 依存性を示す。H_2 分子については分子間引力が弱く，b_2 は負となり P を増加すると PV/Nk_BT は 1 より大きくなるが，その他の分子では分子間の引力が斥力に勝り b_2 は正の値をとるので，加圧により PV/Nk_BT は 1 より小さくなっている。また，低温ほど分子間引力の寄与が大きくなり，PV/Nk_BT は 1 より小さくなっていくが，H_2 気体ではより低温にしなければ，PV/Nk_BT が 1 より小さくならない。以上の傾向は，第 1 章の図 1.4 に示した実験結果とよく対応している。

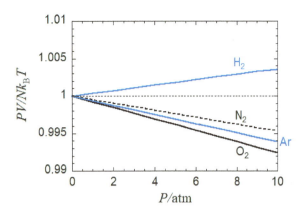

1873 年，ファン・デル・ワールスは以下に示す有名なファン・デル・ワールスの状態方程式を提案した。

$$\left[P + a\left(\frac{n}{V}\right)^2\right](V - nb) = nRT \quad (10.57)$$

ここで，a と b は気体分子の種類に固有の定数で，いずれも正の値をとる（付録の表 B.5 に

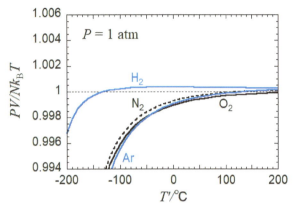

図 10.11　種々の気体の非理想性の圧力と温度依存性

は，様々な気体に対する定数 a と b の値を掲げる）。この方程式を，ビリアル展開式（P を気体の密度 N/V のべき級数で展開した式）の形で表すと，次のように書ける。

$$P = \frac{Nk_BT}{V}\left[1 + \frac{b - a/RT}{N_A}\frac{N}{V} + \left(\frac{b}{N_A}\right)^2\left(\frac{N}{V}\right)^2 + \left(\frac{b}{N_A}\right)^3\left(\frac{N}{V}\right)^3 + \cdots\right] \quad (10.58)$$

この式を式(10.56)と比較すると，次の関係が得られる。

$$b_2 = -\frac{b - a/RT}{N_A} \quad (10.59)$$

式(10.46)で与えられる 2 体クラスター積分 b_2 の定義式と比較すると，ファン・デル・ワールス状態方程式の定数 a と b は分子間に働く引力と斥力の強さを表すことがわかる（関数 $f(r_{12})$ は斥力が働く r_{12} の領域で負，引力が働く r_{12} の領域で正の値をとることに注意されたい）。ファン・デル・ワールスの状態方程式は，半経験的に導入された状態方程式であるが，統計熱力学を使って定式化された状態方程式(10.56)と $(N/V)^2$ の項（右辺括弧内の第 2 項目）まではよく対応している。ただし，式(10.58) 右辺の $(N/V)^3$ の項の係数では両者は一致せず，式(10.58)ではその係数は b^2 に比例するのに対し，式(10.56) を $(N/V)^3$ の項まで計算すると $b_2{}^2 [\propto (b - a/RT)^2]$ に比例することがわかる。上述のように，式(10.56)では 3 体以上のクラスター積分の項は無視されているので，$(N/V)^3$ の項は正確ではない。ファン・デル・ワールスの状態方程式は，純物質の気液平衡現象の議論にも用いられ，それについては第 12 章で述べる。

第11章　固体（結晶）

11.1　はじめに

　水は100℃で水蒸気になり，0℃では氷となる。1 molの水が100℃で水蒸気になったときの体積は約30 L（= 30,000 cm³）であるのに対して，0℃で氷になるとその体積は18 cm³まで減少する。この体積の減少により，氷中での隣接分子間の距離は，水蒸気中での平均の隣接分子間距離より近づき，分子間相互作用はずっと強くなる。前章で出てきた理想気体あるいは密度の低い実在気体とは異なり，固体（結晶）を統計熱力学で扱う場合，分子間相互作用が最重要となる。

　前章の**10.7節**で扱った非理想気体では，各分子は気体の全体積中を動き回り非局在化していたが，結晶中での各分子は規則的に配列している結晶格子の一つに局在化している。したがって，非理想気体の場合は自分自身以外のすべての分子と相互作用する可能性があったが，結晶中での分子間の相互作用は相互作用の及ぶ範囲内に存在する分子対のみを考慮すればよい。また，結晶格子が規則的に配置しているので，（各分子の熱振動を無視すれば）周りの分子との相互作用の計算がそれほど困難なく行える。以上より，気体と固体とでは，分子の配置や運動の状態が全く違うが，両者とも統計熱力学で取り扱いやすい系である。

　本章では，分子間（イオン間）相互作用ポテンシャルエネルギーが簡単な式で表される希ガス結晶とイオン結晶を中心に統計熱力学的議論を行う。卑近な例として上で出てきた氷については，水分子間に水素結合が形成されているが，その分子間相互作用ポテンシャルエネルギーは簡単な表式では表せないために，本章では取り扱わない。第一部の熱力学では，簡単な一般式で表せないという理由で，固体に関しては状態方程式も熱容量の式もほとんど出てこなかった。本章では，分子間の相互作用ポテンシャルエネルギーが簡単な式で表される場合には，固体の状態方程式は弾性率や熱膨張率のかたちで，熱容量も具体的に統計熱力学より計算できることが示される。

11.2　希ガス結晶

　単原子分子である希ガス分子が形成する結晶中における近接分子間には，前章の10.7節で導入したレナード・ジョーンズポテンシャルが働いている。このポテンシャルは，**図10.6**に示したように，斥力と引力の釣り合いにより，ある2分子間距離においてポテンシャル極小を有する。

　分子i，j間のレナード・ジョーンズポテンシャルを以下に再掲する（式(10.41)と同じ式）。

$$u(r_{ij}) = 4u_0 \left[\left(\frac{r_0}{r_{ij}} \right)^{12} - \left(\frac{r_0}{r_{ij}} \right)^6 \right] \tag{11.1}$$

希ガス結晶では，この分子間相互作用により面心立方格子を形成することが知られている。面心立方格子結晶中の各分子は，**図11.1**に示すように，青の丸で示した分子の周りに，12個の最近接分子（青の輪郭の丸印），6個の第2近接分子（**図11.1**にはそのうちの二つだけが示されている）が存在する。

　結晶中での最近接格子点間距離をr_1とすると（**図11.1**参照），N個の希ガス分子を含む結晶中のすべ

第2部　統計熱力学　**129**

ての分子対についてのポテンシャルエネルギーの総和（凝集エネルギー）W_N は次のように計算される。

$$W_N = \frac{N}{2}\sum_{j(\neq i)}u(r_{ij}) = 2Nu_0\left[12.13\left(\frac{r_0}{r_1}\right)^{12} - 14.45\left(\frac{r_0}{r_1}\right)^6\right] \quad (11.2)$$

ここで，j に関する和は原理的には分子 i の周りに存在するすべての分子について行われるべきだが，実質は分子 i から離れると $u(r_{ij})$ はゼロに近づくので遠い分子に対する和は無視できる（和の前の因子 1/2 は各分子対を二度数えるのを補正するために導入）。第 3 辺の $(r_0/r_1)^{12}$ の係数 12.13 が最近接格子点数 12 に近いことより，上式の特に斥力ポテンシャルの和は，最近接格子点からの寄与でほぼ決まっていることがわかる。他方，引力ポテンシャルの和には第 2 近接以上の格子点からの寄与もあるので，$(r_0/r_1)^6$ の数係数は 14.45 と 12 より大きくなっている。

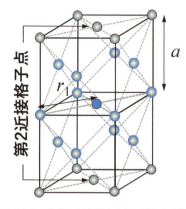

図 11.1　希ガス分子が形成する面心立方格子（単位格子 2 個分）

　結晶の全エネルギー E_N には，格子点上の各分子の振動に伴う運動エネルギーが加わるが，ここではまず温度が 0 K で振動運動が起こっていない場合を考える[注)]。このとき，結晶のヘルムホルツエネルギー F は次のように W_N と等しく，

$$F = E_N - TS = E_N = W_N \quad (11.3)$$

安定な結晶の最近接格子点間距離 $r_{1,\text{eq}}$ は，以下で与えられる F すなわち W_N の極小条件により決まる。

$$\frac{dF}{dr_1} = \frac{dW_N}{dr_1} = 0 \quad (11.4)$$

式(11.2) を代入すると，次式が得られる。

$$r_{1,\text{eq}} \equiv \sqrt[6]{\frac{2\times 12.13}{14.45}}r_0 = 1.09 r_0 \quad (11.5)$$

　付録の表 B.4 に掲げた希ガスに対するレナード・ジョーンズポテンシャルの r_0 値を代入すると，0 K におけるエネルギー最安定状態での希ガス結晶の格子定数 $a = \sqrt{2}r_{1,\text{eq}}$（図 11.1 参照）は表 11.1 のようになる。また，その時の結晶のモル当たりの内部エネルギー $\bar{U} (= E_{N_A})$ は，式(11.2) と (11.5) より $8.6 N_A u_0$ となり，その結果も表 11.1 に掲げる。実測値と比較すると，Ne の場合，格子定数は過小評価，内部エネルギーの絶対値は過大評価しているが，希ガスの原子番号が大きくなるに従い，実測値との一致はよくなっている。理論と実験のずれは，無視された量子効果に起因している。

表 11.1　0 K における希ガス結晶の格子定数とモル内部エネルギー

希ガス結晶	格子定数 a/nm 式(11.5) より	格子定数 a/nm 実測値	$\bar{U}$/kJ mol^{-1} [a] 式(11.2) より	$\bar{U}$/kJ mol^{-1} [a] 実測値
Ne	0.424	0.443	−2.59	−1.86
Ar	0.526	0.535	−8.60	−7.74
Kr	0.567	0.572	−12.1	−11.4
Xe	0.627	0.627	−16.3	−15.6

[a] すべての分子が孤立した状態を基準とする。

注) 量子力学によれば，0 K においても格子点上の分子は零点振動をしているが，ここではこの量子効果を無視する。

11.3 イオン結晶

次にイオン結晶の例として塩化ナトリウム NaCl について考える。結晶中で Na 原子は Cl 原子に電子 1 個を提供し，それぞれ陽イオンと陰イオンとなっている。図 11.2 に示すように，最近接格子点上に位置する Na⁺ と Cl⁻ 間の静電引力により，このイオン結晶は安定化されている。ただし，第 2 近接格子点には同符号のイオンが位置し，静電斥力が働き，結晶の不安定化をもたらしている。最終的には，静電引力と静電・非静電斥力の釣り合いによって，イオン結晶の構造は決まっている。

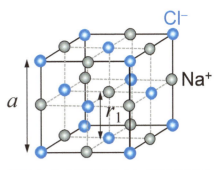

図 11.2 NaCl が形成するイオン結晶の単位格子

同種・異種のイオン間に働くポテンシャルエネルギー $u(r_{ij})$ を次式で表す。

$$u(r_{ij}) = u_0' \exp(-r_{ij}/r_0') \pm \frac{e^2}{4\pi\varepsilon_0 r_{ij}} \tag{11.6}$$

ただし，r_{ij} はイオン i と j 間の距離，u_0' と r_0' はイオン間に働く非静電的な斥力ポテンシャルを特徴づけるパラメータ，e は電気素量，そして ε_0 は真空の誘電率を表す。右辺の複号は，異種のイオン間では −，同種イオン間では + を選ぶ。右辺第 1 項目の非静電的な斥力ポテンシャルの関数形は経験的に選ばれたもので，理論的な根拠はない。パラメータ u_0' と r_0' はイオン対の種類に依存するが，以下では異種イオン間の斥力ポテンシャルしか出てこない。各イオン結晶に対する u_0' と r_0' の値は，結晶の格子定数と圧縮率より決定されている（表 11.2 参照）。

図 11.2 に示した単位格子の中心に位置する Na⁺ イオンが周りのイオンから受ける静電ポテンシャルの総和は，最近接格子点間距離を r_1 として，次のように書ける。

$$\sum_{j(\neq i)} u(r_{ij}) = 6u_0' \mathrm{e}^{-r_1/r_0'} - \alpha \frac{e^2}{4\pi\varepsilon_0 r_1} \tag{11.7}$$

右辺第 1 項目は，非静電的斥力項の和で，このポテンシャルが短距離相互作用なので，最近接格子（6 個ある）からの寄与のみを考慮した。他方，右辺第 2 項目は周りのイオンからの長距離相互作用である静電ポテンシャルの和を表し，α は以下の式で定義され，マーデルング定数と呼ばれる。

$$\alpha \equiv \sum_{j(\neq i)} \frac{(\pm)}{(r_{ij}/r_1)} \tag{11.8}$$

ただし，複号の (±) は Cl⁻ イオンが占める最近接格子点では −1，Na⁺ イオンが占める第 2 近接格子点では +1 などと選ぶことを意味する。この級数は正負の項が交互に現れ，収束性が悪いが，電子計算機を用いて計算が実行され，NaCl 型結晶の場合は $\alpha = 1.75$ と求められている。

Cl⁻ イオンの周りのイオンからの静電ポテンシャルの総和も，同じく式(11.7)で与えられるので，N 個の Na⁺ イオンと N 個の Cl⁻ イオンが形成するイオン結晶の凝集エネルギー W_N は，次式のようになる。

$$W_N = 2 \times \frac{1}{2} N \left(6u_0' \mathrm{e}^{-r_1/r_0'} - \alpha \frac{q^2}{4\pi\varepsilon_0 r_1} \right) \tag{11.9}$$

0 K において最安定な最近接格子点間距離 $r_{1,\mathrm{eq}}$，すなわち格子定数 a の 1/2 は，$dW_N/dr_1 = 0$ の条件より，次の方程式の解として求められる。

$$r_{1,\text{eq}}{}^2 u_0' \, e^{-r_{1,\text{eq}}/r_0'} = \frac{r_0' \alpha e^2}{24\pi\varepsilon_0} \tag{11.10}$$

また，その格子定数を持つ結晶の 0 K におけるモル当たりの内部エネルギー $\bar{U}$ $(= W_{N_A})$ は，次式より計算される．

$$\bar{U} = W_{N_A} = -\frac{N_A \alpha e^2}{4\pi\varepsilon_0 r_{1,\text{eq}}}\left(1 - \frac{r_0'}{r_{1,\text{eq}}}\right) \quad (T = 0\ \text{K}) \tag{11.11}$$

NaCl に対して報告されている u_0' と r_0' の値を式(11.9) に代入して計算したモル当たりの凝集エネルギーの r_1 依存性を図11.3 に示す．式(11.9) の右辺第 1 項目の非静電的斥力項は r_1 を大きくしていくと急激にゼロに近づいているが，第 2 項目の静電ポテンシャルはゆっくりとゼロに向かっており，長距離相互作用であることを示している．両者の和である W_{N_A}（青の曲線）は $r_1 = 0.28$ nm で極小値をとる．報告されている u_0' と r_0' の値を用いて様々な NaCl 型イオン結晶について計算した 0 K における格子定数 a $(= 2r_{1,\text{eq}})$ とモル内部エネルギー $\bar{U}$ の結果を，表11.2 に示す．式(11.11) より得られた $\bar{U}$ の理論値は，いずれのイオン結晶についても同表の最後の欄に示す実測値とほぼ一致している（u_0' と r_0' の値は，式(11.10) より計算された a が実験値と一致するように決められている）．

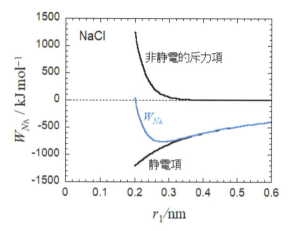

図 11.3 NaCl 結晶に関する凝集エネルギーの最近接格子点間距離依存性

表 11.2 0 K におけるイオン結晶のモル内部エネルギー

イオン結晶	$u_0'/10^{-16}$ J	r_0'/nm	a/nm	$\bar{U}$/kJ mol^{-1} [a] 式(11.11) より	実測値
LiCl	0.82	0.033	0.515	−822	−844
NaCl	1.75	0.0321	0.563	−764	−775
KCl	3.42	0.0326	0.629	−692	−709
NaBr	2.22	0.0328	0.597	−724	−729
NaI	2.63	0.0345	0.648	−670	−679

[a] すべてのイオンが孤立した状態を基準とする

11.4 弾性

物質に外力（外圧）を印加すると，物質は変形して弾性力を生じ，外力と釣り合う．このとき，外力がそれほど強くないとすると，物質の弾性力は変形（ひずみ）に比例する．これをフックの法則という．

いま，図11.4 に示すように，希ガス結晶や NaCl 型結晶のような立方格子結晶の結晶軸を xyz 軸に選び，x, y, z 軸方向に（巨視的）長さが L の立方体結晶を考え，結晶のすべての面には等しい外圧（静水圧）P' が印加されているとする[注]．外圧が P_0' のときの立方体結晶の一片の長さを L_0 とし，この状態を

[注] この立方体結晶を（結晶を溶かさない）液体に浸けて，その液体に圧力を印加すると立方体のすべての面に等しい圧力が掛かる．

基準状態に選ぶ。この基準状態から外圧を微小量 $\Delta P'$ だけ加圧すると，立方体結晶は圧縮され，一片の長さが ΔL だけ変化するとしよう。

弾性論では，着目する面に垂直にかかる単位面積当たりの力を**応力**（stress）と呼び，σ で表す[注1]。いまの場合，立方体各面にかかる応力（基準状態からの差）は $\Delta P'$ に等しい（L^2 が各面の面積）。

$$\sigma = \frac{P'L^2}{L^2} - \frac{P_0'L_0^2}{L_0^2} = \Delta P' \tag{11.12}$$

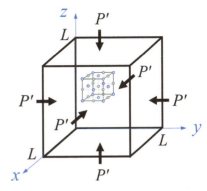

図 11.4　立方格子結晶の静水圧による圧縮

また，x, y, z 軸各方向の相対的な変形量を**ひずみ**（strain）と呼び，γ で表す[注1]。いまの場合は，

$$\gamma \equiv \frac{\Delta L}{L_0} \tag{11.13}$$

で表される。フックの法則により，σ と γ の間には比例関係が成立する。

$$\sigma = -K'\gamma \tag{11.14}$$

加圧すると，σ は正であるのに対して γ は負となるので（加圧すると L は減少する），上式に右辺には負の符号をつけた。比例係数 K' は，フックの法則における力の定数である。この圧縮により，立方体の体積が V_0 から $V = V_0 + \Delta V$ だけ変化したとすると，ΔV と ΔL との間には，次の関係が成立する（$\Delta L \ll L_0$）。

$$\Delta V = (L_0 + \Delta L)^3 - L_0^3 \approx 3L_0^2 \Delta L \tag{11.15}$$

式(11.12), (11.13), (11.15) を式(11.14) に代入すると，次の式が得られる。

$$\Delta P' \equiv -K' \frac{\Delta V}{3V_0} \tag{11.16}$$

この式を利用して，立方格子結晶の**等温体積弾性率**（isothermal bulk modulus）K を次のように熱力学量として定義する（平衡状態において，外圧 P' と系の圧力 P は釣り合っている：$P' = P$）[注2]。

$$K \equiv \frac{K'}{3} = -V\left(\frac{\partial P}{\partial V}\right)_T \tag{11.17}$$

さらに，第 4 章の式(4.16) を利用すると，$P = -(\partial F/\partial V)_T$ と書けるので，K はヘルムホルツエネルギー F から計算できる。

$$K = V\left(\frac{\partial^2 F}{\partial V^2}\right)_T \tag{11.18}$$

図 11.4 に示したように，立方格子結晶が x, y, z 軸方向から均等に加圧されると，結晶系はそのままで，最近接距離 r_1 だけが減少する。希ガス結晶の場合，$a = \sqrt{2}r_1$，単位格子当たりの分子数は 4 個なので，

[注1] より一般的な弾性論では，応力とひずみはテンソル量で与えられる。式(11.12) や (11.13) で与えられるのは，それらのテンソル量の対角成分である。

[注2] この等温体積弾性率の逆数を等温圧縮率と呼ぶ。ボイル（およびボイルの実験助手であったフック）は，第 1 章の図 1.3(a) に示したボイルの法則を，「空気のばね（spring of air）」の弾性的性質の表れとして解釈しようとしていたようである。実際，理想気体の状態方程式（式(1.5)）を式(11.17) に代入すると，$K = P$ という関係が得られる。

$$V = \frac{N}{4}a^3 = \frac{N}{\sqrt{2}}r_1{}^3 \rightarrow \frac{\mathrm{d}V}{\mathrm{d}r_1} = \frac{3N}{\sqrt{2}}r_1{}^2 \tag{11.19}$$

式(11.2) と (11.3) を式(11.18) に代入し，式(11.19) を利用すると，次式が得られる。

$$K = \frac{2\sqrt{2}}{9}\frac{u_0}{r_0{}^3}\left[2184\left(\frac{r_0}{r_1}\right)^{15} - 780.3\left(\frac{r_0}{r_1}\right)^9\right] \tag{11.20}$$

11.2 節では言及しなかったが，式(11.5) を得るにあたっては，外圧はゼロと仮定した（0 K なので，希ガス結晶の蒸気圧はゼロで，$P' = 0$ としても結晶の昇華は起こらない）。したがって，$P' = 0$ を基準状態として，式(11.5) を式(11.20) の r_1/r_0 に代入すると，希ガス結晶の体積弾性率 K が求められる。その結果を，表 11.3 の左側に掲げる。表 11.1 に示した結晶の格子定数 a が大きくなるほど K の値は大きくなる傾向にある。また，0 K ではないが低温における K の実測値と比較すると，式(11.20) より計算された理論値は実験結果を少し過大評価している。

　同様にして，NaCl 型のイオン結晶の場合には，$a = 2r_1$，単位格子当たりの Na$^+$ イオン数と Cl$^-$ イオン数はそれぞれ 4 個なので

$$V = \frac{2N}{8}a^3 = 2Nr_1{}^3 \rightarrow \frac{\mathrm{d}V}{\mathrm{d}r_1} = 6Nr_1{}^2 \tag{11.21}$$

式(11.9) と (11.3) を式(11.18) に代入し，式(11.21) を利用すると，次式が得られる。

$$K = \frac{u_0'}{3r_0'^2 r_1}\mathrm{e}^{-r_1/r_0'} - \frac{\alpha q^2}{18\pi\varepsilon_0 r_1{}^4} \tag{11.22}$$

やはり，$P' = 0$ を基準状態として，式(11.10) の $r_{1,\mathrm{eq}}$ を式(11.22) の r_1 に代入すると，NaCl 型イオン結晶の体積弾性率 K が求められる。その結果を，表 11.3 の右側に掲げる。イオン結晶の K は，希ガス結晶のそれより大きく，より堅いことがわかる。また，希ガス結晶とは逆に，表 11.2 に示した結晶の格子定数 a が大きくなるほど K の値は小さくなっている。その傾向は室温における K の実測値と一致しているが，絶対値は実測の K より少し小さくなっている。

表 11.3　希ガス結晶とイオン結晶の体積弾性率

希ガス結晶	a/nm	$K/10^9$ Pa		イオン結晶	a/nm	$K/10^9$ Pa	
		式 (11.20)[a]	実測値			式 (11.22)[a]	実測値[b]
Ne	0.443	1.8	1.0 (4 K)	LiCl	0.515	19.4	29.8
Ar	0.535	3.1	1.6 (77 K)	NaCl	0.563	17.0	24.0
Kr	0.572	3.5	1.8 (77 K)	KCl	0.629	12.9	17.4
Xe	0.627	3.5	—	NaBr	0.597	14.4	19.9
				NaI	0.648	11.0	15.1

[a] 0K での値。[b] 室温での値

11.5　古典的分配関数と結晶の熱膨張

　温度が 0 K から上昇すると，結晶格子点上の各分子・イオンは熱振動を始め，格子点の平衡位置からずれた配置が可能になる。それに伴って，N 粒子系の結晶の全エネルギー E_N は，次のように表される。

$$E_N = \sum_{i=1}^{N} \frac{1}{2} m \left(v_{x,i}{}^2 + v_{y,i}{}^2 + v_{z,i}{}^2 \right) + \frac{N}{2} \sum_{j(\neq i)} u(r_{ij}) \tag{11.23}$$

ただし，m は分子・イオンの質量，$v_{x,i}$，$v_{x,i}$，$v_{x,i}$ は分子・イオンが持つ熱運動の速度のそれぞれ x，y，z 成分で，分子・イオンは希ガスや NaCl のように内部自由度（回転や振動の自由度）を持たないと仮定した。

　第 10 章の 10.2 節で説明した古典的近似を用いて N 粒子系の結晶の分配関数 Z_N を導出しよう。結晶格子中で，各分子・イオンは 3 次元の 3 方向に振動できることを考慮して，Z_N は次のように表される。

$$Z_N = \frac{1}{(h/m)^{3N}} \prod_{i=1}^{N} \int \mathrm{d}x_i \int \mathrm{d}y_i \int \mathrm{d}z_i \int \mathrm{d}v_{x,i} \int \mathrm{d}v_{y,i} \int \mathrm{d}v_{z,i} \exp\left(-\frac{E_N}{k_{\mathrm{B}}T}\right) \tag{11.24}$$

式 (11.23) 中の運動エネルギー項は，速度に関する積分を実行して簡単化され，式 (11.24) は次式のようになる。

$$\begin{aligned}
Z_N &= \left(\frac{2\pi m k_{\mathrm{B}} T}{h^2}\right)^{3N/2} \prod_{i=1}^{N} \int \mathrm{d}x_i \int \mathrm{d}y_i \int \mathrm{d}z_i \exp\left(-\frac{W_N}{k_{\mathrm{B}}T}\right) \\
&= \left(\frac{2\pi m k_{\mathrm{B}} T}{h^2}\right)^{3N/2} \prod_{i=1}^{N} \left\{ \int \mathrm{d}x_i \int \mathrm{d}y_i \int \mathrm{d}z_i \exp\left[-\frac{\sum_{j(\neq i)} u(r_{ij})}{2k_{\mathrm{B}}T}\right] \right\}
\end{aligned} \tag{11.25}$$

さらに，各分子・イオンの位置座標に関する積分を実行しようとするときに，第 10 章の 10.7 節で述べた非理想気体の場合と同様な困難に直面する。すなわち，式 (11.25) の被積分関数中の $u(r_{ij})$ が任意の分子対 i，j の相対位置に依存するため，各分子・イオンの位置座標に関する積分が独立には行えない。そこで，温度を 0 K から上昇させることによる各分子・イオンの熱運動の効果として，結晶格子の熱膨張と格子振動が独立に起こると仮定して以下議論する。

　11.2 節と 11.3 節で述べたように，$T = 0$ K，$P = 0$ atm では，式 (11.25) 中のポテンシャルエネルギー W_N が最小値 $W_N{}^{(0)}$ となる平衡位置にすべての分子・イオンは（古典論では）静置している。これに対して，有限温度では 0 K における平衡位置からずれた位置に各分子・イオンは存在可能となり，式 (11.25) 中の W_N もボルツマン分布に従い $W_N{}^{(0)}$ より大きい値が取れるようになる。

　温度を上昇させると，希ガス結晶は等方的に熱膨張すると予想される。すなわち，結晶系を保持したままで，最近接距離 r_1 は 0 K における平衡値 $r_{1,\mathrm{eq}}$（式 (11.5) で与えられる）より大きくなる。また，最近接距離が r_1 のときの W_N は式 (11.2) で与えられる[注]。よって，熱膨張により最近接距離が r_1 となったときに，ある着目した希ガス分子のポテンシャルエネルギー $w(r_1)$（$= W_N/N$）は次式で与えられる。

$$w(r_1) = \frac{1}{2} \sum_{j(\neq i)} u(r_{ij}) = 2u_0 \left[12.13 \left(\frac{r_0}{r_1}\right)^{12} - 14.45 \left(\frac{r_0}{r_1}\right)^{6} \right] \tag{11.26}$$

ただし，このとき個々の分子の格子点を中心とする振動運動は無視した。この $w(r_1)$ を利用して，最近接距離の平均値 $\langle r_1 \rangle$ は次式より計算される。

[注] 式 (11.2) で与えられる W_N は，0 気圧における値であるが，有限温度では結晶の蒸気圧はゼロではないので，その蒸気圧以上の外圧を印加しておかないと結晶は昇華してしまう。しかしながら，一般に結晶の蒸気圧は低く，結晶の W_N の圧力依存性も弱いので，P を蒸気圧と等しくしても，式 (11.2) はよい近似である。

第 2 部　統計熱力学　135

$$\langle r_1 \rangle = \frac{\int_0^\infty r_1 \exp[-w(r_1)/k_\mathrm{B}T]\,\mathrm{d}r_1}{\int_0^\infty \exp[-w(r_1)/k_\mathrm{B}T]\,\mathrm{d}r_1} \tag{11.27}$$

図 11.5 には，式 (11.27) より計算した Ar の格子定数 $a\,(=\sqrt{2}\langle r_1 \rangle)$ の温度依存性を実線で示す．計算に必要な Ar に対するレナード・ジョーンズポテンシャルのパラメータは付録の表 B.4 に掲げた値を用いた．熱膨張率に比例するこの実線の傾きは，図中の丸印で示した実測データをほぼ再現しているが，低温域では過大評価，高温域では過小評価している．

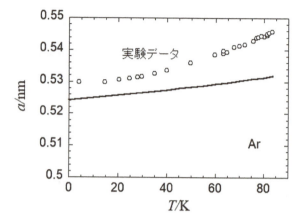

図 11.5　Ar 結晶の格子定数の温度依存性

11.6　格子振動と結晶の熱容量

上述の熱膨張の議論では，各分子の格子点を中心とする熱振動は無視して，熱膨張に伴う最近接距離の温度変化だけを考慮した．本節では，逆に最近接距離の温度変化は無視して，格子点を中心とする熱振動だけを考えてみよう．ただし，話を単純化するために，着目する分子の振動運動を考える際に，周りの分子の振動は無視して，周りの分子は平衡位置からずれていないと近似する．すなわち，図 11.6(a) において，周りの分子は格子点の平衡位置に固定し，青丸で示した着目する分子の位置を平衡点からずらす．その変位を (x, y, z) で表し，周りの分子 j の位置座標を (x_j, y_j, z_j) とすると，着目する分子が感じるたとえば x 軸方向のポテンシャルエネルギー $\bar{u}(x)$ は

$$\bar{u}(x) = \sum_{j(\neq i)} u(r_{ij}), \quad r_{ij} = \sqrt{(x-x_j)^2 + y_j^2 + z_j^2} \tag{11.28}$$

より計算できる．ただし，希ガス結晶の場合 $u(r_{ij})$ は式 (11.1) で与えられ，上式の和に寄与する分子 j は

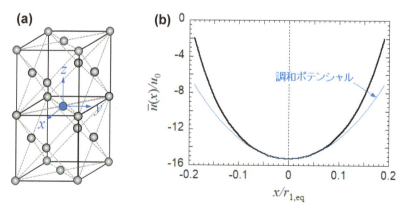

図 11.6　結晶格子中の格子振動の模式図と調和ポテンシャル

着目する分子に相互作用が及ぶ範囲内に位置する分子のみである（y 軸方向，z 軸方向のポテンシャルエネルギー $\bar{u}(y)$，$\bar{u}(z)$ についても同様にして計算できる）。面心立方格子を形成している希ガス結晶の場合，式(11.1) と (11.28) を使って具体的に $\bar{u}(x)$ を計算すると，図 11.6(b) に示す黒の実線が得られる。

格子振動の振幅が十分小さい，すなわち $|x/r_{1,\text{eq}}| \ll 1$ などとすると，着目する分子が感じる各方向の（平均の）ポテンシャルエネルギーは次のように近似できる。

$$\bar{u}(x) = \bar{u}_0 + \tfrac{1}{2}kx^2, \quad \bar{u}(y) = \bar{u}_0 + \tfrac{1}{2}ky^2, \quad \bar{u}(z) = \bar{u}_0 + \tfrac{1}{2}kz^2 \tag{11.29}$$

ここで，$\bar{u}_0$ は着目する分子が平衡位置にあるときのポテンシャルエネルギー，k は力の定数で，面心立方格子の場合，x，y，z 方向には依存しない。図 11.6(b) の $x = 0$ 付近の黒の実線を式(11.29) に従い，二次関数でフィットすると，同図中の青の実線が得られる。$|x/r_{1,\text{eq}}|$ が大きいところでの黒と青の実線のずれは，非調和ポテンシャルの寄与を表す。この青の実線における二次の係数と付録の表 B.4 に示した Ar に対するレナード・ジョーンズパラメータより，Ar 結晶に対して $k = 5.36$ J/m^2 なる値が得られる。また，Ar 分子の質量を m（$= 6.64 \times 10^{-26}$ kg）とすると，結晶中の Ar 分子の固有振動数 ν は次式より計算される。

$$\nu \equiv \frac{1}{2\pi}\sqrt{\frac{k}{m}} = 1.43 \times 10^{12} \text{ s}^{-1} \tag{11.30}$$

着目する分子の振動運動を考える際，周りの分子は平衡位置からずれていないと近似するならば，着目する分子の存在位置は周りの分子の位置とは独立になり，式(11.25) の分配関数は次のように書ける。

$$Z_N \approx \left\{ \left(\frac{2\pi m k_{\text{B}} T}{h^2} \right)^{3/2} \int \mathrm{d}x \int \mathrm{d}y \int \mathrm{d}z \exp\left[-\frac{\bar{u}(x) + \bar{u}(y) + \bar{u}(z)}{k_{\text{B}} T} \right] \right\}^N \tag{11.31}$$

式(11.29) を代入して，変位 x，y，z に関する積分を実行すると，Z_N は次のように簡単になる（式(11.30) 参照）。

$$Z_N \approx \left(\frac{k_{\text{B}} T}{h\nu} \right)^{3N} \tag{11.32}$$

第 10 章の 10.2 節で述べたように，分子振動は低温においては量子効果が著しく，古典的近似はよい近似ではない。格子振動についても同様で，量子効果を無視した式(11.32) は，低温では使えない。そこで，第 9 章の 9.5 節で説明した量子力学に基づく式(9.19) を 3 次元空間での振動に拡張した次式を式(11.32) の代わりに用いる。

$$Z_N = \left(\frac{\mathrm{e}^{-h\nu/2k_{\text{B}}T}}{1 - \mathrm{e}^{-h\nu/k_{\text{B}}T}} \right)^{3N} \tag{11.33}$$

高温近似，すなわち $k_{\text{B}} T \gg h\nu$ のときには，式(11.33) は式(11.32) に漸近する。

統計熱力学の公式を用いれば，Z_N より結晶系のヘルムホルツエネルギー F，内部エネルギー U，および定積熱容量 C_V を次式のように求められる。

$$F = -3N k_{\text{B}} T \ln\left(\frac{\mathrm{e}^{-h\nu/2k_{\text{B}}T}}{1 - \mathrm{e}^{-h\nu/k_{\text{B}}T}} \right) \tag{11.34}$$

$$U = \frac{3N h\nu}{2} \frac{1 + \mathrm{e}^{-h\nu/k_{\text{B}}T}}{1 - \mathrm{e}^{-h\nu/k_{\text{B}}T}} \tag{11.35}$$

第 2 部　統計熱力学　137

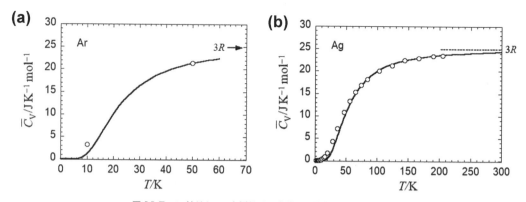

図11.7 Ar結晶とAg金属結晶の定積モル熱容量の温度依存性

$$C_V = 3Nk_B \left(\frac{h\nu}{k_B T} \frac{e^{-h\nu/k_B T}}{1-e^{-h\nu/k_B T}} \right)^2 \tag{11.36}$$

　図11.7(a)には，式(11.36)に式(11.30)の結果を代入して計算したAr結晶の定積モル熱容量$\bar{C}_V$の温度依存性を実線で示す．丸印で示した実験結果とほぼ一致している[注]．図中の矢印は古典近似(式(11.32))を用いたときに得られる$\bar{C}_V$の値（$=3R$）を示している．低温になると，$\bar{C}_V$には著しい量子効果が現れていることがわかる．

　金属の結晶中では，各原子はイオン化し，放出された伝導電子が結晶内を比較的自由に運動している．金属イオン間には静電斥力が働くが，その間に存在する伝導電子との静電引力により，結晶構造が安定化されている．この伝導電子が媒介となった金属イオン間のポテンシャルエネルギーは，希ガス結晶やイオン結晶のように簡単な関数形（式(11.1)や(11.6)のような）では表せないが，その凝集エネルギーは希ガス結晶とイオン結晶の中間の値をとる．

　図11.7(b)には，銀Agの金属結晶に対する定積モル熱容量$\bar{C}_V$の実験結果を丸印で示す．低温になるに従い，$\bar{C}_V$は減少し，古典近似の値（$=3R$）から逸脱する．上で述べたように，金属結晶については，ポテンシャルエネルギーが簡単な式で表せないので，結晶内でのAg^+イオンの固有振動数νを調節パラメータと見なし，$\nu = 3.44 \times 10^{12}\ s^{-1}$と選ぶと同図中の実線が得られ，実験データをほぼ再現する．温度が50 K以下では理論値はわずかに実験値を過小評価しているが（図11.7(a)におけるAr結晶の10 Kでのデータ点も），これは式(11.36)を得るにあたり，格子内に存在する各分子・イオンが周りの分子・イオンとは独立に振動していると近似したことに起因している．実際には，結晶格子内の各分子・イオンは近接の分子・イオンと相互作用しあい，その相互作用が格子振動に影響を与えている．デバイは，結晶を連続的な弾性体として扱い，この相互作用が格子振動に与える影響を近似的に考慮した．しかしながら，本書ではその理論の詳細は述べない．

[注] 実験では，通常結晶の定圧熱容量C_Pが測定される．その結果から求めるには次式を利用する．

$$C_V = C_P - \frac{KT}{V}\left(\frac{\partial V}{\partial T}\right)_P^2$$

ここで，Kは11.4節で説明した等温体積弾性率，また体積膨張率に比例する$(\partial V/\partial T)_P$は，たとえば図11.5に示したような実験結果から見積もられる．

第12章 液体

12.1 はじめに

　液体は，気体と固体の中間の状態である。多くの純物質は，十分高温から冷却していくと，気体，液体，固体という順で相変化する。気体と比べると，液体状態では平均の隣接分子間距離が近く，強い分子間相互作用が働いている。また，固体（結晶）中では，各分子・イオンはある結晶格子点近傍に局在化しており，その格子点に近接している分子とのみ相互作用しているが，液体中の各分子・イオンは熱運動により系の体積内を動き回っており，アボガドロ数程度存在する系中の他のすべての分子・イオンと相互作用しうるので，分子・イオン間相互作用の計算は面倒になる。したがって，物質の三態のうちで液体状態が一番，統計熱力学を適用するのが難しい。

　液体が気体と固体の中間の状態であることより，液体状態の統計熱力学には，気体の統計熱力学を拡張するやり方と固体の統計熱力学を拡張するやり方とがある。前者は第 10 章の最後に述べた非理想気体の統計熱力学を高密度領域に拡張するもの，後者は液体中の分子を結晶格子上に配置させる格子モデルを利用するものである（ただし，液体中の分子は一つの格子点には局在化していないと仮定する）。

　第 10 章の最後に説明した非理想気体に対する分配関数（式(10.53)）を液体状態に拡張するのはレベルが高いので，本章では半経験的なファン・デル・ワールスの状態方程式(式(10.57)) を利用して物質の三態および液体状態について議論する。また本章の後半では，二成分溶液に対する分配関数を格子モデルを用いて定式化し，液液相分離について議論する。いずれの議論も厳密な分子論とはいいがたいが，液体中の分子の振舞いを半定量的に把握する手助けをしているといえる。

12.2 液体状態について

　第 4 章の 4.5 節では，水と二酸化炭素の相図を紹介した。ここでは，分子間相互作用のより単純な単原子分子であるアルゴン Ar の相図を 図 12.1 に示す。Ar の分子間相互作用は弱く，常温・常圧では気体であるが，温度を下げていくと液化し，さらに冷却すると固化する。1 気圧での沸点は -185.85℃，融点は -189.35℃で（図中の点線の水平線を参照），液体状態は狭い温度領域でしか現れない。しかしながら，加圧していくと，融点はほとんど変化しないが，沸点は上昇していき，液体領域は広がる。ただし，臨界温度 T_c' である -122.3℃以上では，いくら加圧しても液化しない。また，液化の起こる臨界圧

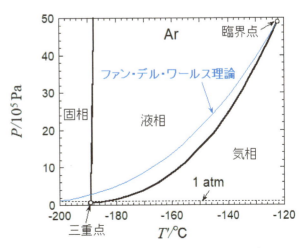

図 12.1　アルゴン Ar の PT 相図　青の細線は，ファン・デル・ワールスの状態方程式より計算した気液共存曲線を表す（後述）。

力 P_c は 48.98×10^5 Pa である．この液体の限界を表す相図上の点を **臨界点**（critical point）と呼ぶ．さらに，**三重点**（triple point：-189℃，0.889×10^5 Pa）では，気体と液体と固体の3相が共存し，図12.1 の縦軸の縮尺では見えないが，$T < -189$℃，$P < 0.889 \times 10^5$ Pa の領域では気相と固相が共存する．

表 12.1 には，融点・沸点の異なる3種類の純物質 Ar, ナトリウム Na, 銀 Ag の1気圧におけるモル蒸発エンタルピー $\Delta \bar{H}_{\text{vap}}$，融解エンタルピー $\Delta \bar{H}_{\text{melt}}$，および融点における液相と固相のモル体積の比 $\bar{V}^{(l)}/\bar{V}^{(s)}$ を掲げる．いずれの物質においても，$\Delta \bar{H}_{\text{vap}}$ は $\Delta \bar{H}_{\text{melt}}$ よりも大きく，特に Na と Ag ではその差が大きい．また，融点における液相と固相のモル体積比は1に近く，沸点における気相と液相のモル体積が数百〜数千倍違うことと比較すると，液相中での分子・イオン間距離は固相中での距離に近く，気相中での分子・イオン間よりずっと近づいていることがわかる．この違いにより，液相中での分子・イオン間相互作用は固相中でのそれに近く，$\Delta \bar{H}_{\text{melt}}$ と $\Delta \bar{H}_{\text{vap}}$ の違いに反映されている．さらに，表 12.1 の最後の二つの欄には，Ar と Na に関する固相と液相の体積弾性率 K を示す（式(11.17)を参照）．気体の K は 1 atm（$\approx 10^5$ Pa）にほぼ等しいことを考えると，液体と固体は非常に硬く，これも分子・イオン間距離が近いことに起因している．

表 12.1　純物質 Ar, Na, Ag の 1 atm における諸物性の比較

純物質	融点 /℃	沸点 /℃	$\Delta \bar{H}_{\text{vap}}$ [a]	$\Delta \bar{H}_{\text{melt}}$ [a]	$\bar{V}^{(l)}/\bar{V}^{(s)}$	K（固体）[b]	K（液体）[b]
Ar	-189	-186	6.43	1.18	1.20	1.6	0.5
Na	97.7	883	110	2.64	1.03	5.9	5.3
Ag	962	2160	290	11.3	1.05	—	—

[a] 単位：kJ mol^{-1}　[b] 単位：10^9 Pa

12.3　ファン・デル・ワールスの状態方程式

第10章の最後で触れたファン・デル・ワールスの状態方程式は，1873年に「液体と気体の連続性について」と題するファン・デル・ワールスの学位論文で導入され，非理想気体と液体の両方に適用できる状態方程式として提案された．現在に至るも，気液平衡の議論に利用されている．もう一度再掲すると

$$\left[P + a\left(\frac{n}{V}\right)^2\right](V - nb) = nRT \tag{12.1}$$

これを少し変形すると，次のように書ける．

$$\frac{b^2 P}{a} = \frac{bRT}{a} \frac{nb/V}{1 - (nb/V)} - \left(\frac{nb}{V}\right)^2 \tag{12.2}$$

また式(12.1)は $V \to \infty$ の極限で理想気体の状態方程式に漸近する．

図 12.2 には，式(12.2)に従い，$(b^2/a)P$ 対 V/nb のグラフを黒の実線で示す．温度が $(b/a)RT = 0.5$ と 0.35 においては単調に減少する曲線となっているが，$(b/a)RT = 0.25$ では極小と極大を持つ曲線になり，$(b/a)RT = 8/27 = 0.296$ での曲線から変曲点を持ち始める．これに対して図中の青の点線は，

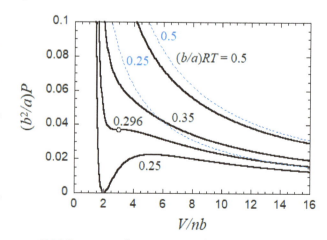

図 12.2　ファン・デル・ワールスの状態方程式による PV 図

$(b/a)RT = 0.5$ と 0.25 における理想気体に対する曲線 $[(b^2/a)P = (b/a)RT/(V/nb)]$ で，いずれの温度においても単調に減少する曲線となっており，かつ V/nb の大きい領域で黒の実線に漸近している。

図 12.2 に示した $(b/a)RT = 0.25$ の極小と極大を持つ曲線について考察しよう。図 12.3 にはその拡大図を示すが，まず極小点 A と極大点 B の間の $2 < V/nb < 5.24$ の領域では，$(\partial P/\partial V)_T > 0$ となっている。通常，系を圧縮すると圧力が上がり（膨張させると圧力が下がり），系は元の体積に戻ろうとするので安定であるが，$(\partial P/\partial V)_T > 0$ では系を圧縮すると圧

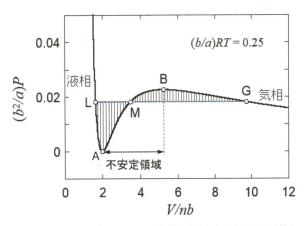

図 12.3 ファン・デル・ワールス状態方程式における不安定状態と相平衡

力が下がり，ますます系の体積は減少し（膨張させると圧力が上がり，ますます系の体積は増加し），系は安定な体積を維持できない。すなわち，温度が $(b/a)RT = 0.25$ においては，$(\partial P/\partial V)_T > 0$ の領域（$2 < V/nb < 5.24$）で系は不安定状態となっている（これに対して，$(b/a)RT = 0.5$ と 0.35 においては，任意の V/nb において $\partial P/\partial V)_T < 0$ であり，系は常に力学的安定状態を保っている）。

また，図 12.3 に青の実線で示すように，極小点 A と極大点 B の圧力の中間に，一定圧力の水平線を引き，それと実線が交わる 3 点 L, M, G を考える（上述の不安定領域は，点 L と G に挟まれた領域内に存在する）。いま，点 G の状態での系のギブズエネルギーを G_G とすると，点 M の状態におけるギブズエネルギー G_M と点 L の状態におけるギブズエネルギー G_L は，次の積分で関係づけられる[注]。

$$G_M = G_G + \int_{GBM} V dP \tag{12.3}$$

$$G_L = G_M + \int_{MAL} V dP \tag{12.4}$$

積分は，曲線 GBM と MAL に沿って行う。脚注より，上式の積分は，図 12.3 に縦線を施した部分の面積 GBMG と MALM と次のように関係づけられる。

$$\int_{GBM} V dP = 面積 GBMG, \quad \int_{MAL} V dP = -(面積 MALM) \tag{12.5}$$

（図 12.3 のグラフの縦軸は P に b^2/a が掛かり，横軸は V を nb で割った量となっているので，厳密には各面積に na/b を掛けた量が左辺の積分と等しい）。

[注] これらの関係式は，第 4 章の式 (4.8) を温度一定の条件下で圧力に関して積分することにより得られる。V を P に関して積分するには，図 12.3 のグラフの縦軸と横軸を交換した右図を利用する。ただし，この V 対 P (y 対 x) のグラフは，$x_A < x < x_B$ の領域において二価あるいは三価関数で，ある x に対して二つあるいは三つの y が対応しているので，積分するときに注意が必要である。多価関数の積分は，一価関数の積分の和で表し，次式を得る。

$$\int_{GBM} y dx = \int_{x_G}^{x_B} y dx + \int_{x_B}^{x_M} y dx = \int_{x_G}^{x_B} y dx - \int_{x_M}^{x_B} y dx \tag{12.N1}$$

$$\int_{MAL} y dx = \int_{x_M}^{x_A} y dx + \int_{x_A}^{x_L} y dx = -\int_{x_A}^{x_M} y dx + \int_{x_A}^{x_L} y dx \tag{12.N2}$$

これらの式より，式 (12.5) が導かれる（各積分は，積分範囲における関数曲線より下方の面積に等しい）。

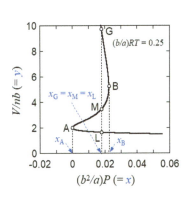

式(12.3) 〜 (12.5) より，G_L と G_G は次の関係にある。

$$G_L - G_G = \int_{\text{GBM}} V \mathrm{d}P + \int_{\text{MAL}} V \mathrm{d}P = \text{面積 GBMG} - (\text{面積 MALM}) \tag{12.6}$$

いま，図 12.3 の青の水平線の高さを適当に選ぶと，面積 GBMG と MALM を等しくすることができ，そのときには $G_L = G_G$ となり，点 G と L で表された状態は相平衡の条件を満たしている（式(4.23) を参照）。点 G は体積が大きく，$(\partial P/\partial V)_T$ の絶対値が小さい（系を膨張させるのにそれほどの圧力減少を必要としない）ので，気体状態と見なせ，点 L は体積が小さく，$(\partial P/\partial V)_T$ の絶対値が大きい（系を圧縮させるのに大きな圧力増加を必要とする）ので，液体状態と見なせる。すなわち，図 12.3 の曲線において，点 G と L の状態間で気液平衡が実現している。もしも，点 G と L の間のある点，たとえば点 B で一相状態をとるならば，その状態でのギブズエネルギー G_B は G_G より点 G と B の間の縦線を施した面積分だけ大きく，気液平衡状態（その時のギブズエネルギーは $G_G = G_L$）と比較して熱力学的に不安定である。

図 12.2 において，$(b/a)RT$ が 0.25 と $8/27 = 0.296$ の間では，PV 曲線に極大と極小が存在し，ある圧力条件下で気液平衡が実現する。気液平衡が起こる上限の温度が $(b/a)RT = 8/27 = 0.296$ で，その温度における PV 曲線は，ある圧力と体積において接線の傾きがゼロとなり，かつその点が変曲点となっている（図 12.2 では，$(b^2/a)P = 1/27$，$V/nb = 3$）。この特別な状態を表す点が，図 12.1 の Ar の相図に示した臨界点である。各化合物は，固有の臨界点を有する。天然ガスの主成分であるメタン CH_4 の臨界温度は $-83\,°C$ で，天然ガスはこの臨界温度以下に冷却した上で加圧して液化させた状態で運搬されている。また，今後利用が期待されている燃料電池で使われる水素 H_2 の臨界温度は $-240\,°C$ である。燃料電池車の燃料タンクをこの温度以下に冷却するのは困難で，燃料電池車の水素ガスは高圧の気体状態で燃料タンクに充填させなければならない。

数学的には，臨界点は次の方程式を同時に満たす点として定義される。

$$\left(\frac{\partial P}{\partial V}\right)_T = -\frac{nRT_c}{(V_c - nb)^2} + \frac{2an^2}{V_c^3} = 0, \quad \left(\frac{\partial^2 P}{\partial V^2}\right)_T = \frac{2nRT_c}{(V_c - nb)^3} - \frac{6an^2}{V_c^4} = 0 \tag{12.7}$$

T_c が臨界温度，V_c が臨界体積を表す。この臨界点は，共存する気相と液相の密度が等しい状態と見なすことができ，実際に臨界点では密度のゆらぎが大きく，光を強く散乱する（臨界タンパク光）。

図 12.1 に PT 相図を示した Ar の臨界点は，$P_c = 48.98 \times 10^5\,\text{Pa}$，$T_c' = -122°C\ (= 150.7\,\text{K})$，$V_c/n \equiv \bar{V}_c$ （モル臨界体積） $= 7.71 \times 10^{-5}\,\text{m}^3$ で与えられている。式(12.7) と (12.2) を利用すると，次式が得られ，

$$\frac{b^2 P_c}{a} = \frac{1}{27}, \quad \frac{b}{a}RT_c = \frac{8}{27}, \quad \frac{V_c}{nb} = 3 \tag{12.8}$$

さらに，上式の第 1, 2 式から次の式が得られる。

$$a = \frac{27(RT_c)^2}{64 P_c}, \quad b = \frac{RT_c}{8 P_c} \tag{12.9}$$

図 12.1 に示した Ar に対する実測の P_c と T_c' を式(12.9) に代入すると，$a = 0.136\,\text{J m}^3$，$b = 3.22 \times 10^{-5}\,\text{m}^3$ と求まる。これを式(12.8) の第 3 式に代入すると，$\bar{V}_c = 9.66 \times 10^{-5}\,\text{m}^3$ となり，実測値をわずかに過大評価している（表 12.2 参照）。

表 12.2　Ar の臨界点でのモル体積と 1 atm における気液平衡に関する理論と実験の比較

熱力学量		理論値	実測値
臨界点でのモル体積（$\bar{V}_c$）		9.66×10^{-5} m^3	7.71×10^{-5} m^3
沸点[a]（T'_B）		-200.9℃	-186℃
モル蒸発エンタルピー[a]（$\Delta \bar{H}_{vap}$）		4.8 kJ/mol	6.43 kJ/mol
共存相のモル体積[a]	気相（$\bar{V}^{(g)}$）	5.72×10^{-3} m^3	4.5×10^{-3} m^3
	液相（$\bar{V}^{(l)}$）	3.9×10^{-5} m^3	1.65×10^{-5} m^3
共存相の体積弾性率[a]	気相（$K^{(g)}$）	0.98×10^5 Pa	—
	液相（$K^{(l)}$）	0.35×10^9 Pa	0.5×10^9 Pa

[a] 1 気圧における値

図 12.3 のところで述べたように，面積 GBMG と MALM を等しくする条件より，気液共存線を求めることができる。図 12.1 の青の細線は，そのようにして計算された Ar の気液共存曲線である。実験で得られた気液共存曲線より少し上方にずれているが，式(12.1) で与えられた単純な状態方程式から得られた理論線にしてはよく実験結果を再現しているといえる。また，1 気圧における沸点は -200.9℃で，実測値（-186℃）に近い。さらに，この 1 気圧において共存している Ar の液相の体積弾性率は式(11.17) と (12.7)（ただし，$T = T_B$, $V = V^{(l)}$）より計算されるが，結果は 0.35×10^9 Pa で，実測値（0.5×10^9 Pa）より少し小さいが近い値を与えている。加えて，第 4 章の式(4.27) で与えられるクラウジウス－クラペイロンの式を用いると，図 12.2 における理論気液共存曲線の 1 気圧における傾きより，Ar のモル蒸発エンタルピー $\Delta \bar{H}_{vap}$ が計算できる。結果は 4.8 kJ/mol となり（共存する Ar の気相と液相のモル体積は，それぞれ 5.72×10^{-3} m^3 と 3.9×10^{-5} m^3），実測の 6.43 kJ/mol に近い値が得られる（表 12.2 参照）。

ファン・デル・ワールスの状態方程式は，分配関数から統計熱力学的に導出されたものではなく，理想気体の状態方程式を半経験的に修正することにより誘導されたものだが，液体状態も驚くほどうまく表しているといえる。そのために，150 年以上経過した現在でも教科書に記載されている。

12.4　溶液の統計熱力学（格子理論）

第 10 章の 10.4 節では，理想混合気体に対する統計熱力学について紹介した。本節では，成分 a が N_a 分子，成分 b が N_b 分子含まれる 2 成分液体混合物（溶液）について，第 11 章で述べた結晶に対する古典的分配関数を応用して考察する。ただし，結晶中では各分子（イオン）は一つの結晶格子点付近に局在化しているが，液体中の分子は系の体積中を移動しうるので，成分 a の N_a 分子は区別できず，成分 b の N_b 分子も区別できない。この点を考慮すると，式(11.24) を拡張して，$N_a + N_b$ 分子系の溶液に対する分配関数 $Z_{N_a+N_b}$ は次のように書ける[注]。

$$Z_{N_a+N_b} = \frac{1}{N_a ! N_b !} \left(\frac{2\pi m_a k_B T}{h^2} \right)^{3N_a/2} \left(\frac{2\pi m_b k_B T}{h^2} \right)^{3N_b/2} \prod_{i=1}^{N_a+N_b} \int dx_i \int dy_i \int dz_i \exp\left(-\frac{W_{N_a+N_b}}{k_B T} \right)$$

(12.10)

ここで，m_a と m_b はそれぞれ成分 a と b の質量，$W_{N_a+N_b}$ は $N_a + N_b$ 分子系の全相互作用ポテンシャルエネルギーを表す。この $W_{N_a+N_b}$ は，相互作用している分子間の相対距離に依存するので，理想混合気体

[注] 式(12.10) は，分子が内部自由度（回転や振動の自由度）を持たないとしたときの式である。しかしながら，分配関数への分子の内部自由度の寄与は，2 成分を混合したときの状態量変化（たとえば混合ギブズエネルギー ΔG_{mix}）には影響せず，多原子分子の溶液を扱う本節の後半の議論は成立する。

とは違って，上式中の位置座標に関する積分は各分子独立には行えない。また，結晶とは違い，液体中の各分子は一つの結晶格子点付近に局在化していないので，すべての分子対に関する相互作用を考慮しなければならない。以上より，近似なしに式(12.10) の計算をさらに進めることは困難である。

そこで，次のような近似を用いる。まず，各分子は結晶と同様に格子点上に配置されると仮定する（後でわかるように，格子の種類は最終結果には影響を与えない）。この仮定により，式(12.10) 中の位置座標に関する積分は，離散的な分子配置の和で置き換えられる。ただし，液体中での分子は非局在化しているので，各分子は系中の任意の格子点に配置される可能性がある。さらに，式(12.10) より分配関数を求めるには $W_{N_a+N_b}$ を含むボルツマン因子を可能な分子配置にわたって和をとる必要があるが，$W_{N_a+N_b}$ を可能な分子配置に関して先に平均化したもので置換する。これは大胆な近似であるが，この置換によって，可能な分子配置は等確率で出現すると仮定して（ボルツマン因子は無視して）和をとることができるようになる。

以上の近似を用いると，式(12.10) は次のように近似される。

$$Z_{N_a+N_b} \approx \left(\frac{2\pi m_a k_B T}{h^2}\right)^{3N_a/2} \left(\frac{2\pi m_b k_B T}{h^2}\right)^{3N_b/2} \frac{\Omega}{N_a! N_b!} \exp\left(-\frac{\bar{W}_{N_a+N_b}}{k_B T}\right) \tag{12.11}$$

ここで，Ω はすべての分子を格子に配列させる場合の数（成分aの N_a 分子，成分bの N_b 分子は区別できると仮定し，分子の非個別性は式(12.11) 右辺の $N_a!N_b!$ で補正する），$\bar{W}_{N_a+N_b}$ は平均化された全相互作用ポテンシャルエネルギーを表す。この分配関数より，2成分溶液のヘルムホルツエネルギーは次式で表される。

$$F = -k_B T \ln Z_{N_a+N_b} = F_0 + \bar{W}_{N_a+N_b} - TS \tag{12.12}$$

$$F_0 = -\frac{3k_B T}{2}\left[N_a \ln\left(\frac{2\pi m_a k_B T}{h^2}\right) + N_b \ln\left(\frac{2\pi m_b k_B T}{h^2}\right)\right] \tag{12.13}$$

$$S = k_B \ln\left(\frac{\Omega}{N_a! N_b!}\right) \tag{12.14}$$

式(12.14) は，系の分子配置に関するエントロピー S に対するボルツマンの関係式である[注]。

いま，成分aとbともに多原子分子である液体混合物を考えよう。上記の仮定により，これらの分子は同一サイズの格子点上に配置させる必要がある。そこで，これまた大胆な近似であるが，図 **12.4** に示すように，単位格子と同じサイズのセグメント（図中の白と黒の玉）がそれぞれ X_a 個と X_b 個だけ連なったものを成分aとbの分子と見なす（以下では，成分aとbともに線状に連なっていると仮定する）。単位格子すなわち各セグメントのサイズは，溶液系ごとに適当に選ぶ。また，溶液全体を表す格子は，次式で与えられる N 個の単位格子からなるとする。

$$N = X_a N_a + X_b N_b \tag{12.15}$$

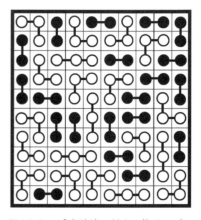

図 **12.4** 2成分溶液に対する格子モデル ($X_a = 3$, $X_b = 2$)

式(12.14) 中の Ω は，成分aとbのすべての分子を N 個の単位格子からなる格子上に配列させる場合の

[注] ボルツマンの関係式は，元々エネルギーが一定の孤立系に対して導入された式である。

数に等しい。

まず，成分 a の第1番目の分子の第1セグメントは，どの格子点に配置させてもよいので，場合の数は N である。同分子の第2セグメントは，第1セグメントを配置させた格子点の最近接格子点に配置させなければならないので，その配置させる場合の数は最近接格子点数 z に等しい。第3セグメント以降についても，その前のセグメントを配置させた格子点の最近接格子点に配置させなければならないが，そのうちの一つは二つ前のセグメントが占めているので，第3セグメント以降の配置数は $z-1$ となる。よって，成分 a の第1番目の分子の総配置数 $\omega_{\mathrm{a},1}$ は次で与えられる。

$$\omega_{\mathrm{a},1} = Nz(z-1)^{X_{\mathrm{a}}-2} \tag{12.16}$$

成分 a の第2番目の分子の第1セグメントは，第1番目の分子が占めていない $N - X_{\mathrm{a}}$ の格子点のどれかに配置され，第2セグメントについては，第1セグメントを配置させた格子点の最近接格子点が第1番目の分子によって占められていない確率を $f_{\mathrm{a},1}$ とすると，その配置数は $zf_{\mathrm{a},1}$ で与えられる。同様の議論により，成分 a の第 i 番目の分子の総配置数 $\omega_{\mathrm{a},i}$ は次で与えられる

$$\omega_{\mathrm{a},i} = [N - X_{\mathrm{a}}(i-1)](zf_{\mathrm{a},i-1})[(z-1)f_{\mathrm{a},i-1}]^{X_{\mathrm{a}}-2} \tag{12.17}$$

第 $i-1$ 番目の分子を配置後の任意の格子点の非占有確率 $f_{\mathrm{a},i-1}$ は，平均的には

$$f_{\mathrm{a},i-1} = \frac{N - X_{\mathrm{a}}(i-1)}{N} \tag{12.18}$$

で与えられる。

同様にして，成分 b の第 j 番目の分子の総配置数 $\omega_{\mathrm{b},j}$ は次式で与えられ，

$$\omega_{\mathrm{b},j} = [X_{\mathrm{b}}N_{\mathrm{b}} - X_{\mathrm{b}}(j-1)]z(z-1)^{X_{\mathrm{b}}-2}f_{\mathrm{b},j-1}^{X_{\mathrm{b}}-1} \tag{12.19}$$

成分 b の第 $j-1$ 番目の分子を配置後の任意の格子点の非占有確率 $f_{\mathrm{b},j-1}$ は

$$f_{\mathrm{b},j-1} = \frac{X_{\mathrm{b}}N_{\mathrm{b}} - X_{\mathrm{b}}(j-1)}{N} \tag{12.20}$$

より計算される。結局，成分 a と b のすべての分子の総配置数 Ω は次のようになる。

$$\begin{aligned}
\Omega &= \prod_{i=1}^{N_{\mathrm{a}}} \omega_{\mathrm{a},i} \prod_{j=1}^{N_{\mathrm{b}}} \omega_{\mathrm{b},j} \\
&\approx \left(\frac{z-1}{N}\right)^{N_{\mathrm{a}}(X_{\mathrm{a}}-1)} \prod_{i=1}^{N_{\mathrm{a}}} [N - X_{\mathrm{a}}(i-1)]^{X_{\mathrm{a}}} \times \left(\frac{z-1}{N}\right)^{N_{\mathrm{b}}(X_{\mathrm{b}}-1)} \prod_{j=1}^{N_{\mathrm{b}}} [X_{\mathrm{b}}N_{\mathrm{b}} - X_{\mathrm{b}}(j-1)]^{X_{\mathrm{b}}}
\end{aligned} \tag{12.21}$$

ただし，最近接格子点数 $z \approx z-1$ の近似を使った。さらに計算を進めると

$$\ln \Omega = [(X_{\mathrm{a}}-1)N_{\mathrm{a}} + (X_{\mathrm{b}}-1)N_{\mathrm{b}}]\ln(z-1) + (N_{\mathrm{a}} + N_{\mathrm{b}})\ln N - N \tag{12.22}$$

が得られ，これを式(12.14)に代入すると，次式が得られる[注]。

[注] 次の近似式を利用した。

$$\sum_{i=1}^{N_{\mathrm{a}}} X_{\mathrm{a}} \ln[N - X_{\mathrm{a}}(i-1)] \approx \int_0^{N_{\mathrm{a}}} X_{\mathrm{a}} \ln(N - X_{\mathrm{a}}x)\mathrm{d}x = N\ln N - X_{\mathrm{b}}N_{\mathrm{b}}\ln(X_{\mathrm{b}}N_{\mathrm{b}}) - X_{\mathrm{a}}N_{\mathrm{a}}$$

$$\sum_{j=1}^{N_{\mathrm{b}}} X_{\mathrm{b}} \ln[X_{\mathrm{b}}N_{\mathrm{b}} - X_{\mathrm{b}}(j-1)] \approx \int_0^{N_{\mathrm{b}}} X_{\mathrm{b}} \ln(X_{\mathrm{b}}N_{\mathrm{b}} - X_{\mathrm{b}}x)\mathrm{d}x = -X_{\mathrm{b}}N_{\mathrm{b}}[1 - \ln(X_{\mathrm{b}}N_{\mathrm{b}})]$$

$$\ln N_{\mathrm{a}}! \approx N_{\mathrm{a}}\ln N_{\mathrm{a}} - N_{\mathrm{a}}, \quad \ln N_{\mathrm{b}}! \approx N_{\mathrm{b}}\ln N_{\mathrm{b}} - N_{\mathrm{b}} \quad \text{（スターリングの公式）}$$

第2部　統計熱力学

$$\frac{S}{k_{\mathrm{B}}} = \left[(X_{\mathrm{a}}-1)N_{\mathrm{a}} + (X_{\mathrm{b}}-1)N_{\mathrm{b}}\right]\ln\left(\frac{z-1}{\mathrm{e}}\right) - N_{\mathrm{a}}\ln\left(\frac{N_{\mathrm{a}}}{N}\right) - N_{\mathrm{b}}\ln\left(\frac{N_{\mathrm{b}}}{N}\right) \tag{12.23}$$

また，この式(12.23)で $N_{\mathrm{a}}=0$ と $N_{\mathrm{b}}=0$ を代入すると，それぞれから純成分 a と b のエントロピー S_{a} と S_{b} が以下のように得られ，

$$\frac{S_{\mathrm{a}}}{k_{\mathrm{B}}} = N_{\mathrm{a}}(X_{\mathrm{a}}-1)\ln\left(\frac{z-1}{\mathrm{e}}\right) + N_{\mathrm{a}}\ln X_{\mathrm{a}}, \quad \frac{S_{\mathrm{b}}}{k_{\mathrm{B}}} = N_{\mathrm{b}}(X_{\mathrm{b}}-1)\ln\left(\frac{z-1}{\mathrm{e}}\right) + N_{\mathrm{b}}\ln X_{\mathrm{b}} \tag{12.24}$$

混合エントロピー ΔS_{mix} は次式より計算される。

$$\Delta S_{\mathrm{mix}} \equiv S - S_{\mathrm{a}} - S_{\mathrm{b}} = -k_{\mathrm{B}}(N_{\mathrm{a}}\ln\phi_{\mathrm{a}} + N_{\mathrm{b}}\ln\phi_{\mathrm{b}}) \tag{12.25}$$

ただし，ϕ_{a} と ϕ_{b} は

$$\phi_{\mathrm{a}} = \frac{X_{\mathrm{a}}N_{\mathrm{a}}}{N}, \quad \phi_{\mathrm{b}} = \frac{X_{\mathrm{b}}N_{\mathrm{b}}}{N}, \quad \phi_{\mathrm{a}} + \phi_{\mathrm{b}} = 1 \tag{12.26}$$

で定義され，式(12.15)よりそれぞれ成分 a と b の溶液中での体積分率を表す（式(12.12)において，F_0 にもエントロピー項が含まれるが，ΔS_{mix} には影響を与えない）。$X_{\mathrm{a}} = X_{\mathrm{b}} = 1$ とおけば，ϕ_{a} と ϕ_{b} は各成分のモル分率 x_{a} と x_{b} に一致し，式(12.25)は第5章の式(5.16)で与えられた正則溶液に対する混合エントロピーと一致する。

次に，平均化された全相互作用ポテンシャルエネルギー $\overline{W}_{N_{\mathrm{a}}+N_{\mathrm{b}}}$ の計算に移る。第11章の11.2節で述べた希ガス結晶では，分子間に働くレナード・ジョーンズポテンシャルンの引力項は第2以上の近接格子点間からの寄与が無視できなかったが，ここでは簡単のために最近接格子点間にしか引力相互作用は働かないと仮定する。いま，最近接にある二つの格子点のどちらもが，成分 a のセグメントで占められているときの相互作用ポテンシャルを u_{aa}，成分 a と成分 b のセグメントで占められているときのそれを u_{ab}，そしてどちらもが成分 b のセグメントで占められているときのそれを u_{bb} とする。また，溶液系中で，上記の占有状態になっている格子点の対の数を，それぞれ $N(\mathrm{a,a})$，$N(\mathrm{a,b})$，そして $N(\mathrm{b,b})$ で表すと，全相互作用ポテンシャルエネルギーは次のように表される。

$$\overline{W}_{N_{\mathrm{a}}+N_{\mathrm{b}}} = N(\mathrm{a,a})u_{\mathrm{aa}} + N(\mathrm{a,b})u_{\mathrm{ab}} + N(\mathrm{b,b})u_{\mathrm{bb}} \tag{12.27}$$

上記の混合エントロピーの計算と同様に，2種類のセグメントのすべての配置が等確率で起こると仮定して，格子点対の数 $N(\mathrm{a,a})$，$N(\mathrm{a,b})$，$N(\mathrm{b,b})$ を計算する。ただし，ここでは話を簡単化するために，成分 a と b の分子のセグメントをバラバラにして，溶液を表す格子に成分 a と b のセグメントがでたらめに配置していると近似する。ある着目している格子点を成分 a のセグメントが占めているとき，その最近接格子点をやはり成分 a のセグメントが占めている期待値は $z\phi_{\mathrm{a}}$ で与えられる（ϕ_{a} は溶液中のある格子点を成分 a のセグメントが占めている確率である）。したがって，$N(\mathrm{a,a})$ は次式で与えられる。

$$N(\mathrm{a,a}) = \tfrac{1}{2}X_{\mathrm{a}}N_{\mathrm{a}}z\phi_{\mathrm{a}} \tag{12.28}$$

右辺の $1/2$ は，一つの格子点を着目格子点と最近接格子点として二重に計算しているのを補正するためである。同様にして，$N(\mathrm{a,b})$ と $N(\mathrm{b,b})$ も計算すると，式(12.27)は

$$\overline{W}_{N_{\mathrm{a}}+N_{\mathrm{b}}} = \tfrac{1}{2}(X_{\mathrm{a}}N_{\mathrm{a}}z\phi_{\mathrm{a}}u_{\mathrm{aa}} + X_{\mathrm{a}}N_{\mathrm{a}}z\phi_{\mathrm{b}}u_{\mathrm{ab}} + X_{\mathrm{b}}N_{\mathrm{b}}z\phi_{\mathrm{a}}u_{\mathrm{ab}} + X_{\mathrm{b}}N_{\mathrm{b}}z\phi_{\mathrm{b}}u_{\mathrm{bb}}) \tag{12.29}$$

と書ける。成分 a と b が純状態のときの全相互作用ポテンシャルエネルギー $\overline{W}_{N\mathrm{a}}$ と $\overline{W}_{N\mathrm{b}}$ は，それぞれ式(12.29)に $N_{\mathrm{b}}=0$ と $N_{\mathrm{a}}=0$ を代入することにより計算できて，

$$\overline{W}_{N_a} = \tfrac{1}{2} z X_a N_a u_{aa}, \quad \overline{W}_{N_b} = \tfrac{1}{2} z X_b N_b u_{bb} \tag{12.30}$$

となる。

混合内部エネルギー ΔU_{mix} は次の式で与えられる。

$$\Delta U_{\mathrm{mix}} = \overline{W}_{N_a+N_b} - \overline{W}_{N_a} - \overline{W}_{N_b} = z N \phi_a \phi_b \Delta u \tag{12.31}$$

ただし,

$$\Delta u \equiv u_{ab} - \tfrac{1}{2} u_{aa} - \tfrac{1}{2} u_{bb} \tag{12.32}$$

また,今の格子モデルでは,式(12.15) を仮定しているので,混合体積 ΔV_{mix} はゼロとなり,圧力一定の条件下では第 2 章の式(2.27) より,混合エンタルピー ΔH_{mix} は

$$\Delta H_{\mathrm{mix}} = \Delta U_{\mathrm{mix}} + P \Delta V_{\mathrm{mix}} = z N \phi_a \phi_b \Delta u \tag{12.33}$$

さらには,混合ギブズエネルギー ΔG_{mix} は式(12.25) と式(12.33) より,次式で与えられる。

$$\begin{aligned}
\Delta G_{\mathrm{mix}} &= \Delta H_{\mathrm{mix}} - T \Delta S_{\mathrm{mix}} \\
&= k_B T (N_a \ln \phi_a + N_b \ln \phi_b) + z N \phi_a \phi_b \Delta u
\end{aligned} \tag{12.34}$$

$X_a = X_b = 1$ とおけば,式(12.33) と式(12.34) は第 5 章で説明した正則溶液に対する ΔH_{mix} と ΔG_{mix},式(5.17) と (5.18) と同じ形の式となる。ただし,

$$B = z N_A \Delta u \tag{12.35}$$

第 6 章の式(6.4) で定義された成分 a と b の化学ポテンシャル μ_a と μ_b は,式(12.34) を用いて次のように計算される。

$$\frac{\mu_a}{RT} = \frac{\overline{G}_a^{\circ}}{RT} + \left(\frac{\partial}{\partial n_a} \frac{\Delta G_{\mathrm{mix}}}{RT}\right)_{T,P,n_b} = \frac{\overline{G}_a^{\circ}}{RT} + \ln \phi_a + \left(1 - \frac{X_a}{X_b}\right)\phi_b + \chi \phi_b{}^2 \tag{12.36}$$

$$\frac{\mu_b}{RT} = \frac{\overline{G}_b^{\circ}}{RT} + \left(\frac{\partial}{\partial n_b} \frac{\Delta G_{\mathrm{mix}}}{RT}\right)_{T,P,n_a} = \frac{\overline{G}_b^{\circ}}{RT} + \ln \phi_b - \left(\frac{X_b}{X_a} - 1\right)\phi_a + \chi \frac{X_b}{X_a} \phi_a{}^2 \tag{12.37}$$

ただし,$\overline{G}_a^{\circ}$ と $\overline{G}_b^{\circ}$ はそれぞれ成分 a と b の純状態でのモルギブズエネルギー,χ は

$$\chi \equiv \frac{z \Delta u}{k_B T} \tag{12.38}$$

で定義され,相互作用パラメータと呼ばれている。再び $X_a = X_b = 1$ とおけば,式(12.36) と (12.37) は,第 6 章で出てきた正則溶液に対する化学ポテンシャルの式(6.12) と同じ式となる ($B = \chi$)。また,$X_a = 1$, $X_b \gg 1$ とすれば,上で導出した熱力学量はフローリー–ハギンス理論と呼ばれる高分子溶液に対する統計熱力学理論の結果となる。

最後に,上で導出した成分 a と b の化学ポテンシャル μ_a と μ_b を利用して,2 成分溶液の液液相平衡について考察する。例として,ヘキサン (C_6H_{14}:成分 a) とニトロベンゼン ($C_6H_5NO_2$:成分 b) の溶液についての相図を図 12.5 に示す。図中の丸印が液液相平衡系における臨界点を表している。臨界組成 (モル分率) $x_b{}^* = 0.617$,臨界温度 $T^* = 294$ K である。2 成分溶液の臨界点は,熱力学的には次の条件を満たす点として定義される。

$$\left(\frac{\partial \mu_a}{\partial \phi_b}\right)_{T,P} = 0, \quad \left(\frac{\partial^2 \mu_a}{\partial \phi_b^2}\right)_{T,P} = 0 \quad (12.39)$$

式(12.36) を利用すると，臨界点は次の式で与えられる。

$$x_b^* = \frac{1}{1+(X_b/X_a)^{3/2}}, \quad \chi^* = \frac{\left(1+\sqrt{X_b/X_a}\right)^2}{2\,X_b/X_a}$$
(12.40)

ただし，体積分率 ϕ_b とモル分率 x_b との間には次の関係が成立する。

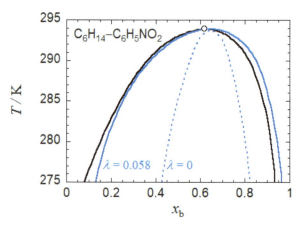

図 12.5 ヘキサン C_6H_{14} －ニトロベンゼン $C_6H_5NO_2$ 2 成分溶液の相図

$$x_b = \frac{X_a\phi_b}{X_b\phi_a + X_a\phi_b} = \frac{X_a\phi_b}{X_b - (X_b - X_a)\phi_b} \quad (12.41)$$

成分 a と b のセグメント数の比 X_a/X_b を，成分 a と b のモル体積の比に等しいとしよう。ヘキサンとニトロベンゼンのモル体積比は 2.6 : 2 である。格子モデルでは，整数比の方が自然だと考えられるので，$X_a = 3$, $X_b = 2$ と選ぶと，式(12.40) より，臨界組成は $x_b^* = 0.647$ となり，実測値に近い値となる。

液液相平衡の条件式は，第 7 章の 7.4 節で出てきた式(7.33) で与えられる。再掲すると，次の条件式を満たす二つの液相 α と β が共存する。

$$\mu_a^{(\alpha)} = \mu_a^{(\beta)}, \quad \mu_b^{(\alpha)} = \mu_b^{(\beta)} \quad (12.42)$$

この相平衡条件式に式(12.36) と (12.37) を代入すると，共存する 2 相の体積分率 $\phi_b^{(\alpha)}$ と $\phi_b^{(\beta)}$ に関する連立方程式が得られ，それを数値的に解くと，$\phi_b^{(\alpha)}$ と $\phi_b^{(\beta)}$ を相互作用パラメータ χ の関数として求めることができる。

相互作用パラメータ χ と温度 T とは，式(12.38) で関係づけられ，臨界点では次式が成立する。

$$\frac{z\Delta u}{k_B} = \chi^* T^* \quad (12.43)$$

臨界点における χ^* を式(12.40) より計算し，T^* には実測値を代入すると，$z\Delta u/k_B = 728$ K となる。これを式(12.38) に代入して，χ を T に変換し，また連立方程式(12.42) の解として得られた $\phi_b^{(\alpha)}$ と $\phi_b^{(\beta)}$ を式(12.41) によりモル分率に変換すると，図 12.5 中の青の点線が得られる。実験と比べると，二相領域がずっと狭い。

第 5 章の 5.5 節で述べたように，分子間にファン・デル・ワールス力のみが働く無極性分子の溶液系は正則溶液として取り扱うことができるが，図 12.5 に示した系において，ニトロベンゼンは極性分子であり，永久双極子モーメントを持つ[注]。第 10 章の 10.6 節で述べたように，双極子－双極子相互作用は，式(10.35) からわかるように，分子が接近している溶液系では強く働く。また，その相互作用は極性分子の向きに強く依存し，分子配向は温度に強く依存すると考えられる。

気体中での双極子－双極子相互作用については式(10.39) で表されるが，この式は相互作用が弱い条件

[注] 無極性成分の溶液系では，分子同士の親和性が高く，液液相分離する系はほとんど存在しない。

下で得られたものであり，溶液中での極性分子間相互作用には一般には適用できない。ここでは，分子論に基づいてはいないが，分子間相互作用ポテンシャル Δu が温度 T の一次関数として表されると仮定し，式(12.43) の代わりに，次の式を利用する。

$$\frac{z\Delta u}{k_B} = \chi^* T^* \left[1 + \lambda \left(T^* - T \right) \right] \tag{12.43}$$

ただし，λ は温度係数を表す。いま，$\lambda = 0.058$ とすると，理論の共存組成曲線は図 12.5 中の青の実線となり，実験結果とよく一致する。より低温になると，分子間ポテンシャルエネルギー Δu は増加する。

付　録

付録 A　熱力学・統計熱力学の発展の歴史

年代	人名	業績
1662	ボイル	ボイルの法則の発見
1687	ニュートン	「自然哲学の数学的諸原理（プリンキピア）」の刊行（古典力学の確立）
1738	ベルヌーイ	気体分子運動論の先駆的研究
1742	セルシウス	セルシウス温度目盛りの提唱（ただし，当初は水の沸点が0℃，氷点が100℃）
1760 頃	ブラック	熱容量・潜熱の概念の確立
1777	ラボアジェ	熱素説の提唱
1787	シャルル	シャルルの法則の発見（ただし，未発表）
1800	ボルタ	ボルタ電池の発明
1802	ゲイ・リュサック	シャルルの法則の発表
1824	カルノー	カルノー・サイクルに関する論文発表
1840	ヘス	反応熱に関するヘスの法則の発見
1840	ジュール	ジュールの法則（電流とジュール熱に関する）の発見
1842	マイヤー	比熱に関するマイヤーの関係式の提案（熱力学第一法則の基礎）
1843 〜 1845	ジュール	熱の仕事当量の測定（熱力学第一法則の基礎）
1847	ヘルムホルツ	熱力学第一法則の提唱
1848	トムソン	絶対温度の概念を提案
1850	クラウジウス	熱力学第一法則と第二法則の統合（熱力学の確立）
1854	クラウジウス	エントロピーの定式化
1857, 1858	クラウジウス	気体の比熱と分子の内部自由度との関係
1859	マックスウェル	気体の運動に関するマックスウェル分布の定式化
1873	ファン・デル・ワールス	ファン・デル・ワールスの状態方程式を定式化
1876, 1878	ギブズ	ギブズエネルギー，化学ポテンシャル，相平衡・化学平衡を扱った「不均一な物質系の平衡について」を刊行
1877	ボルツマン	エントロピーに関するボルツマンの関係式を提案
1882	ヘルムホルツ	ヘルムホルツエネルギーの提唱
1902	ギブズ	「統計力学の基本原理」の刊行
1906	ネルンスト	熱力学第三法則の発表
1907	アインシュタイン	結晶の熱容量に関する量子論的理論の提出

付録 B　物質・分子の特性量

　様々な物質の具体的な状態，状態変化，化学変化，物性等を熱力学や統計熱力学に基づいて議論する際には，それらを特徴づける基本的な熱力学量や分子パラメータの実測値が必要となる。そのような実測値に関しては，これまでに膨大なデータが集積されている。しかしながら，各データを報告している原著論文を探し出すのは容易ではなく，便覧や物理化学の教科書を参照するのが便利である。たとえば，以下の文献に多数の熱力学的な基礎データが収録されている。

日本化学会編「化学便覧（基礎編）」改訂第6版，丸善出版（2021年）

P. Atkins, J. de Paula, and J. Keeler, "Physical Chemistry," (eleventh edition) Resource Section, Oxford University Press (2018).

以下の表に，本書で利用される熱力学的な基礎データを掲載する。

表 B.1　様々な物質の相転移の特性値

物質	相転移	転移温度/K	$P/10^5$ Pa	$\Delta\bar{H}/$ kJ mol^{-1}	$\Delta\bar{S}/$ J K^{-1} mol^{-1}	$\bar{V}/$cm^3 mol^{-1} 転移前	転移後
H$_2$O	融解	273	1.013	6.01	22.0	19.6	18.0
	蒸発	373	1.013	40.66	109.0	18.0	30,600
CO$_2$	融解	216	5.02	8.33	38.6	11.5	16.0
	蒸発	216	5.02	16.0	74.1	16.0	3,370
	昇華	216	5.02	25.2	116.7	11.5	3,370
ベンゼン	融解	279	1.013	9.866	35.4		
	蒸発	353	1.013	30.72	87.0		
トルエン	融解	178	1.013	6.64	37.3		
	蒸発	383	1.013	33.5	87.3		
ナフタレン	融解	353	1.013	19.07	54.0		
	蒸発	491	1.013	49.4	100.6		

表 B.2　様々な物質の標準生成エンタルピー，絶対エントロピー，標準生成ギブズエネルギー

物質	相	$\Delta_f\bar{H}^*/$kJ mol^{-1}	$\bar{S}^*/$J K^{-1} mol^{-1}	$\Delta_f\bar{G}^*/$kJ mol^{-1}
純物質				
H$_2$	g	0	130.6	0
C	s	0	5.74	0
N$_2$	g	0	191.5	0
O$_2$	g	0	205	0
Cl$_2$	g	0	223	0
HCl	g	−92.31	186.8	−95.29
NH$_3$	g	−45.94	192.7	−16.45
NO$_2$	g	33.18	240	51.28
CO$_2$	g	−393.5	213.6	−394.4
CO	g	−110.5	197.6	−137.2
H$_2$O	l	−285.8	69.91	−237.1
ベンゼン	l	49.0	173.3	−109.1
Cu	s	0	33.15	0
Zn	s	0	41.63	0
Ag	s	0	42.55	0
AgCl	s	−127.1	96.2	−109.8
水溶液中				
H$^+$	aq	0	0	0
Ag$^+$	aq	105.8	73.93	77.11
Cu^{2+}	aq	64.9	−98.7	65.49
Zn^{2+}	aq	−153.4	−106.5	−147.1
NH$_4^+$	aq	−133.3	112.8	−79.31
Cl$^-$	aq	−167.1	55.2	−131.2
CH$_3$COO$^-$	aq	−486		−369.3
OH$^-$	aq	−230	−10.54	−157.2
CH$_3$COOH	aq	−488.4		−396.5
NH$_3$	aq	−80.83	110	−26.5

表 B.3　様々な気体の定圧モル熱容量 $\overline{C}_P$ の温度依存性： $\dfrac{\overline{C}_{P,i}}{\mathrm{J\ K^{-1}\,mol^{-1}}} = a_i + b_i T + \dfrac{c_i}{T^2}$

気体	a_i	$b_i/10^{-3}\ \mathrm{K}^{-1}$	$c_i/10^5\ \mathrm{K}^2$
希ガス	20.78	0	0
H_2	27.28	3.26	0.50
N_2	28.58	3.77	-0.50
O_2	29.96	4.18	-1.67
CH_4	19.69	54.4	-0.186
CO_2	44.22	8.79	-8.62
NH_3	29.75	25.1	-1.55

表 B.4　代表的な分子のレナード・ジョーンズポテンシャルのパラメータ

分子	r_0/nm	$(u_0/k_B)/\mathrm{K}$
Ne	0.275	35.8
Ar	0.341	119
Kr	0.368	167
Xe	0.407	225
H_2	0.264	41.5
N_2	0.321	117
O_2	0.285	151

表 B.5　様々な物質のファン・デル・ワールス状態方程式パラメータ

物質	A		b	
	$[\mathrm{atm\ L^2/mol^2}]$	$[\mathrm{Pa\ m^2/mol^2}]$	$[\mathrm{L/mol}]$	$[\mathrm{m^3/mol}]$
H_2	0.162	0.0164	0.0217	2.17×10^{-5}
He	0.22	0.022	0.0192	1.92×10^{-5}
N_2	0.81	0.082	0.0300	3.00×10^{-5}
O_2	0.82	0.083	0.0248	2.48×10^{-5}
CH_4	1.33	0.135	0.0329	3.29×10^{-5}
CO_2	2.01	0.204	0.0319	3.19×10^{-5}

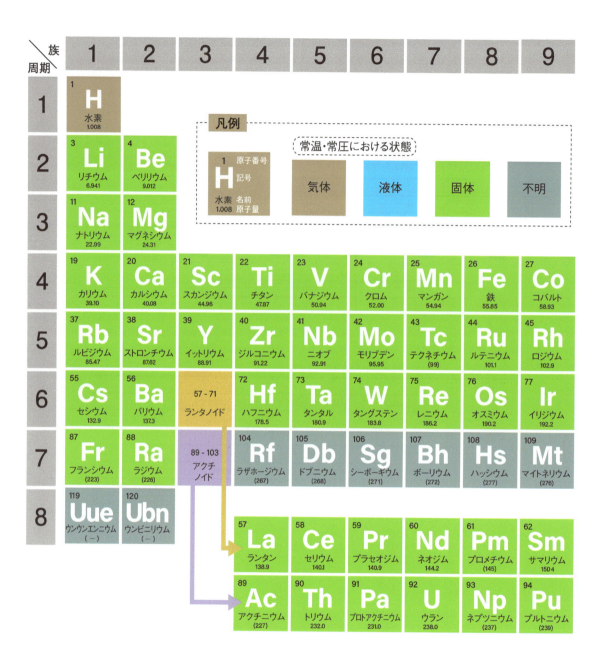

10	11	12	13	14	15	16	17	18
								2 He ヘリウム 4.003
			5 B ホウ素 10.81	6 C 炭素 12.01	7 N 窒素 14.01	8 O 酸素 16.00	9 F フッ素 19.00	10 Ne ネオン 20.18
			13 Al アルミニウム 26.98	14 Si ケイ素 28.09	15 P リン 30.97	16 S 硫黄 32.07	17 Cl 塩素 35.45	18 Ar アルゴン 39.95
28 Ni ニッケル 58.69	29 Cu 銅 63.55	30 Zn 亜鉛 65.38	31 Ga ガリウム 69.72	32 Ge ゲルマニウム 72.63	33 As ヒ素 74.92	34 Se セレン 78.97	35 Br 臭素 79.90	36 Kr クリプトン 83.80
46 Pd パラジウム 106.4	47 Ag 銀 107.9	48 Cd カドミウム 112.4	49 In インジウム 114.8	50 Sn スズ 118.7	51 Sb アンチモン 121.8	52 Te テルル 127.6	53 I ヨウ素 126.9	54 Xe キセノン 131.3
78 Pt 白金 195.1	79 Au 金 197.0	80 Hg 水銀 200.6	81 Tl タリウム 204.4	82 Pb 鉛 207.2	83 Bi ビスマス 209.0	84 Po ポロニウム (210)	85 At アスタチン (210)	86 Rn ラドン (222)
110 Ds ダームスタチウム (281)	111 Rg レントゲニウム (280)	112 Cn コペルニシウム (285)	113 Nh ニホニウム (278)	114 Fl フレロビウム (289)	115 Mc モスコビウム (289)	116 Lv リバモリウム (293)	117 Ts テネシン (293)	118 Og オガネソン (294)

63 Eu ユウロピウム 151.0	64 Gd ガドリニウム 157.3	65 Tb テルビウム 158.9	66 Dy ジスプロシウム 162.5	67 Ho ホルミウム 164.9	68 Er エルビウム 167.3	69 Tm ツリウム 168.9	70 Yb イッテルビウム 173.0	71 Lu ルテチウム 174.0
95 Am アメリシウム (243)	96 Cm キュリウム (247)	97 Bk バークリウム (247)	98 Cf カリホルニウム (252)	99 Es アインスタイニウム (252)	100 Fm フェルミウム (257)	101 Md メンデレビウム (258)	102 No ノーベリウム (259)	103 Lr ローレンシウム (262)

索　引

【あ】

圧平衡定数　86
圧力　16, 116, 126
アルゴン　139
アンモニア　80, 87, 88
イオン結晶　131, 134
永久機関　29, 34
液液平衡　69, 147
液相反応　89
液体　139
エネルギー等分配則　116
エネルギー論　101
塩化水素　79, 117
塩化ナトリウム　131
塩基解離定数　90
エンタルピー　28
エントロピー　35, 39, 116
エントロピー増大則　37
応力　133

【か】

外界　18
回転　105, 114
化学電池　96
化学平衡　120
化学平衡の法則　80, 93
化学ポテンシャル　58, 60, 120
　―の組成依存性　60
確率　104
確率密度　104
活量　61
活量係数　61
カルノーサイクル　29
気液平衡　46, 63, 142
希ガス結晶　129, 134

気相　79, 120
気体　113
期待値　103
気体定数　17
起電力　96
希薄溶液　55, 60
ギブズエネルギー　43
ギブズのパラドックス　115
ギブズ－ヘルムホルツの式　43, 107
凝固点降下　67
共存曲線　71
極性分子　117
均一な溶液　87
クラウジウス　34
クラウジウス－クラペイロンの式　48
クラスター　125
クラスター積分　124
系　18
原子論　101
格子振動　137
格子定数　130, 132, 136
効率　31, 38
固液平衡　47, 60
古典的近似　114
混合エントロピー　54, 119
混合気体　52
混合ギブズエネルギー　54

【さ】

サイクル　29
酢酸　88
酸解離定数　90
三重点　47, 140
酸素　108
3 相平衡　48

仕事　22

質量作用の法則　80

質量濃度　55

質量分率　55

質量モル濃度　54

シャルルの法則　17

自由度　18

自由膨張　38

重量分率　55

ジュールの法則　23

循環過程　29

純水　87

準静的過程　20

蒸気圧　48

状態方程式　18, 116, 126

状態量　18

状態和　105

蒸発エンタルピー　45

蒸発エントロピー　45

振動　108, 115, 136

浸透平衡　76

水素の燃焼反応　93

正則溶液　56, 60

絶対温度　17

双極子－双極子相互作用　122

双極子モーメント　117, 122

相互作用パラメータ　147

相図　47

相対確率　105

相転移　45

相平衡　46

　——の圧力依存性　73

相律　73

速度分布　111

【た】

大気圧　109

体積　16

体積弾性率　134

体積分率　55

多成分系　51

ダニエル電池　96

弾性　132

弾性率　134

炭素　92

断熱過程　21

断熱線　27

断熱膨張過程　26

窒素　108

沈殿反応　93

定圧過程　21, 22

定圧熱容量　23

定積過程　21

定積熱容量　23, 116

滴定　90

梃子の法則　66

電池　96

電離　88

電離定数　88

電離度　91

等温圧縮率　133

等温過程　21, 22

等温線　27

等温体積弾性率　133

統計熱力学　102

度数分布　103

トムソン　34

ドルトンの分圧の法則　52

曇点　69

【な】

内部エネルギー　24, 116, 126

内部回転　105

二原子分子　113

二酸化炭素　49, 80

熱　24

熱機関　28, 38

熱源　29

熱平衡状態　19

熱容量　23

　——の温度依存性　23, 39, 138

熱力学第一法則　25

157

熱力学第三法則　　40

熱力学第二法則　　34, 37

ネルンストの式　　97

濃度　　51

【は】

バイノーダル曲線　　71

半透膜　　76

反応進行度　　84

pH 滴定　　90

ひずみ　　133

非平衡状態　　19

比誘電率　　118

標準化学ポテンシャル　　60

標準生成エンタルピー　　82

標準生成エントロピー　　83

標準電極電位　　98

標準反応エンタルピー　　82

標準反応エントロピー　　82

標準反応ギブズエネルギー　　81

標準偏差　　103

ビリアル展開式　　127

非理想気体　　123

非理想溶液　　60

頻度分布　　103

ファラデー定数　　97

ファン・デル・ワールスの状態方程式　　127, 140

ファント・ホッフの式　　77, 86

不可逆過程　　37

不確定性原理　　114

不均一系　　92

ブタン　　105

フックの法則　　132

物質量　　17

沸点上昇　　64

分極　　98

分子間相互作用　　121

分子振動　　108

分配関数　　105, 107, 113, 115, 117, 118, 126, 135

平均値　　103

平均二乗速度　　111

平衡定数　　82, 85, 89

　　——の圧力依存性　　85

　　——の温度依存性　　86

並進　　110, 113

ヘルムホルツエネルギー　　44, 115, 119, 126

ヘンリー係数　　75

ヘンリーの法則　　75

ボイルの法則　　16

ボルツマン因子　　106

ボルツマン定数　　106

ボルツマンの関係式　　144

【ま】

マーデルング定数　　131

マイヤーの関係式　　24

マックスウェル分布　　110

モルギブズエネルギー　　44

モル熱容量　　23

モル濃度　　55

モル分率　　52

モルヘルムホルツエネルギー　　45

【や】

融解エンタルピー　　45

融解エントロピー　　46

誘起双極子モーメント　　122

溶液　　54, 143

溶解度曲線　　68

溶解度積　　93

【ら】

理想気体　　18

理想混合気体　　52, 118

理想溶液　　56

臨界点　　70, 140, 142

ルシャトリエの平衡移動の原理　　86

レナード・ジョーンズポテンシャル　　123

連結線　　66

著者紹介

佐藤　尚弘（理学博士）

大阪大学名誉教授・放送大学客員教授・高分子学会フェロー。専門は高分子化学。高分子学会賞（2008年）・高分子学会功績賞（2022年）受賞。
編著書に「高分子の構造と物性」「光散乱法の基礎と応用」（共著, 講談社），「基礎高分子科学」「基礎高分子科学・演習編」（共著, 東京化学同人），「高分子材料の事典」（編著, 朝倉書店），「高分子化学（第5版）」（共著, 共立出版）など。

NDC431　158p　26cm

よくわかる物理化学
化学熱力学から統計熱力学へ

2024年9月26日　第1刷発行

著者	佐藤尚弘	
発行者	篠木和久	
発行所	株式会社 講談社	

〒112-8001　東京都文京区音羽2-12-21
　　販売　(03)5395-4415
　　業務　(03)5395-3615

編集　株式会社 講談社サイエンティフィク
　　代表　堀越　俊一
　　〒162-0825　東京都新宿区神楽坂2-14　ノービィビル
　　　　編集　(03)3235-3701

本文データ制作　株式会社 双文社印刷
印刷・製本　株式会社 KPSプロダクツ

落丁本・乱丁本は購入書店名を明記の上，講談社業務宛にお送りください．送料小社負担でお取替えいたします．なお，この本の内容についてのお問い合わせは講談社サイエンティフィク宛にお願いいたします．定価はカバーに表示してあります．
© T. Sato, 2024

本書のコピー，スキャン，デジタル化等の無断複製は著作権法上での例外を除き禁じられています．本書を代行業者等の第三者に依頼してスキャンやデジタル化することはたとえ個人や家庭内の利用でも著作権法違反です．

JCOPY ＜(社)出版者著作権管理機構 委託出版物＞

複写される場合は，その都度事前に（社）出版者著作権管理機構（電話 03-5244-5088，FAX 03-5244-5089，e-mail：info@jcopy.or.jp）の許諾を得てください．

Printed in Japan
ISBN978-4-06-537179-4

講談社の自然科学書

たのしい物理化学1 化学熱力学・反応速度論　　加納健司・山本雅博／著	定価 3,190 円
たのしい物理化学2 量子化学　　山本雅博・池田 茂・加納健司／著	定価 3,080 円
熱力学・統計力学　　高橋和孝／著	定価 5,500 円
やるぞ！化学熱力学　　辻井 薫／著	定価 3,080 円
単位が取れる物理化学ノート　　吉田隆弘／著	定価 2,640 円
色と光の科学　　小島憲道・末元 徹／著	定価 2,860 円
高分子の構造と物性　　松下裕秀／編著	定価 7,040 円
光散乱法の基礎と応用　　柴山充弘ほか／編著	定価 5,500 円
高分子の合成（上）　　遠藤 剛／編	定価 6,930 円
高分子の合成（下）　　遠藤 剛／編著	定価 6,930 円
新版 有機反応のしくみと考え方　　東郷秀雄／著	定価 5,280 円
改訂 有機人名反応 そのしくみとポイント　　東郷秀雄／著	定価 4,290 円
界面・コロイド化学の基礎　　北原文雄／著	定価 3,740 円
若手研究者のための有機合成ラボガイド　　山岸敬道・山口素夫・佐藤 潔／著	定価 4,620 円
ウエスト固体化学 基礎と応用　　A.R. ウエスト／著	定価 6,050 円
現代物性化学の基礎 第3版　　小川桂一郎・小島憲道／編	定価 3,520 円
語りかける量子化学　　北條博彦／著	定価 3,410 円
ゼオライトの基礎と応用　　辰巳 敬・大久保達也・窪田好浩・脇原 徹／編	定価 6,050 円
新版 石油化学プロセス　　石油学会／編	定価 33,000 円
機能性色素ハンドブック　　長村利彦／編著	定価 27,500 円
絶対わかる有機化学　　齋藤勝裕／著	定価 2,640 円
絶対わかる物理化学　　齋藤勝裕／著	定価 2,640 円
絶対わかる無機化学　　齋藤勝裕・渡會 仁／著	定価 2,640 円
できる研究者の論文生産術 どうすれば「たくさん」書けるのか　　ポール・J・シルヴィア／著	定価 1,980 円
できる研究者の論文作成メソッド 書き上げるための実践ポイント　　ポール・J・シルヴィア／著	定価 2,200 円
英語論文ライティング教本　　中山裕木子／著	定価 3,850 円
和訳と英訳の両面から学ぶテクニカルライティング　　中山裕木子・中村泰洋／著	定価 2,970 円
学振申請書の書き方とコツ 改訂第2版　　大上雅史／著	定価 2,750 円
できる研究者の科研費・学振申請書 採択される技術とコツ　　科研費 .com ／著	定価 2,640 円
ここはこう書け！いちばんわかりやすい科研費申請書の教科書　　科研費 .com ／著	定価 3,300 円
ネイティブが教える 日本人研究者のための論文の書き方・アクセプト術　　エイドリアン・ウォールワーク／著	定価 4,180 円
ネイティブが教える 日本人研究者のための英文レター・メール術　　エイドリアン・ウォールワーク／著	定価 3,080 円
ネイティブが教える 日本人研究者のための国際学会プレゼン戦略　　エイドリアン・ウォールワーク／著	定価 3,520 円
ネイティブが教える 日本人研究者のための論文英語表現術　　エイドリアン・ウォールワーク／著	定価 3,080 円
迷走しない！英語論文の書き方　　ヴァランヤ・チョーベー／著	定価 1,980 円
アカデミック・フレーズバンク　　ジョン・モーリー／著	定価 2,750 円

※表示価格には消費税(10%)が加算されています.　　　　　　　　　　2024 年 9 月現在

講談社サイエンティフィク　https://www.kspub.co.jp/